数据科学与大数据技术系列

本成果受到中国人民大学2018年度"中央高校建设世界一流大学（学科）和特色发展引导专项资金"支持

R语言：
大数据分析中的
统计方法及应用

薛 薇◎著

电子工业出版社

Publishing House of Electronics Industry

北京·BEIJING

内 容 简 介

大数据分析，其学习起点应是大数据的统计分析；大数据分析，其学习特点应是案例化、工具化和业务导向化。本书面向大数据分析实践，基于大数据案例，以问题为线索，以解决问题为导向讲解统计方法及 R 语言实现；突出大数据应用特色，兼顾统计方法的经典性和普适性、理论讲解的通俗性和严谨性、R 语言代码的实操性和示范性。本书提供配套全部案例数据及各章节 R 语言程序代码，可登录华信教育资源网 www.hxedu.com.cn 免费下载。

本书可作为大数据相关专业、统计学专业及其他有关专业的本科生或硕士研究生数据分析课程的教材，也可作为从事大数据分析工作人员的参考用书。

图书在版编目（CIP）数据

R 语言：大数据分析中的统计方法及应用 / 薛薇著. —北京：电子工业出版社，2018.7

ISBN 978-7-121-33915-8

I. ①R… II. ①薛… III. ①程序语言—程序设计 IV. ①TP312

中国版本图书馆 CIP 数据核字（2018）第 060949 号

策划编辑：秦淑灵
责任编辑：秦淑灵
印　　刷：北京虎彩文化传播有限公司
装　　订：北京虎彩文化传播有限公司
出版发行：电子工业出版社
　　　　　北京市海淀区万寿路 173 信箱　　邮编　100036
开　　本：787×1092　1/16　印张：15　　字数：384 千字
版　　次：2018 年 7 月第 1 版
印　　次：2023 年 1 月第 9 次印刷
定　　价：48.00 元

凡所购买电子工业出版社图书有缺损问题，请向购买书店调换。若书店售缺，请与本社发行部联系，联系及邮购电话：(010)88254888。

质量投诉请发邮件至 zlts@phei.com.cn，盗版侵权举报请发邮件至 dbqq@phei.com.cn。

本书咨询联系方式：qinshl@phei.com.cn。

前　言

大数据时代，数据是生产资料，计算是生产力，互联网是生产关系，而数据分析就是串联各个生产要素的基本生产方式。

目前比较有代表性的大数据定义，来自麦肯锡全球研究院(McKinsey Global Institute)、高德纳公司(Gartner)和 IBM 公司等先行研究机构的综合观点。从狭义角度来讲，大数据是一个具有 5V 特征的大规模数据集合。5V 即海量的数据规模(Volume)、快速流转且动态激增的数据体系(Velocity)、多样异构的数据类型(Variety)、潜力大但密度低的数据价值(Value)，以及受噪声影响的数据质量(Veracity)。而从广义角度来讲，大数据的概念还应包含大数据的理论、技术、应用和产业生态这四个基本范畴。

近年来，我国大数据事业迅猛发展，大数据人才的需求与培养也日趋紧迫。全国高校"大数据技术与应用"和"数据科学与大数据技术"专业建设不断升温。一般我们可将大数据技术概括为两大方向：一是大数据工程，二是大数据分析，并分别对应着大数据工程师和大数据分析师这两个角色。总体而言，随着大数据系统架构和基础设施的不断完善和普及，以大数据工程为核心的相关项目终究是有限的。而随着移动互联网和物联网的广泛应用，以及各方对精细化管理、个性化营销和智能化决策的渴望，大数据分析将不断深入到各行各业，大数据分析人才的需求也必将呈现出长期性、有规模的增长态势。

数据分析的理论发展和实践经验都证明，掌握大数据分析，其学习起点应是大数据的统计分析。进一步，我们认为，学习大数据的统计分析应面向市场需求、面向实际应用，所以应具有以下三个特点。

第一，要结合大数据分析的实际案例。

面对"5V 俱全"的大数据体系，许多经典的统计分析方法仍然有效，是我们分析问题、解决问题的可靠手段，但需要突破那种"小样本、习题式"的传统学习模式，要精挑有针对性的大数据集合，细选有说明性的大数据案例，以这些数据和案例为引导，有条理地形成分析思路，并贯穿整个学习过程，从而真正实现由表及里、深入浅出的学习体验。

第二，要结合大数据分析的应用工具。

大数据的统计分析应进一步突破"重理论讲解，重公式推导，轻技能培养，轻工具实现"的传统学习模式，要将各个知识点言简意赅地阐述透彻，同时也要同步掌握一个有效的软件工具，进而可对相应的数据与案例进行实操破解。

第三，要结合大数据分析的目标导向。

大数据的统计分析应进一步突破"方法导向"的传统学习模式，应围绕大数据案例，确定分析目标，细化研究问题，明确分析思路，并以业务问题为出发点，形成以目标为导向的学习模式，努力培养大数据分析人才的数据敏感性，以及发现问题和运用恰当统计分析方法解决问题的能力。最终针对整个知识体系建立"问题→概念→方法→工具→结果→分析解释"一条龙式的学习模式。

本书正是结合上述三个特点而筹划推出的，具体表现在以下三个方面。

第一，选择典型的大数据分析案例。

选用三个典型的大数据案例贯穿全书，并提供数据集和分析程序的下载，主要内容为手机 APP

美食餐馆食客点评数据、北京市空气质量监测数据、超市顾客购买行为数据等。这些案例具有大数据分析应用的代表性，而且业务问题直观明了，数据含义通俗易懂。一方面使读者能够直接感知大数据处理规模，另一方面也可有效避免由于专业领域不同而带来的数据理解问题。

第二，选择开源的大数据分析工具 R 语言。

选用 R 语言作为大数据分析工具。从分析工具的方法覆盖全面性、学习难易程度、使用流行性、未来发展潜力和开源性等多方面考虑，R 语言都是进行大数据统计分析的最恰当工具。

第三，设计并提出研究问题和分析思路。

本书在每章开篇，均首先围绕大数据案例提出若干分析需求的问题，同时提炼总结出这些问题的共性特征，进而提出可行的统计分析思路，建立学习途径；然后讨论方法原理，给出解决案例问题的 R 语言程序代码和详细的结果说明。

为确保内容的完整性和实用性，本书在大数据分析案例的选择、分析工具讲解的详略程度、以目标为导向的主流统计方法覆盖的全面性等方面，都进行了精心安排和综合设计。本书共 12 章。第 1 章在大数据基本定义的基础上，明确给出了本书的学习目标和定位。然后，对 R 语言的基本概念和入门知识进行了较为详尽的讲解。之后，提出了大数据的统计分析整体框架和思路，并基于大数据分析案例，对相关统计概念和内容进行了说明，旨在方便读者尽快明晰统计分析路线。数据组织是数据分析的基础，数据整理是数据分析不可或缺的必要环节。因此第 2 章和第 3 章直入主题，讨论了 R 语言的数据组织、整理以及编程基础，引入三个大数据分析案例并贯穿全书。大数据的统计分析起步于数据的基本分析，包括从单个变量分布特征到两个变量相关性的基本描述等，因此第 4 章和第 5 章首先基于大数据分析案例，提出了若干个基本数据分析问题，然后逐一讲解问题、阐述解决方法并给出 R 代码实现。第 6 章和第 7 章，继续针对大数据分析案例中更广泛的应用问题，细致地讨论了解决应用问题的诸多统计方法，包括单个总体的均值检验方法、两个及多个总体的均值对比方法和相应的 R 代码设计。第 8 章、第 9 章和第 11 章分别涉及线性回归分析、Logistic 回归分析和线性判别分析。这些分析方法均是当前大数据分析中应用极为广泛的主流核心方法，旨在探究影响因素，解决分类预测等问题。第 10 章的聚类分析关注数据分组，不仅普遍存在于大数据的一般统计分析中，也广泛拓展到了数据挖掘、机器学习等诸多领域。同时第 12 章的因子分析更是大数据特征工程中的最常用方法。

总之，作者希望为致力于大数据分析和 R 语言实践的初学者，奉献一本具有大数据统计分析应用特色、R 语言代码可操作性和示范性、统计方法经典性和普适性的优秀作品。本书提供配套的全部案例数据以及各章节 R 语言程序代码，可登录华信教育资源网 www.hxedu.com.cn 免费下载。本书可作为大数据相关专业、统计学专业及其他有关专业的本科生或硕士研究生数据分析的教材，也可作为从事大数据分析实际工作人员的参考用书。

本书写作过程中，杨志峰和陈笑语同学对北京市空气质量监测案例数据进行了整理并利用 R 完成了初步分析。林家嗣和王琪等同学收集整理了超市顾客购买行为案例数据和美食餐馆食客点评案例数据，完成了部分 R 代码的初步编写和调试工作。这里对他们为本书做出的贡献，一并表示诚挚的感谢！本成果受到中国人民大学 2018 年度"中央高校建设世界一流大学（学科）和特色发展引导专项资金"支持。书中不妥和错误之处，诚望读者不吝指正。

薛 薇
于中国人民大学应用统计科学研究中心
中国人民大学统计学院

目　　录

第1章 R语言与统计分析概述

1.1 写在前面的话

1.1.1 大数据的广义概念

当前，大数据技术正以全面、快速、渗透式的发展态势席卷整个世界。其发展势头迅猛，发展潜力巨大，发展前景辉煌。如果说，大数据时代数据是生产资料，计算是生产力，互联网是生产关系，那么大数据分析就是串联各个要素的最重要的生产方式。

比较有代表性和权威性的大数据定义是来自麦肯锡全球研究院 McKinsey Global Institute、高德纳公司 Gartner 和 IBM 公司等先行研究机构和企业的综合观点。认为大数据首先是一个大规模的数据集合或信息资源。同时，这个数据集合具有典型的 5V 特征，即海量的数据规模(Volume)、快速流转且动态激增的数据体系(Velocity)、多样异构的数据类型(Variety)和潜力大但密度低的数据价值(Value)，以及噪声影响的数据质量(Veracity)。

事实上，大数据还有更为宽泛的广义概念，即大数据是围绕大数据集的一个包括大数据理论、技术、应用和生态四个方面的组合架构概念，如图 1-1 所示。

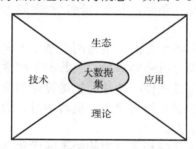

图 1-1　大数据的广义概念示意图

1．大数据理论

目前，大数据理论层面主要是从计算机科学、统计学、数学以及实践等方面汲取营养，旨在最终构建数据科学理论基础，建立数据空间的科学认知体系。这个数据空间是独立且关联于自然世界和人类社会之外的新维度。

2．大数据技术

大数据技术是推动大数据发展最活跃的因素。其关键技术可分为大数据采集技术，大数据集成与预处理技术，大数据存储技术(包括云计算技术、数据库与数据仓库技术、分布式数据处理技术、数据湖技术等)，大数据分析技术(包括统计分析、数据挖掘、机器学习以及深度学习和增强学习等），大数据可视化技术，大数据平台技术，以及大数据隐私与安全技术等。

3．大数据应用

大数据应用在我国呈现出大力推进和积极拓展的局面。多领域应用场景的有效开发成为带动大数据发展的重要引擎。大数据应用一般可分为个人、企业与行业、政府以及时空综合应用等若干方面。其中，个人大数据应用的典型代表，如根据医疗健康大数据建立个人数据中心，指导个人就医、运动和饮食等；企业与行业大数据应用的典型案例，如商业银行通过征信和交易大数据系统，对各种贷款业务进行风险控制等；政府大数据应用的典型场景，如管理部门利用公共大数据系统，进行交通管理、旅游规划和环境保护等；时空综合大数据是指，在一定区域的时序化基础地理信息之上，与其他专题大数据构成一体化数据资源。其典型案例有智慧城市时空大数据应用、百度公司时空大数据城市计算等。

4．大数据生态

大数据生态是指大数据事业与其相关环境所形成的相互作用、相互影响的共生系统。主要包括大数据市场需求、政策法规、人才培养、产业配套与行业协调、区域协同与国际合作等要素。

1.1.2　目标定位

本书聚焦于大数据分析技术中的统计分析，将大数据集定位在各种事物的客观动态记录上，并从以下三个方面确定定位。

1．明确目标

初学者首先应结合自己的知识基础、专业方向、兴趣能力以及职业发展规划，搞清楚自己将向大数据的哪个技术方向努力。

一般可将大数据技术涉及的各个方面归纳为两大技术方向：大数据工程和大数据分析，其对应着大数据工程师和大数据分析师的角色。大数据工程主要涉及物联网、云计算、分布式存储和计算、大数据平台等基础硬件、软件的架构设计和设施搭建；大数据分析主要涉及数据采集管理、数据可视化、数据分析与建模、机器学习、数据安全、数据应用服务等相关的模型、算法、工具的探讨和研究。

总体而言，随着大数据物理基础和系统架构的不断成熟和持续普及，以大数据工程为核心的项目通常是有限的，而随着精细化管理和智能化技术的蓬勃发展，大数据分析则会进入各行各业，形成长期且持续的需求，从而使更多的大数据研究项目进入这个领域。本书正是为有志从事**大数据分析**的初学者准备的。

2．明确途径

初学者学习大数据分析，可以从统计方法、数据挖掘、机器学习、深度学习这个途径循序渐进，逐步提升。大数据的统计分析是一个出发点，也是后续分析的基础。本书正是为起步于统计方法的大数据分析初学者准备的。

3．明确工具

大数据的统计分析需要功能强大、灵活易用的实现工具。作为面向统计分析的计算机语言，R 无疑是一个最好的选择。R 的前身是 1976 年美国贝尔实验室开发的 S 语言。20 世纪 90 年代 R 语言正式问世，因两名主要研发者 Ross 和 Robert 名字首字母均为 R 而得名。目前，R 已发展成为具有共享性，可运行于 Windows、Linux、Mac OS X 操作系统之上，支持交互式数据探索、可视化和分析实践，支撑统计理论研究和大数据统计分析的强大平台。本书正是为聚焦大数据分析中的统计方法及其 R 实现的初学者准备的。

1.1.3　初识 R

数据分析，一方面需要深厚的统计专业知识，另一方面也离不开有效的软件工具。目前，包括 R 在内的数据分析工具繁多，功能上各有侧重，操作上有简有繁，数据处理效率有高有低。可从不同角度对这些工具进行粗略分类。

第一种角度：商业软件和共享软件。

商业软件的字面含义是指可作为商品进行交易的计算机软件。通常商业软件的所有权属于相应的软件公司，软件公司负责整个软件的研发、升级和服务等，能够有效确保软件功能的完备性，软件开发的规范性，以及可推广性等。数据分析软件中常见的商业软件包括 IBM SPSS Statistics，IBM SPSS Modeler，SAS，Matlab 等。商业软件的销售价格一般较高，囊括的分析方法都是经典的和成熟的。

共享软件属于非商业软件，其最大特点之一是共享性，使用者可以到相应的网站上免费下载和使用。与商业软件相比，共享软件一般没有专门特定的软件公司主导研发，通常由爱好者们自由研发并上传到网上。共享软件具有较大的随意性，除囊括众多的经典分析方法外，还拥有大量前沿的新模型、新算法，且更新速度快。R 正是数据分析软件中最常见的一款非商业的共享软件。

第二种角度："傻瓜"软件和"非傻瓜"软件。

所谓"傻瓜"软件是指操作简单、易学易用的软件。使用者只需通过窗口、菜单、对话框等的操作即可自如应用这些软件，无须具有计算机编程知识。为利于推广使用，商业数据分析软件，如 IBM SPSS Statistics，IBM SPSS Modeler，SAS，Matlab 等一般都支持窗口、菜单、对话框等"傻瓜"式操作。"傻瓜"式的使用模式虽便于操作，但无法最大限度地满足用户个性化的分析需要。"非傻瓜"软件的优势则更多体现于此。

"非傻瓜"软件对使用者的计算机水平有较高要求，尤其对计算机编程能力和技巧要求较高。但使用者一旦掌握了它，通过编写程序，不仅能够实现常见的数据分析目标，还能自行对现有的模型、算法进行改进、扩充，从而充分满足不同个性化分析的需求。R 正是这样一款"非傻瓜"的统计分析软件。

共享性使得 R 博大精深，但也会令初学者眼花缭乱，常常因无从下手而感觉软件体系杂乱无章。根据由浅入深的数据分析需求，依据统计分析的基本框架，分阶段、分步骤地学习 R，是一种快速有效掌握 R 的基本策略。本书后续章节将对统计分析的基本框架做详细说明。

1.2　R 语言入门

1.2.1　R 中的基本概念

利用 R 语言进行统计分析的核心内容，是在 R 的工作空间中创建和管理 R 对象，调用已被加载的 R 包中的系统函数或编写用户自定义函数，以逐步完成数据的管理和分析。这里涉及几个基本概念：包、函数、工作空间、对象。掌握这些基本概念的含义，对快速入门 R 将有很好的帮助。

1．包（Packages）

R 语言是一种面向统计分析的共享性和开源性软件平台，是一种面向统计分析的计算机高级语言。具体讲，R 是一个关于包的集合。包是关于函数、数据集、编译器等的集合。

包是 R 的核心，可划分为基础包（Base）和共享包（Contrib）两大类。

（1）基础包

基础包，顾名思义，为 R 的基本核心系统，是默认下载和安装的包，由 R 核心研发团队（Development Core Team，简称 R Core）维护和管理。基础包支持各类基本统计分析和基本绘图等功能，并包含一些共享数据集供用户使用。

（2）共享包

共享包是由 R 的全球性研究型社区和第三方提供的各种包的集合。迄今为止，共享包中的"小包"已多达 12000 多个，涵盖了各类现代统计和数据挖掘方法，涉及地理数据分析、蛋白质质谱处理、心理学测试分析等众多应用领域。使用者可根据自身的研究目的，有选择地自行指定下载、安装和加载。

2．函数

R 函数是存在于 R 包中的实现某个计算或某种分析的程序段，每个函数都有一个函数名。可通过函数调用的方式，直接调用已有函数解决分析中的各类计算问题。函数名是函数调用的唯一标识。可通过以下两种格式实现函数调用。

格式一：函数名（形式参数列表）

函数名后括号中附带形式参数的函数调用，称为有形式参数的函数调用。函数调用时，用户须在函数名后的括号中，依顺序给出一个或多个参数值，各参数值间以英文逗号隔开。R 将这些参数值"喂给"函数，并根据参数值进行计算。

格式二：函数名（）

函数名后括号中无任何内容的函数调用，称为无形式参数的函数调用。这类函数无须用户指定参数值，不必"喂给"函数任何具体值即可进行既定的计算。

3．工作空间（Workspace）

工作空间，简单讲就是 R 的运行环境，也称工作内存。R 的所有计算都是基于工作内存的，即需要将外存中的 R 包、数据等，首先加载到工作内存中，然后才能够进行后续的计算。基于这种工作机制，R 成功启动后会首先自动将基础包加载到工作空间中，旨在提供最基本的程序运行环境。

说明：

① R 的基础包由很多"小包"组成。R 启动后仅自动将其中的部分"小包"加载到工作内存，还有些"小包"需用户根据分析需要适时选择性地手工加载。

② 用户只能调用已加载到工作空间的 R 包中的函数和数据集等。

4．R 对象

　　R 对象是存在于工作空间中的基本单元。分析的数据及相关分析结果等均将以 R 对象的形式组织。每个 R 对象都有一个对象名，是对象访问的唯一标识。直接给出对象名，即可访问 R 对象，查看其中存储的数据或分析结果或将新值赋值给 R 对象。

　　总之，R 的工作空间中加载了哪些包，包中包含了哪些函数，如何利用这些函数创建和管理 R 对象并进行数据分析，是 R 语言学习的主要线索。

1.2.2　R 的下载安装

　　可从 R 的网站 www.r-project.org 上免费下载并安装 R 软件。网站的主页如图 1-2 所示。

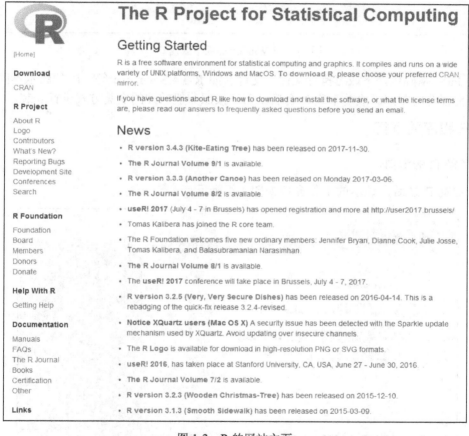

图 1-2　R 的网站主页

　　R 网站主页列出了与 R 有关的各类信息，包括 R 社区的主要成员情况、R 的相关帮助文档等。R 的基础包、相关文档和大多数共享包以 CRAN（Comprehensive R Archive Network，http://CRAN.R-project.org）的形式集成在一起。同时，为确保不同地区 R 用户的下载速度，在全球众多国家均设置了镜像链接地址。镜像可视为一种全球范围的缓存，每个镜像地址对应一个镜像站点（Mirror Sites），它们有各自独立的域名和服务器，存放的 R 系统是主站点的备份，内容与主站点完全相同。用户下载 R 时，须首先单击 CRAN 链接，选择一个镜像链接地址。国内的 R 用户可以选择 R 在中国的镜像站点。

R 支持在 Windows、Linux、Mac OS X 操作系统上运行，用户可根据不同情况选择不同的链接。如选择 Download R for Windows，表示下载运行于 Windows 操作系统下的 R，显示窗口如图 1-3 所示。

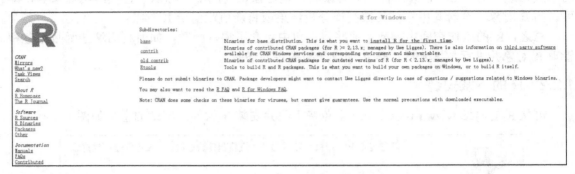

图 1-3　R Windows 版下载窗口

单击 base 基础包，下载可执行文件，文件名如 R-3.4.3-win.exe 等。R 的版本不同，可执行文件名也会有所差别。成功下载 R 之后，即可按照一般软件的安装方式进行安装。

1.2.3　R 程序的运行

1．了解 R 的窗口

成功启动 R 之后，显示的工作窗口如图 1-4 所示。

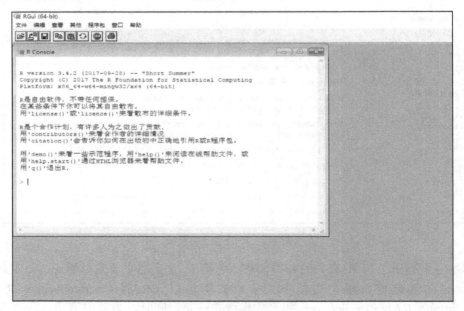

图 1-4　R 的工作窗口

图 1-4 中，名为"RGui（64-bit）"的窗口为 R 的主窗口，用于管理 R 的运行环境。可通过窗口菜单和工具栏完成以下工作。

① 【文件】菜单：新建、打开、打印和保存 R 程序文件，管理 R 的工作空间。

②【编辑】菜单：编写 R 程序，清理 R 控制台窗口。

③【查看】菜单：指定在主窗口中是否显示状态栏，是否显示工具。

④【其他】菜单：终止当前或所有运算，显示或删除工作空间中的 R 对象，显示当前已加载的包名称列表等。

⑤【程序包】菜单：加载已下载的包。在线条件下，指定镜像地址，下载安装共享包，对已下载安装包进行更新等。

⑥【窗口】菜单：指定 R 主窗口所包含的其他窗口(如控制台窗口、程序编辑窗口、图形窗口等)的排列形式等。如左右排列(【水平铺】)或是上下排列(【垂直铺】)等。

⑦【帮助】菜单：以各种方式浏览 R 的帮助文档等。

图 1-4 中，名为 "R Console" 的窗口为 R 的控制台窗口，R 的操作以及计算结果等均将默认显示在该窗口中。需要说明的是：

① 控制台窗口中的 ">" 为 R 的提示符，意味着当前已成功启动 R，且处于就绪状态，等待用户输入。用户应在提示符后书写 R 程序语句。

② R 的程序语句严格区分英文大小写。

③ 可利用键盘的上下箭头键，在 R 的控制台窗口中回溯显示以往已输入的程序语句。

2．了解 R 的工作环境

了解 R 的工作环境，应主要了解：第一，当前工作空间已加载了基础包中的哪些 "小包"？第二，已加载包中有哪些可被调用的函数？第三，如何获得帮助文档？

(1)当前工作空间中已加载了基础包中的哪些 "小包"

选择 R 主窗口菜单：【其他】→【列出查找路径】，或在控制台窗口的提示符 ">" 后调用函数 search()，即以无形式参数的方式调用名为 search 的函数。于是，已加载包的名称列表将显示在 R 的控制台窗口中。

默认加载的包及其主要功能如下：

- base 包，是基本的 R 函数包；
- datasets 包，是基本的 R 数据集包；
- grDevices 包，是基本图形设备管理函数包；
- graphics 包，是基本绘图函数包；
- stats 包，是各类统计函数包；
- utils 包，是 R 管理工具函数包；
- methods 包，是关于 R 对象的方法和类定义函数包等。

(2)已加载包中有哪些可被调用的函数

可在控制台窗口提示符 ">" 后调用函数：library(help="包名称")，查看已加载包中的函数列表和说明。

例如：library(help="stats")，即以有形式参数(这里的形式参数为 help="stats")的方式调用名为 library 的函数。于是，R 将自动显示 stats 包的版本号、作者，以及所包含的函数名、函数功能、测试数据集等。

(3)如何获得 R 的帮助文档

对于 R 的初学者，学会使用 R 的帮助文档是必要的。在控制台窗口提示符 ">" 后调用以下主要函数。

① help.start()：该函数以浏览器的形式打开 R 的帮助手册，如图 1-5 所示。

图 1-5　R 的帮助手册

图 1-5 以链接的形式显示了 R 的相关资源和整套帮助手册。用户只须单击相关链接即可浏览相应内容。

② help(函数名)：用于查看指定函数的帮助文档。

例如：help(boxplot)将显示 boxplot 函数的帮助文档。R 的函数帮助文档通常包括函数的功能说明(参见 Description 部分)、函数的调用形式(参见 Usage 部分)、形式参数的含义(参见 Arguments 部分)、形式参数的具体取值(参见 Value 部分)、调用示例(参见 Examples 部分)等主要内容。

③ help.search("字符串")：查看包含指定字符串的帮助文档。

例如：help.search("box")。

3．运行 R 程序

R 有两种程序运行方式：第一，命令行运行方式；第二，脚本运行方式。

（1）命令行运行方式

命令行运行方式，是指在 R 控制台窗口的提示符 ">" 后，输入一条 R 程序语句并按回车键，得到运行结果，适用于较为简单、步骤较少的数据处理和分析。图 1-6 所示即为命令行运行方式。

图 1-6　R 的命令行运行方式示例

若控制台窗口的内容较多需要清除，可选择菜单【编辑】→【清空控制台】。

需要说明的是：如果一行程序语句没有输入完整就按回车键，R 会在下一行显示提示符 "+"，并等待用户继续输入。按 Esc 键可终止继续输入。

(2)脚本运行方式

脚本运行方式是指，首先编写 R 程序，然后一次性提交并运行该程序，适用于较为复杂、步骤较多的数据处理和分析，具体步骤如下。

第一步，新建或打开 R 程序。

新建或打开 R 程序的菜单为【文件】→【新建程序脚本】或【打开程序脚本】。R 程序的文件扩展名为.R。图 1-7 所示的是通过名为 "R 编辑器" 的程序窗口编写 R 程序的示例。

图 1-7　R 的脚本运行方式示例

图 1-7 中，R 主窗口被划分为上、下两部分。上部分为 R 的程序编辑器窗口，正在编辑名为 "L1_1.R" 的程序。下部分为 R 的控制台窗口。

第二步，执行 R 程序。

可采用两种方式执行 R 程序：第一，逐行交互方式；第二，批处理方式。

逐行交互方式执行：选择菜单【编辑】→【运行当前行或所选代码】，或单击工具栏上的按钮，将运行光标所在行或已选行的程序，且运行结果显示在控制台窗口中。

批处理方式执行的主要步骤如下。

① 指定 R 程序所在的目录为 R 的当前工作目录。

当前工作目录是 R 默认读取文件、数据和保存各种结果的目录。若不特别指定，R 将自动到默认的当前工作目录寻找要运行的程序和数据等。

调用函数 getwd()，获得当前工作目录名。在 R 的控制台窗口中依次输入以下 R 语句，观察执行结果。

```
>getwd()        #获得当前工作目录名
[1] "F:/Documents and Settings/ccccc/My Documents"
```

通常，用户自己编写的 R 程序不一定存放在默认的当前工作目录中，须指定某个特定目录作为 R 的当前工作目录。

选择菜单【文件】→【改变工作目录】，并指定目录，也可调用函数 setwd("路径名")。

例如：在 R 的控制台窗口中依次输入以下 R 语句，观察执行结果。

```
setwd("D:/xuewei/R 数据分析")
```

② 执行当前工作目录中的指定 R 程序。

调用函数 source("R 程序名")。

例如：在 R 的控制台窗口中依次输入以下 R 语句，观察执行结果。

```
source("L1_1.R")    #执行当前工作目录中名为"L1_1.R"的程序
                    [1]  1 2 3
                    [1]  4  8 12
```

R 程序的执行结果默认输出到控制台窗口中。当处理的数据量较大，计算结果较多时，往往希望将计算结果输出到控制台窗口的同时，再将其保存到一个指定的文本文件中。

为此，需在程序的第一行调用 sink 函数。函数的基本书写格式：

sink("结果文件名"，append=TRUE/FALSE，split=TRUE/FALSE)

其中，结果文件一般为文本文件，默认位于当前工作目录下；参数 append 取 TRUE，表示若当前工作目录下有与结果文件同名的文件，则本程序的计算结果将追加到原文件内容的后面；取 FALSE，表示将本程序的计算结果覆盖原文件的内容。参数 split 取 TRUE，表示在计算结果输出到指定文件的同时，还输出到控制台窗口中；取 FALSE，表示计算结果仅输出到指定文件中。

如果后续输出结果不再需要保存到文件，只须在相应行上书写 sink() 即可。

例如：在 R 的控制台窗口中依次输入以下 R 语句，观察执行结果。

```
sink("MyOutput.txt", append=FALSE, split=FALSE)
                        #将以下行的输出结果保存到 MyOutput.txt 文件中
a<-c(1, 2, 3)
print(a)
a<-a*4
print(a)
sink()                  #以下的输出结果将仅输出到控制台窗口中
```

1.2.4　R 使用的其他方面

这里提示读者进一步关注两方面的内容：第一，如何拓展使用 R 包和函数；第二，R 的环境文件。

1. 如何拓展使用 R 包和函数

关注如下问题：第一，当前下载安装了哪些 R 包；第二，如何加载尚未加载的 R 包并调用其中的函数；第三，如何使用 R 的共享包。

（1）当前下载安装了哪些 R 包

选择窗口菜单【程序包】→【加载程序包】，将弹出一个名为"select one"的窗口，显示所有已下载安装的 R 包名称，其中包括已加载的包和尚未加载的包。

（2）如何加载尚未加载的 R 包并调用其中的函数

基础包中有一些"小包"不会自动加载到 R 的工作空间中，已下载安装的共享包也不会自动加载。若要加载，应在上述名为"select one"的窗口中选择包名，或调用函数 library("包名称")，指定将相应包加载到 R 的工作空间中。

包成功加载后便可按前述方式浏览包中可调用的函数，以有形式参数或无形式参数方式调用函数。

说明：

● R 运行期间，所有包只须加载一次即可。退出并重新启动 R 后须再次加载。

● 对于不再有用的包，可卸载出 R 的工作空间。调用函数 detach("package:包名称")。

（3）如何使用 R 的共享包

共享包的使用原则："先下载安装，再加载，后使用"，即首先下载安装共享包，然后将其加载到 R 的工作空间中，最后按照前述步骤浏览包中的函数，并以有形式参数或无形式参数的方式调用函数。

R 启动后若计算机处于在线状态，下载安装加载共享包的步骤分以下两步：

第一步，指定镜像地址。选择菜单【程序包】→【设定 CRAN 镜像】。

第二步，下载安装。选择菜单【程序包】→【安装程序包】，或调用函数 install.packages("包名称")，下载安装指定的包。

共享包下载安装完毕，还须将它们加载到 R 的工作空间中才可调用其中的函数。

说明：R 的某些共享包之间存在依赖（Depend）关系。例如，A 包中的某些函数具有较强的独立性和通用性。在研发 B 包时，为提高开发效率，B 包会直接调用 A 包中的这些通用函数。对此，称 B 包依赖于 A 包。若 B 包依赖于 A 包，则下载安装加载 B 包时还应下载安装加载 A 包。调用函数 library(help="包名称") 或 installed.packages()，可了解包之间的依赖关系。包在加载时也会有相关提示信息。

可选择菜单或调用函数实现其他与 R 包下载安装相关的功能：

● 如果包已事先下载到本地计算机硬盘上，可选择菜单【程序包】→【Install package(s) from local files】，指定压缩文件后完成包的安装操作。

● 调用函数 old.packages()，显示已下载安装且当前有新版本的包的目录、版本、网络镜像监测点等信息。

● 如果已下载的包有了更新版本，选择菜单【程序包】→【更新程序包】，或调用函数 update.packages("包名称")，进行在线更新。

● 调用函数 new.packages()，显示尚未安装的新包名称列表。

● 调用函数 RSiteSearch("检索词")，检索与检索词有关的 R 包信息和帮助页面。

说明：共享包通常可利用 Rtools 离线开发，并通过 ftp 上传至 CRAN(http：//CRAN.R-project.org)，也可借助 R-Forge(http://R-Forge.R-project.org)开发平台以工程(Projects)形式研发 R 包和相关软件产品。R-Forge 提供统一的对 R 包及相关软件产品的日常检查、出错跟踪、备份等服务。下载 R-Forge 上的 R 包时，一般须指定下载地址(http：//R-Forge.R-project.org)。此外，R 包下载安装后均会自动被 R CMD check 检查以确保在不同系统平台上正确运行。

2．R 的环境文件

　　若要以文件形式保存 R 工作空间中的对象和控制台窗口中的语句等，就应创建 R 的环境文件。选择菜单【文件】→【保存工作空间】和【文件】→【保存历史】，将会在当前工作目录下，依次创建两个名为".Rdata"和".Rhistory"的环境文件，分别存储 R 对象和 R 程序语句等。

　　再次启动 R 后，选择菜单【文件】→【加载工作空间】和【文件】→【加载历史】，即可将上次保存的环境文件中的内容，再次加载到工作空间。环境文件便于继续以往尚未完成的 R 工作。

1.3　Rstudio 简介

　　Rstudio 是 Rstudio 公司推出的一款 R 语言程序集成开发工具，可有效提高 R 语言程序开发的便利性。Rstudio 提供了良好的 R 语言代码编辑环境，R 程序调试环境，图形可视化环境以及方便的 R 工作空间和工作目录管理。

　　可登录 https://www.rstudio.com/免费下载 Rstudio。安装成功启动后的窗口如图 1-8 所示。

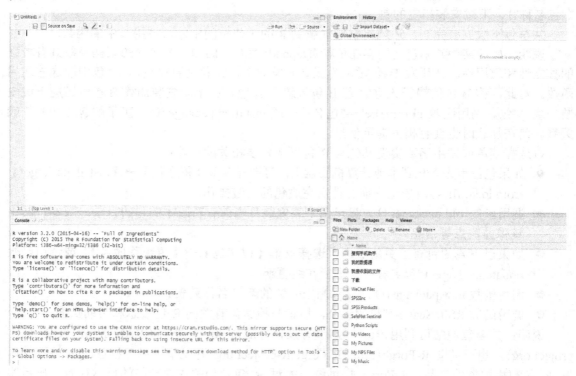

图 1-8　Rstudio 界面

　　Rstudio 窗口默认包括以下 4 个区域。

- 左上区域为 R 的程序代码区域。在该区域书写、调试和运行 R 程序。
- 左下区域为 R 的控制台窗口。R 程序的运行结果默认输出到该区域。

- 右上区域为 R 的工作空间管理区域。主要显示工作空间中已加载的 R 包、R 对象，以及上次工作的历史记录等。
- 右下区域为 R 的工作目录管理、图形显示、帮助等区域。其中，选择 Files 选项卡显示当前工作目录中的文件列表；选择 Plots 选项卡显示图形；选择 Packages 选项卡显示已安装的 R 包；选择 Help 选项卡显示帮助；等等。

Rstudio 的操作使用非常易学。可选择菜单 Tools→Global options 对 Rstudio 环境进行必要的设置，窗口如图 1-9 所示。

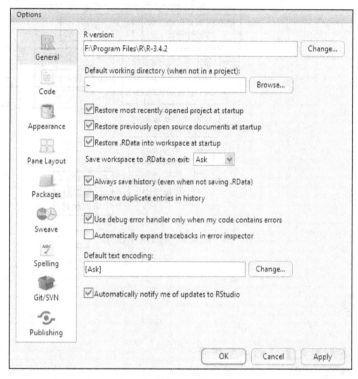

图 1-9　Rstudio 设置窗口

可选择 General 选项卡，设置 Rstudio 基于的 R 版本、默认的工作目录、默认的文本编码规则等。可选择 Packages 选项卡，设置在 Rstudio 中下载 R 包时默认的 CRAN 镜像地址等。

1.4　从大数据分析案例看统计分析的基本框架

长期的理论和实践都毋庸置疑地验证了经典统计分析基本框架的完备性和通用性。对于大数据分析而言，沿用统计分析的基本框架（见图 1-10）仍为一种稳健而有效的方案。

图 1-10 所示的分析框架涵盖了众多统计学的基本概念和理论体系，本书开篇直入主题，希望读者尽早厘清各种概念和方法，明确其在统计分析整体框架中的位置，便于后续主动把握数据分析的方向。这里以北京市 2016 年空气质量监测数据的分析为案例，说明基本框架中的相关概念。

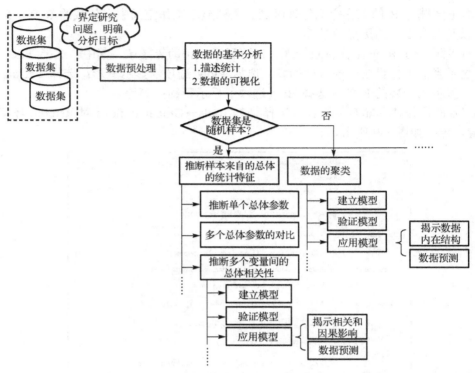

图 1-10 统计分析的基本框架

1.4.1 数据集

涉及的统计概念：

变量、变量值；
数值型变量、类别型变量、顺序型变量；
观测、总体、样本

统计分析的对象是数据集合，简称数据集。数据是一种普遍认知的大众化称谓，在统计上也有专有名词与其对应。统计学认为，数据集是由变量及多个变量值组成的集合。

变量通常用于描述研究对象的某种属性，变量值为某种属性的具体取值。

例如，对于北京市空气质量监测数据的分析案例，研究对象是空气质量。称空气质量等级（AQI，Air Quality Index）、PM2.5 浓度（PM2.5）、一氧化碳浓度（CO）、二氧化硫浓度（SO_2）、二氧化氮浓度（NO_2）、臭氧浓度（O_3）、监测时间（Date）、监测点名称（SiteName）、监测点类型（SiteTypes）等属性作为变量（用括号中的英文字母指代相应**变量**，也称为**变量名**）。

每个变量都有某些具体取值，称这些取值为对应变量的变量值。例如，PM2.5 浓度有45 微克/立方米、80 微克/立方米等众多变量值；监测点类型有城区环境评价点、郊区环境评价点、对照点及区域点、交通污染监控点等多个类别的变量值；分组后的 AQI 有一级优、二级良、三级轻度污染、四级中度污染、五级重度污染、六级严重污染多个水平的变量值。

根据变量值可将变量进一步划分为数值型变量、类别型变量、顺序型变量，其中后两类变量也统称为分类型变量。

　　本例中的数值型**变量**有 PM2.5、CO、SO$_2$、NO$_2$、O$_3$ 等。数值型变量的变量值为连续或非连续的数字，各数值间的差具有可比性，且算术运算有意义。

　　本例中的分类型变量有 SiteTypes、SiteName 等。分类型变量的变量值为字符或数字标签。如对于监测点类型变量(SiteTypes)，用 1 代表城区环境评价点，用 2 代表郊区环境评价点，用 3 代表对照点及区域点等。

　　本例中的顺序型变量有分组后的 AQI 等。顺序型变量的变量值也为字符或数值标签。如对于空气质量等级变量(分组后的 AQI)，用 1 代表一级优，用 2 代表二级良，用 3 代表三级轻度污染等。不同于类别型变量，顺序型变量的变量值间具有高低、大小、强弱等顺序关系。如 AQI3(三级轻度污染)的污染物浓度高于 2(二级良)，高于 1(一级优)，等等，但各数值间的差不具有可比性，且算术运算没有意义。

　　数据集的数据一般以二维表的形式组织。一行为研究对象中的某个个体，统计上称为一个观测。如一个空气监测点某一天的平均监测结果。一列为一个变量，如 AQI、PM2.5 或 SO$_2$ 等。若数据集包含了 1000 条监测数据，则对应的二维表为 1000 行 9 列，如表 1-1 所示。

表 1-1　北京市空气质量监测数据示意

SiteName	date	PM2.5	AQI	CO	NO2	O3	SO2	SiteTypes
奥体中心	20160101	164.958333	154.58333	3.9291667	122.625000	10.666667	45.666667	城区环境评价点
八达岭	20160101	91.681818	92.33333	1.7083333	83.375000	4.333333	55.625000	对照点及区域点
北部新区	20160101	190.458333	196.66667	4.7041667	93.375000	2.000000	17.125000	城区环境评价点
昌平	20160101	128.750000	123.20833	3.0541667	112.708333	3.750000	19.833333	郊区环境评价点
大兴	20160101	230.250000	230.33333	NA	125.750000	12.166667	50.750000	郊区环境评价点
定陵	20160101	130.500000	121.25000	3.7833333	81.041667	4.625000	32.375000	对照点及区域点
东高村	20160101	285.083333	224.00000	3.2291667	99.000000	3.875000	28.541667	对照点及区域点
东四	20160101	178.833333	166.66667	3.2000000	100.625000	3.833333	35.458333	城区环境评价点
东四环	20160101	234.708333	209.00000	5.1541667	106.291667	2.208333	38.083333	交通污染监控点
房山	20160101	215.541667	196.25000	4.2708333	117.416667	3.833333	56.083333	郊区环境评价点
丰台花园	20160101	212.291667	186.12500	4.4708333	120.166667	3.541667	39.166667	城区环境评价点
古城	20160101	184.208333	165.75000	3.4416667	102.416667	6.916667	40.541667	城区环境评价点
官园	20160101	176.125000	151.54167	3.3458333	121.583333	5.250000	49.083333	城区环境评价点
怀柔	20160101	136.250000	116.16667	1.9500000	57.826087	4.750000	14.583333	郊区环境评价点
琉璃河	20160101	281.416667	277.79167	4.4666667	109.708333	2.000000	17.333333	对照点及区域点
门头沟	20160101	122.736842	113.75000	2.3916667	90.608696	8.625000	21.041667	郊区环境评价点
密云	20160101	161.625000	134.58333	2.7291667	67.958333	10.208333	28.166667	郊区环境评价点
密云水库	20160101	119.166667	94.37500	1.5375000	39.458333	13.791667	15.083333	对照点及区域点
南三环	20160101	196.875000	181.50000	3.5958333	112.916667	8.458333	35.916667	交通污染监控点
农展馆	20160101	199.916667	180.20833	3.8333333	119.875000	30.750000	35.375000	城区环境评价点
平谷	20160101	295.041667	236.25000	4.0208333	82.041667	17.333333	31.625000	郊区环境评价点
前门	20160101	187.500000	175.29167	3.4250000	118.958333	2.791667	35.958333	交通污染监控点

　　表 1-1 中的 NA 表示数据缺失。

　　利用 R 进行统计分析的首要任务，就是关注 R 以怎样的方式实现上述二维表数据的组织。

　　可从两个视角审视表 1-1 的数据。第一，数据是一份关于总体的数据；第二，数据是一份从总体中随机抽取的、具有总体代表性的样本数据。总体是包含研究元素全体的集合。样本是从总体中抽取的部分元素的集合。构成样本的元素数目称为样本量。

这里，将表 1-1 中的数据看作来自北京市 2016 年各区域空气质量监测总体数据的一个随机样本。统计上，往往依据样本数据对其来自的总体特征进行估计。对此，后续再做详细说明。

1.4.2　分析目标和数据预处理

基于已有数据界定研究问题，确定分析目标，是数据分析的重中之重，它将直接影响后续数据分析的有关步骤和具体策略。

以北京市空气质量监测数据分析为例，对北京市空气质量监测的随机样本，界定的研究问题可以有：

- 分析供暖季各污染物浓度有怎样的分布特征。
- 是否存在 PM2.5 浓度"爆表"的情况？哪些监测点在哪些天出现了"爆表"？
- 估计 2016 年供暖季北京市 PM2.5 浓度的总体平均值。
- 对比不同类型监测点各污染物浓度总体平均值的差异。
- ……

为服务于分析目标，对原始数据的预处理是极为重要的。通常，数据预处理包括多个数据集的合并、派生新变量、数值型变量的分组或变换、类别型变量的重编码等。

例如，对于从官网下载的北京市空气质量监测数据，数据组织的特点：第一，将每天的监测数据组织成一个独立的数据文件，对于一年的数据应对应有 365 个数据文件；第二，每个数据文件中的列为监测点（如东四、天坛）等，行为某天某个时点的污染物浓度（如 PM2.5、SO_2）等。例如，2016 年 3 月 22 日各时点的部分监测数据如表 1-2 所示。

表 1-2　北京市空气质量监测数据原始格式

	A	B	C	D	E	F	G	H	I	J
1	date	hour	type	东四	天坛	官园	万寿西宫	奥体中心	农展馆	万柳
2	20160322	0	PM2.5	168	143	168	158	179	153	161
3	20160322	0	PM2.5_24h	143	127	133	134	132	132	119
4	20160322	0	PM10	197	171	215	183	372	180	267
5	20160322	0	PM10_24h	185	167	195	182	236	178	175
6	20160322	0	AQI	191	167	176	177	175	175	157
7	20160322	1	PM2.5	181	144	171	168	169	157	155
8	20160322	1	PM2.5_24h	146	128	134	136	134	134	121
9	20160322	1	PM10	200	156	219	193	288	199	251
10	20160322	1	PM10_24h	186	169	196	183	236	180	178
11	20160322	1	AQI	195	170	178	180	178	178	159
12	20160322	2	PM2.5	179	151	165	168	186	167	164
13	20160322	2	PM2.5_24h	148	130	136	138	137	137	123
14	20160322	2	PM10	199		238	204	299	196	267
15	20160322	2	PM10_24h	186		198	185	238	183	181
16	20160322	2	AQI	198	172	180	183	181	182	161
17	20160322	3	PM2.5	185	158	174	179	202	182	170
18	20160322	3	PM2.5_24h	151	132	138	140	139	140	125
19	20160322	3	PM10	230		257	190	306	247	259

为实现前述的研究目标，首先需要将各天的数据合并起来，组织成一个大的数据文件。进一步，为便于后续分析，还须将数据整理成表 1-1 的形式。对于本案例，数据预处理的主要工作将集中于此。

R 语言极为灵活，如何利用 R 的编程或现有函数，实现类似的数据预处理功能，是后续学习的一个重点。

1.4.3　数据的基本分析

数据的基本分析是数据分析的入手点，涵盖内容较为宽泛，通常包括描述统计和数据的可视化等方面。对某个特定问题，因为要达成的分析目标不同，涉及的具体步骤也会有所差异。

1．描述统计

描述统计的主要目的有两个：第一，揭示单个变量的分布特点；第二，刻画两个或多个变量的相关性特征。

展示不同类型变量分布特征的工具是不同的。例如，对于数值型变量，可直接计算均值方差(或标准差)、偏态系数、峰度系数等描述统计量，它们是准确刻画数值型变量分布特点的重要指标。

刻画不同类型的两个或多个变量相关性特征的工具是不同的。例如，对于两个数值型变量的相关性，通常采用简单相关系数来度量。

对于表 1-1 所示的北京市空气质量监测数据，一方面，对 PM2.5、CO 等计算均值等描述统计量，以展示样本数据中各个变量的分布特点；另一方面，可计算 PM2.5 和 CO 的简单相关系数，度量两者相关性的强弱。

涉及的统计概念：统计量、参数

如果视数据集为一个随机样本，由此计算得到的均值、方差(或标准差)、偏态系数、峰度系数等，统称为统计量。统计量用于刻画样本的统计特征，通常以英文字母记。例如，变量 X 的均值记为 $\bar{X}$，方差(或标准差)记为 S^2 (或 S) 等。如果视数据集为一个总体，由此计算得到的均值、方差(或标准差)、偏态系数、峰度系数等，统称为参数。参数用于刻画总体的统计特征，通常以希腊字母记。如 X 的均值记为 μ，方差(或标准差)记为 σ^2 (或 σ) 等。统计上通常将数据默认为随机样本，所以计算结果默认为统计量。

利用 R 能够方便地计算出各种描述统计量。

2．数据的可视化

图形是展示数据分布特征的最直观的方式。对于数值型变量，可绘制传统的直方图、折线图、箱线图、散点图等；对于分类型变量，可绘制传统的条形图、饼图等。

R 的图形制作功能强大，包括的图形种类繁多，不仅有上述传统的统计图形，还有其他更具特色的图形，如小提琴图、克利夫兰点图(见图 1-11)、相关系数图(见图 1-12)、马赛克图等。

R 在变量分布特征和变量相关性的图形展示方面表现突出，这也是后续学习的重点之一。

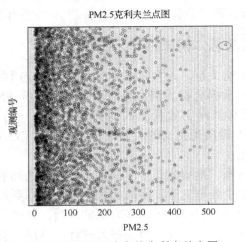

图 1-11　PM2.5 浓度的克利夫兰点图

相关系数图

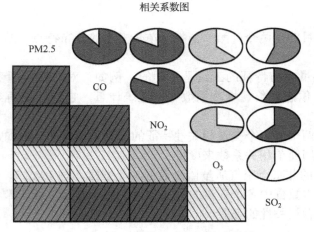

图 1-12　各污染物浓度的相关系数图

1.4.4　总体特征的推断

若分析的数据为随机样本，统计往往需要进一步依据样本数据，对其来自的总体特征进行推断。换言之，即基于样本统计量估计总体参数。

涉及的统计概念：单个总体参数的推断、多个总体参数的对比

单个总体参数的推断，是指利用一个随机样本，对它来自的这个总体的参数进行推断。

例如，对于表 1-1 所示的北京市空气质量监测数据，抽取供暖季的 PM2.5 样本数据，计算 PM2.5 的样本均值 $\bar{X}$，然后估计供暖季北京市 PM2.5 的总体平均值 μ。

多个总体参数的对比，指利用两个或多个随机样本，对它们来自的多个总体的参数有怎样的差异进行推断。

例如，对于表 1-1 所示的北京市空气质量监测数据，分别抽取供暖季的两个样本：一是西直门北区域的 PM2.5 样本数据（来自西直门北区域 PM2.5 的总体），二是定陵区域的 PM2.5 样本数据（来自定陵区域 PM2.5 的总体），分别计算两个 PM2.5 的样本均值 $\bar{X}_1$、$\bar{X}_2$，然后推断供暖季 PM2.5 两个总体的总体均值 μ_1 和 μ_2 是否有显著性差异等。

1.4.5　推断多个变量间的总体相关性

分析事物之间的相互影响关系，是大数据分析中的普遍应用要求。

以北京市空气质量监测数据分析为例，可能涉及希望分析 PM2.5 浓度受哪些因素的影响，不同因素的影响程度有怎样的数量上的差异等问题。一方面，图 1-12 直观可见，PM2.5 浓度与 CO 和 NO_2 有着极为密切的关系。另外还须对 CO 和 NO_2 对 PM2.5 浓度的影响效应做进一步的精确量化。

从统计角度解决这些问题，本质就是一个探索多个变量之间的总体相关性的过程，即以样本为研究对象，分析样本中各个变量之间的相关性，并推广到对变量总体间相关性的推断中。将涉及数据建模、模型评价和应用等诸多方面的问题。其中，数据建模涉及面非常广，包括从线性模型到非线性模型，从一元分析到多元统计，从满足分布假设的传统统计建模到以随机化为基础的现代统计建模乃至数据挖掘等众多方面。模型评价和应用涉及对所选模型

合理性的检验，包括模型是否真实地揭示了变量总体间的相关性，模型是否在未来有较为理想的预测效果等。后续章节将对相关内容做详尽阐述。

1.4.6　数据的聚类

无论数据集是样本数据还是总体数据，都需要对数据的内在结构进行剖析。

以北京市空气质量监测数据分析为例，可能涉及研究哪些监测点区域各污染物水平大致相同，哪些监测点区域的主要污染物类型相同及不同，等等。

从统计角度解决这些问题，本质就是通过聚类分析发现数据中的"自然"分组。聚类分析也涉及数据建模、模型评价和应用等方面。实现聚类的途径和角度不尽相同，可将其视为不同的聚类建模。聚类所得分组的合理性研究，可视为对聚类建模的评价。对未来新数据所属组别的预测，可视为聚类建模的应用。后续章节将对相关内容做详尽阐述。

1.5　本章涉及的 R 函数

本章涉及的 R 函数列表如表 1-3 所示。

表 1-3　本章涉及的 R 函数列表

函　数　名	功　　能
search()	浏览已加载包的名称
library(help="包名称")	浏览指定包中的函数
library("包名称")	加载指定包到 R 的工作空间
detach("package:包名")	从 R 的工作空间中卸载指定的包
Install.packages("包名称")	下载安装指定包
help.start()	启动 R 的帮助文档
help(函数名)	浏览指定函数的帮助文档
help.search("字符串")	浏览包含指定字符串的函数的帮助文档
getwd()	浏览 R 的当前工作目录
setwd("工作目录名")	指定 R 的当前工作目录
source("R 程序名")	运行指定的 R 程序
sink("结果文件名",append=TRUE/FALSE)	将后续控制台窗口的输出保存到指定结果文件中
sink()	后续控制台窗口的输出不再保存到文件中

第2章 R的数据组织

2.1 R的数据对象

数据分析的首要任务是数据组织。数据对象是 R 存储管理数据的基本方式。每个数据对象都有一个对象名，它是创建、访问和管理对象的唯一标识。对象名通常由若干区分大小写的英文字母组成。

2.1.1 R 对象的类型划分

R 数据对象可有两种不同角度的类型划分：第一种，从存储角度划分类型；第二种，从结构角度划分类型。

1. 从存储角度划分 R 对象

数据对象是 R 组织数据的基本方式。由于不同类型的数据在计算机中所需的存储字节不同，可将 R 数据对象划分为数值型、字符型、逻辑型等主要存储类型。了解 R 数据对象的存储类型，能够保证数据处理的一致性，有效避免后续 R 程序编写过程中的某些语法错误。

（1）数值型

数值型（Numeric）是计算机存储诸如人口数、空气中 PM2.5 浓度等数值型数据的类型总称。数值型可进一步细分为整数型和实数型。整数型（Integer）是整数的存储形式。根据整数位数的长短，通常需要 2 字节或 4 字节的存储空间。实数型用来存储包含小数位的数值型数据。根据实数取值范围的大小和小数位精度的高低，通常需要 4 字节或 8 字节存储。对占用 8 字节空间的实数，称为双精度型（Double）数。R 中的数值型数据均默认为双精度型数，其常量（指不变的量）的具体形式如 123.5、1.235E2、1.235E-2 等。其中，1.235E2 表示 1.235×10^2，1.235E-2 表示 1.235×10^{-2}，均为科学计数法形式。

（2）字符型

字符型（Character）是计算机存储诸如姓名、籍贯等字符形式数据的类型。字符型常量的具体形式如"ZhangSan"、"BeiJing"等，是由英文双引号括起来的一个字符序列，简称字符串。字符串的长度决定了存储所需占用的字节数。

（3）逻辑型

逻辑型（Logical）是计算机存储诸如是否已婚、是否通过某个考试等是非判断形式数据的类型。逻辑型数据只有真（是）、假（否）两个常量取值，具体形式为大写的英文单词 TRUE 和 FALSE。它们之间的关系：TRUE 等于!FALSE，FALSE 等于!TRUE。其中符号!表示取反操作。逻辑型数据只需 1 字节存储。

2．从数据组织结构角度划分 R 对象

数据对象是 R 组织数据的基本方式。由于数据分析实践中有不同的数据组织结构，所以 R 数据对象可划分为向量、矩阵、数组、数据框、列表等多种结构类型。了解 R 数据对象的结构类型，是根据数据实际情况，选择恰当数据组织方式的基础。

（1）向量（Vector）

向量是 R 数据组织的基本单位。从统计角度看，一个向量对应一个变量，存储着多个具有相同存储类型的变量值。若无明确说明，向量均为列向量。

需要注意的是：因子（Factor）是一种特殊的向量，将在 2.2.1 节详细讨论。

（2）矩阵（Matrix）

矩阵是一个二维表格形式，用于组织多个具有相同存储类型的变量。矩阵的列通常为变量，行为观测。

（3）数组（Array）

数组是多张二维表的集合，一般用于组织统计中的面板数据等。

（4）数据框（Data Frame）

数据框也是一张二维表格，与矩阵有类似之处，但用于组织存储类型不尽相同的多个变量。其中，数据框的列通常为变量，行为观测。

（5）列表（List）

多个向量、矩阵、数组、数据框、列表的集合即列表。多用于相关统计分析结果的"打包"集成。

不同结构类型的 R 对象可表示成如图 2-1 所示的直观样式。

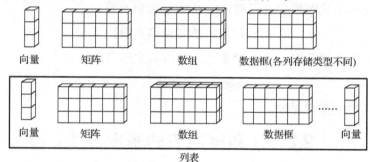

图 2-1　不同组织结构的 R 对象

2.1.2　创建和管理 R 对象

数据分析的首要任务是数据的组织管理，且 R 的对象是用于数据组织的，所以应首先创建 R 对象，然后才能对其进行相关的管理等。

1．创建 R 对象

创建 R 对象是通过赋值语句实现的。基本书写格式：

对象名<- R 常量或 R 函数

式中，"<-"称为 R 的赋值操作符，功能是将其右侧的计算结果赋值到左侧对象所在的内存单元中，也称给 R 对象赋值。一方面，赋值操作符右侧的具体书写形式会因 R 对象存储类

型和组织结构类型的不同而不同；另一方面，赋值操作符右侧不同的书写形式也决定了其左侧对象的类型。每个对象都有一个对象名。

2．访问 R 对象

访问数据对象，即浏览 R 对象的具体取值（也称对象值）。基本书写格式：

$$对象名$$

或

$$print（对象名）$$

于是，指定 R 对象的对象值将按行顺序显示在 R 的控制台窗口中。

3．查看 R 对象的结构

查看 R 对象的结构，即查看 R 对象的存储类型以及与结构相关的信息。基本书写格式：

$$str（对象名）$$

于是，指定对象的相关结果信息将显示在 R 的控制台窗口中。

4．管理 R 对象

管理 R 对象即浏览当前工作空间中包含哪些对象，可删除不再有用的对象等。基本书写格式：

$$ls（）$$

于是，当前工作空间中的对象名列表将显示在 R 的控制台窗口中。

$$rm（对象名或对象名列表）$$

对象名列表中包含多个对象名，各个对象之间应用英文逗号分隔。

$$remove（对象名）$$

删除当前工作空间中的指定对象。

2.2　R 数据组织的基本方式

2.2.1　R 向量及其创建与访问

可通过 is 函数判断对象是否为向量，基本书写格式：

$$is.vector（对象名）$$

如果指定对象为向量，则函数返回结果为逻辑型常量 TRUE，否则为逻辑型常量 FALSE。

R 向量对应一个变量。向量中元素的存储类型可以是数值型、字符串型或逻辑型，对应的向量依次称为数值型向量、字符串型向量或逻辑型向量。

1．最简单的 R 向量

在 R 的控制台窗口中依次输入以下 R 语句，观察执行结果。其中，"#"号后面的内容均为程序说明信息，是对程序的注释，不会被执行。

```
>#创建包含一个元素的向量
> V1<-100                #创建整数形式的数值型向量 V1，存储类型默认为双精度型
> V1                     #显示 V1 的对象值
 [1] 100
> V2<-123.5              #创建实数形式的数值型向量 V2，存储类型为双精度型
> V2
[1] 123.5
> V3<-"abcD"             #创建字符串型向量 V3
> print(V3)              #显示 V3 对象值
[1] "abcD"
> (V4<-TRUE)             #创建逻辑型向量 V4，并直接显示对象值
[1] TRUE
> is.vector(V1)          #判断对象 V1 是否为向量
[1] TRUE
> is.logical(V4)         #判断对象 V4 的存储类型是否为逻辑型
[1] TRUE
```

说明：

① 若将赋值语句放入圆括号中，则表示创建对象，并直接显示对象值。

② 显示对象值时各行会自动以方括号开头，如[1]，方括号中的数字表示对应行的第一个元素是 R 向量对象中的第几个元素。如[9]，表示对应行的第一个元素是 R 向量对象中的第 9 个元素。

2. 利用 R 向量组织变量

这里，以第 1 章的 2016 年北京市空气质量监测数据为例，讲解如何用 R 向量组织变量。

案例中有监测点名称（SiteName）、监测点类型（SiteTypes）两个变量，现用两个名为 SiteName 和 SiteTypes 的向量对应监测点名称和监测点类型两个变量。代码和执行结果如下。

```
>SiteName<-c("东四","天坛","官园","万寿西宫","奥体中心","农展馆","万柳","北部
新区","植物园","丰台花园","云岗","古城","房山","大兴","亦庄","通州","顺义","昌
平","门头沟","平谷","怀柔","密云","延庆","定陵","八达岭","密云水库","东高村","
永乐店","榆垡","琉璃河","前门","永定门内","西直门北","南三环","东四环")
>SiteTypes<-c(rep("城区环境评价点",12),rep("郊区环境评价点",11),rep("对照点
及区域点",7),rep("交通污染监测点",5))
>length(SiteName)
[1] 35
>length(SiteTypes)
[1] 35
```

说明：

① SiteName 向量中有多个元素，对应监测点名称的多个取值。利用 c 函数将它们组织在 R 向量中。各个元素之间用英文逗号分隔。

② 各监测点的类型不尽相同。例如，前 12 个监测点均为城区环境评价点，可利用 rep

函数简化程序书写。rep("城区环境评价点",12)表示重复生成 12 个"城区环境评价点"，rep("郊区环境评价点",11)表示重复生成 11 个"郊区环境评价点"。

③ length(向量名)函数，用来获得指定向量中包含的元素个数。本例中，SiteName 和 SiteTypes 两个向量均包含 35 个元素，依次对应 35 个监测点名称和监测点类型。

3. 访问 R 向量中的元素

可通过以下三种方式访问 R 向量中的元素。

(1)访问指定位置上的元素

有三种基本书写格式：

向量名[位置常量]

向量名[位置常量 1:位置常量 2]

向量名[c(位置常量列表)]

例如：在 R 的控制台窗口中依次输入以下 R 语句，观察执行结果。

```
> a<-vector(length=10)          #创建包含 10 个元素的向量 a
> a                             #显示初始值
 [1] FALSE FALSE FALSE FALSE FALSE FALSE FALSE FALSE FALSE FALSE
> a[1]<-1                        #访问第 1 个元素，并赋值为 1
> a[2:4]<-c(2,3,4)               #访问第 2 至第 4 个元素，并赋值为 2,3,4
> a
 [1] 1 2 3 4 0 0 0 0 0 0
> b<-seq(from=5,to=9,by=1)        #生成一个取值 5 至 9 的序列给向量 b
> a[c(5:9,10)]<-c(b,10)           #访问第 5 至 9 以及第 10 个向量，赋值为 5 至 10
> a
 [1]  1  2  3  4  5  6  7  8  9 10
```

说明：

① 方括号和圆括号的使用场合不同，不要混淆。

② ":"是 R 的特殊操作符号。2:4 表示从 2 开始到 4 结束，即结果为 2,3,4。

③ b<-seq(from=起始值，to=终止值，by=步长)：利用 seq 函数生成一组序列值，元素的取值范围是从 from 指定的起始值开始，到 to 指定的终止值结束，各元素之间相差 by 指定的数值(步长)。

④ 上述 c(b,10)的访问方式，可有效实现多个向量的合并。

(2)利用位置向量访问指定位置上的元素

基本书写格式：

向量名[位置向量名]

若向量 A 出现在向量 B 后用于说明元素位置的方括号[]内，则向量 A 为向量 B 的位置向量。

例如：在 R 的控制台窗口中依次输入以下 R 语句，观察执行结果。

```
> b<-(2:4)          #创建数值型位置向量 b，依次取值为 2,3,4
> a[b]              #访问 a 中位置向量 b 所指位置(即 2,3,4)上的元素
```

```
[1] 2 3 4
> b<-c(TRUE,FALSE,FALSE,TRUE,FALSE,FALSE,FALSE,FALSE,FALSE,FALSE)
                         #创建逻辑型向量 b
> a[b]                   #访问 a 中位置向量 b 取值为 TRUE 位置(即 1,4)上的元素
[1] 1 4
```

说明：逻辑型向量 b 将作为一个位置向量，利用位置向量可以访问指定位置上的元素。

(3) 访问指定位置之外的元素

有四种基本书写格式：

> 向量名[-位置常量]
> 向量名[-(位置常量 1:位置常量 2)]
> 向量名[-c(位置常量列表)]
> 向量名[-位置向量名]

例如：在 R 的控制台窗口中依次输入以下 R 语句，观察执行结果。

```
> a[-1]                  #访问除第 1 个元素以外的元素
[1] 2 3 4 5 6 7 8 9 10
> a[-(2:4)]              #访问除第 2 至第 4 个元素以外的元素
[1] 1 5 6 7 8 9 10
> a[-c(5:9,10)]          #访问除第 5 至第 9 以及第 10 个元素以外的元素
[1] 1 2 3 4
> b<-(2:4)
> a[-b]                  #访问除位置向量 b 以外的元素
[1] 1 5 6 7 8 9 10
> ls()                   #显示当前工作空间中的对象列表
[1] "a" "b"
> rm(a,b)                #删除当前工作空间中的对象 a 和对象 b
```

说明：负号"–"不仅表示算术运算中的减法，还可用于元素位置的指定，是 R 的一大特色。对逻辑型位置向量不能采用负号"–"的形式。

元素位置指定方式具有灵活性和多样性，是 R 特色的集中体现，也是 R 的初学者需要着重掌握的。

4. R 的特殊向量：因子

因子是一种特殊形式的向量。通常意义的向量对应数值型变量，而因子则对应着分类型变量(包括类别型变量或顺序型变量)。

例如，可用"1""2""3"等分别表示籍贯，"籍贯"变量为类别型变量；考试成绩从高分到低分依次记为"A""B""C""D""E"，"考试成绩"变量为顺序型变量。

因某些统计方法仅适用于数值型变量但不适用于分类型变量，而另一些统计方法仅适用于分类型变量但不适用于数值型变量，所以，区分变量是数值型还是分类型是必要的。

以北京市空气质量监测数据为例，监测点名称(SiteName)、监测点类型(SiteTypes)两个变量均为类别型变量，向量 SiteName、SiteTypes 应为因子才是合理的。但前例中它们均以字符串型向量出现，应将这两个向量转成因子。

因子的存储类型为整数型的 $1,2,3,\cdots,k$，称为因子水平值，表示类别型变量有 k 个类别或顺序型变量有 k 个水平。可利用 is 函数判断指定对象是否为因子，基本书写格式：

$$\text{is.factor（对象名）}$$

如果指定对象为因子，则函数返回结果为逻辑型常量 TRUE，否则为逻辑型常量 FALSE。

向量转换为因子的核心处理是，指定向量中的各个类别或水平与因子的哪个因子水平值相对应。例如，"考试成绩"向量中的类别值"A""B""C""D""E"依次对应因子的 1,2,3,4,5 水平值还是对应 5,4,3,2,1 水平值。

可利用 levels 函数显示因子水平值对应的类别值，基本书写格式：

$$\text{levels（因子名）}$$

levels 函数将按因子水平值的升序显示所对应的类别值。

可利用 as 函数将向量转换为因子，基本书写格式：

$$\text{as.factor（向量名）}$$

例如：在 R 的控制台窗口中依次输入以下 R 语句，观察执行结果。

```
> (a<-c("Poor","Improved","Excellent","Poor"))
                              #创建包含 4 个元素的字符型向量 a
[1] "Poor" "Improved"  "Excellent" "Poor"
> is.vector(a)               #判断 a 是否为向量
[1] TRUE
> (b<-as.factor(a))          #将字符型向量 a 转换为因子 b 并显示 b
[1] Poor    Improved Excellent Poor
Levels: Excellent Improved Poor
> is.factor(b)               #判断 b 是否为因子
[1] TRUE
> levels(b)                  #按因子水平值升序显示所对应的类别值
[1] "Excellent" "Improved"  "Poor"
> typeof(b)                  #显示因子 b 的存储类型名
[1] "integer"
```

说明：

① 本例中向量 a 包含 4 个元素，但有 2 个相同元素，所以只有 3 个类别值，转换为因子 b 后有 3 个因子水平值。

② 默认情况下，向量 a 中的类别值按字母顺序升序依次对应因子水平值 1,2,3。

③ 因子的存储类型为 integer 整型，但显示的是类别型变量的类别值或顺序型变量的水平值。

as.factor() 函数在应用中存在一定局限性，主要体现在：第一，因子水平值和类别值的对应关系按照类别值的字母升序对应，字母顺序小的应对应小的因子水平值，字母顺序大的对应大的因子水平值，实际应用中这种对应关系并不总是合理的；第二，as.factor() 函数得到的因子总是对应类别型变量，无法体现顺序型变量具有水平顺序性的特点。factor() 函数可较好地克服这些局限性，基本书写格式：

$$\text{factor（向量名, order=TURE/FALSE, levels=c（类别值列表））}$$

其中，参数 order 用于指定所得因子对应变量的类型，TURE 表示对应顺序型变量，FALSE 表示对应类别型变量；levels 用于依顺序列出类别值，列在前面的类别值对应的因子水平值较小，列在后面的类别值对应的因子水平值较大。

例如：在 R 的控制台窗口中依次输入以下 R 语句，观察执行结果。

```
> (a<-c("Poor","Improved","Excellent","Poor"))        #创建字符型向量 a
[1] "Poor" "Improved" "Excellent" "Poor"
> (b<-factor(a,order=FALSE,levels=c("Poor","Improved","Excellent")))
                                            #指定类别值和因子水平值的对应关系
[1] Excellent Improved  Poor Excellent
Levels: Poor Improved Excellent
> (b<-factor(a,order=TRUE, levels=c("Poor","Improved","Excellent")))
[1] Excellent Improved  Poor Excellent
Levels: Poor < Improved < Excellent
```

说明：

① 由于通过 levels 参数顺序列出了类别值，所以 Poor 的因子水平值为 1，Improved 的因子水平值为 2，Excellent 的因子水平值为 3。

② order 参数取 FALSE 时，因子各水平值对应的类别值之间无大小顺序；取 TRUE 时各水平值对应的类别值间有大小之分。如 Poor < Improved < Excellent。

进一步，利用 factor 函数还可以重新设定因子水平值所对应的类别值，具体书写格式：

factor(向量名, levels=c(类别值列表), labels=c(类别值列表))

其中，参数 levels 为原类别值，labels 为新类别值，它们是一一对应的。

例如：在 R 的控制台窗口中依次输入以下 R 语句，观察执行结果。

```
> (a<-c("Poor","Improved","Excellent","Poor"))
[1] "Poor" "Improved" "Excellent" "Poor"
> (b<-factor(a,levels=c("Poor","Improved","Excellent")))
[1] Poor Improved Excellent Poor
Levels: Poor Improved Excellent
> (b<-factor(a,levels=c("Poor","Improved","Excellent"),labels=c("C","B","A")))
[1] C B A C
Levels: C B A
```

说明：通过 levels 和 labels 的共同作用，原类别值"Poor""Improved""Excellent"依次替换为"C""B""A"，且"C""B""A"对应的因子水平值分别为 1,2,3。

2.2.2　R 矩阵和数组及其创建与访问

矩阵用来组织具有相同存储类型的一组变量。矩阵中元素的存储类型可以是数值型、字符串型或逻辑型，对应的矩阵依次称为数值型矩阵、字符串型矩阵或逻辑型矩阵。

可通过 is 函数判断数据对象是否为矩阵，基本书写格式：

is.matrix(对象名)

如果指定对象为矩阵，则函数返回结果为逻辑型常量 TRUE，否则为逻辑型常量 FALSE。

可通过 dim 函数获得矩阵的行数和列数，基本书写格式：

dim(矩阵名)

1. 将多个向量合并成 R 矩阵

以北京市空气质量监测数据为例，前面生成了 SiteName 和 SiteTypes 两个字符型向量，现将它们合并成 35 行 2 列的矩阵。代码和执行结果如下。

```
> cbind(SiteName,SiteTypes)
> Site<-cbind(SiteName,SiteTypes)
> is.matrix(Site)
[1] TRUE
> dim(Site)
[1] 35  2
```

说明：

① 利用 cbind 函数将多个列向量合并成一个矩阵。基本书写格式：

cbind(向量名列表)

其中，向量名列表是由英文逗号分隔的多个向量名。cbind 函数创建的矩阵，行数取决于向量所包含的元素个数，列数取决于列向量的个数。

② 各向量合并成矩阵的前提是均有相同的存储类型。

2. 将向量转换成 R 矩阵

矩阵可由单个向量派生而来。如果矩阵中的数据元素已存在于一个向量中，可利用 matrix 函数将该向量按指定方式转换成矩阵。基本书写格式：

matrix(向量名, nrow=行数, ncol=列数, byrow=TRUE/FALSE)

其中，nrow 和 ncol 分别指定矩阵的行数、列数。例如：matrix(nrow=2, ncol=3)表示创建一个 2 行 3 列的矩阵。这里省略了向量名，创建的矩阵各元素默认取值为缺失值 NA。byrow 参数指定将向量元素按怎样的顺序放置到矩阵中，TRUE 表示按行排列放置，FALSE 表示按列排列放置。

例如：在 R 的控制台窗口中依次输入以下 R 语句，观察执行结果。

```
> data<-(1:30)                           #生成一个名为 data 的数值型向量
> data<-matrix(a,nrow=5,ncol=6,byrow=FALSE)   #将向量 a 按列排列放置到 5 行
                                               6 列的矩阵中
> data
     [,1] [,2] [,3] [,4] [,5] [,6]
[1,]    1    6   11   16   21   26
[2,]    2    7   12   17   22   27
[3,]    3    8   13   18   23   28
[4,]    4    9   14   19   24   29
[5,]    5   10   15   20   25   30
```

3. 访问 R 矩阵中的元素

可通过数据编辑窗口以表格形式浏览矩阵的全部内容，基本书写格式：

fix(矩阵名)或 view(矩阵名)

或者，如果安装使用了 Rstudio，可直接单击矩阵名浏览矩阵。

R 程序设计中可能需要仅访问 R 矩阵中的某些元素并对其进行必要的处理，可通过以下方式实现。

(1)访问指定位置上的元素

有三种基本书写格式：

矩阵名[行位置常量, 列位置常量]
矩阵名[行位置常量 1:行位置常量 2, 列位置常量 1:列位置常量 2]
矩阵名[c(行位置常量列表), c(列位置常量列表)]

矩阵是二维表格的形式，访问时应给出两个位置参数，且用英文逗号分隔。英文逗号前的整数为行位置，后的整数为列位置。

例如：在 R 的控制台窗口中依次输入以下 R 语句，观察执行结果。

```
> a<-(1:30)                            #生成一个名为 a 的数值型向量
> data<-matrix(a,nrow=5,ncol=6,byrow=FALSE)   #将向量 a 按列排列放置到 5 行
                                            6 列的矩阵中
> data
     [,1]   [,2]   [,3]   [,4]   [,5]   [,6]
[1,]   1      6     11     16     21     26
[2,]   2      7     12     17     22     27
[3,]   3      8     13     18     23     28
[4,]   4      9     14     19     24     29
[5,]   5     10     15     20     25     30
>data[2,3]                             #访问第 2 行第 3 列位置上的元素
[1] 12
> data[1:2,2:3]                        #访问第 1 至 2 行，第 2 至 3 列位置上的元素
     [,1]  [,2]
[1,]   6    11
[2,]   7    12
> data[1:2,c(1,3)]                     #访问第 1 至 2 行，第 1,3 列位置上的元素
     [,1]  [,2]
[1,]   1    11
[2,]   2    12
```

(2)访问指定行上的所有元素

有四种基本书写格式：

矩阵名[行位置常量,]
矩阵名[行位置常量 1:行位置常量 2,]
矩阵名[c(行位置常量列表),]
矩阵名[行位置向量名,]

其中，省略英文逗号后面的列位置参数，表示访问指定行上的所有列。

(3)访问指定列上的所有元素

有四种基本书写格式：

矩阵名[, 列位置常量]

矩阵名[, 列位置常量 1:列位置常量 2]

矩阵名[, c(列位置常量列表)]

矩阵名[, 列位置向量名]

其中，省略英文逗号前面的行位置参数，表示访问指定列上的所有行。

例如：在 R 的控制台窗口中依次输入以下 R 语句，观察执行结果。

```
> data[2,]                          #访问第 2 行上的所有元素
[1]  2  7 12 17 22 27
> data[c(1,3),]                     #访问第 1,3 行上的所有元素
     [,1]  [,2]  [,3]  [,4]  [,5]   [,6]
[1,]   1    6    11    16    21     26
[2,]   3    8    13    18    23     28
> a<-c(TRUE,FALSE,TRUE,FALSE,FALSE)
                            #利用逻辑型位置向量访问第 1,3 行上的所有元素
> data[a,]
     [,1] [,2] [,3] [,4] [,5] [,6]
[1,]   1    6   11   16   21   26
[2,]   3    8   13   18   23   28
> data[,1:3]                        #访问第 1 至 3 列上的所有元素
     [,1]  [,2]  [,3]
[1,]   1    6    11
[2,]   2    7    12
[3,]   3    8    13
[4,]   4    9    14
[5,]   5   10    15
> a<-matrix(nrow=5,ncol=2)          #创建一个 5 行 2 列的矩阵，初始值默认为缺失值 NA
> a
     [,1] [,2]
[1,]  NA   NA
[2,]  NA   NA
[3,]  NA   NA
[4,]  NA   NA
[5,]  NA   NA
> a[,1]<-seq(from=1,to=10,by=2)     #给矩阵第 1 列赋值
> a[,2]<-seq(from=10,to=1,by=-2)    #给矩阵第 2 列赋值
> a
     [,1] [,2]
[1,]   1   10
[2,]   3    8
[3,]   5    6
[4,]   7    4
[5,]   9    2
```

说明：

① 矩阵元素的访问方式与向量元素的访问类似，只是需要分别指定两个位置参数。

② 访问指定位置之外的元素，须在位置参数前添加负号"−"。

总之，相对于向量，矩阵的数据组织形式更直观，更具整体性，更便于数据管理。

4．创建和访问 R 数组

数组以三维方式组织数据，是矩阵的扩展形式。可将数组视为由多张二维表格罗列而成的"长方体"。表格的行列数分别对应长方体的长和宽，表格的张数对应长方体的高。数组包含的元素可以是数值型、字符串型或逻辑型，对应的数组依次称为数值型数组、字符串型数组或逻辑型数组。

可通过 is 函数判断数据对象是否为数组，基本书写格式：

is.array(对象名)

如果指定对象为数组，则函数返回结果为逻辑型常量 TRUE，否则为逻辑型常量 FALSE。

创建数组可通过 array 函数，基本书写格式：

array(向量名, c(n1,n2,n3), dimnames=list(维名称列表))

其中，数组中的数据已事先存储在指定的向量中；c(n1,n2,n3)指定数组中有 n3 张行数为 n1 列数为 n2 的二维表；dimnames 用于指定各个维的名称，可以省略。

例如：在 R 的控制台窗口中依次输入以下 R 语句，观察执行结果。

```
> a<-(1:60)
> dim1<-c("R1","R2","R3","R4")                  #分别给三个维命名
> dim2<-c("C1","C2","C3","C4","C5")
> dim3<-c("T1","T2","T3")
> a<-array(a,c(4,5,3),dimnames=list(dim1,dim2,dim3))
                        #数组 a 由 3 张行数为 4 列数为 5 的二维表组成
> a                     #逐张显示各张二维表的内容
, , T1

   C1  C2  C3  C4  C5
R1  1   5   9  13  17
R2  2   6  10  14  18
R3  3   7  11  15  19
R4  4   8  12  16  20
, , T2

   C1  C2  C3  C4  C5
R1  21  25  29  33  37
R2  22  26  30  34  38
R3  23  27  31  35  39
R4  24  28  32  36  40
, , T3

   C1  C2  C3  C4  C5
R1  41  45  49  53  57
R2  42  46  50  54  58
```

```
R3 43 47 51 55 59
R4 44 48 52 56 60
> is.array(a)                    #判断 a 是否为数组
[1] TRUE
> a[1:3,c(1,3),]                 #显示数组中所有表格的第 1 至 3 行，第 1, 3 列的数据内容
, , T1
   C1 C3
R1  1  9
R2  2 10
R3  3 11
, , T2
   C1 C3
R1 21 29
R2 22 30
R3 23 31
, , T3
   C1 C3
R1 41 49
R2 42 50
R3 43 51
```

说明：

① 数组显示以表格为单位，依次列出各表的数据内容。

② 数组元素的访问方式与矩阵元素的访问类似，但要分别指定行号、列号、表号三个位置参数。

2.2.3　R 数据框及其创建与访问

数据框与矩阵有类似之处，但用于组织多个存储类型不尽相同的变量。数据框也是一张二维表格。统计上称行为观测、列为变量，计算机则分别称之为记录和域，且变量名对应域名。后续均采用域的称谓。

可通过 is 函数判断数据对象是否为数据框，基本书写格式：

is.data.frame(对象名)

如果指定对象为数据框，则函数返回结果为逻辑型常量 TRUE，否则为逻辑型常量 FALSE。

1．创建 R 数据框

数据框可视为多个具有不同存储类型的向量(变量)的集合。创建数据框就是要指定数据框由哪些向量(变量)组成，这些向量(变量)对应于数据框中的哪些域。可通过 data.frame 函数实现，基本书写格式：

data.frame(域名 1=向量名 1, 域名 2=向量名 2, …)

其中，数据框中的数据已事先存储在各向量中，它们分别与各个域一一对应。可通过 names 函数显示各个域名，具体书写格式：

names(数据框名)

以北京市空气质量监测数据为例，对于各监测点有监测点名称(SiteName)、监测点类型(SiteTypes)、监测点经度(SiteX)和监测点纬度(SiteY)4 个变量。前 2 个变量为类别型变量，后 2 个变量为数值型变量，两者的存储类型不同。组织监测点数据的理想方式是数据框，其中有 4 个域(Sitename、Sitetypes、Sitex、Sitey)与 4 个变量一一对应。代码和部分执行结果如下所示。

```
>SiteName<-c("东四","天坛","官园","万寿西宫","奥体中心","农展馆","万柳","北部
新区","植物园","丰台花园","云岗","古城","房山","大兴","亦庄","通州","顺义","
昌平","门头沟","平谷","怀柔","密云","延庆","定陵","八达岭","密云水库","东高村
","永乐店","榆垡","琉璃河","前门","永定门内","西直门北","南三环","东四环")
>SiteTypes<-c(rep("城区环境评价点",12),rep("郊区环境评价点",11),rep("对照点
及区域点",7),rep("交通污染监控点",5))
>SiteX<-
c(116.417,116.407,116.339,116.352,116.397,116.461,116.287,116.174,116.
207,116.279,116.146,116.184,116.136,116.404,116.506,116.663,116.655,11
6.23,116.106,117.1,116.628,116.832,115.972,116.22,115.988,116.911,117.
12,116.783,116.30,116.00,116.395,116.394,116.349,116.368,116.483)
>SiteY<-
c(39.929,39.886,39.929,39.878,39.982,39.937,39.987,40.09,40.002,39.863
,39.824,39.914,39.742,39.718,39.795,39.886,40.127,40.217,39.937,40.143
,40.328,40.37,40.453,40.292,40.365,40.499,40.10,39.712,39.52,39.58,
39.899,39.876,39.954,39.856,39.939)
>Site<-
data.frame(Sitename=SiteName,Sitetypes=SiteTypes,Sitex=SiteX,Sitey=Sit
eY)
> names(Site)                 #显示数据框的域名
[1] "Sitename"  "Sitetypes" "Sitex"      "Sitey"
> str(Site)                   #显示对象的结构信息
'data.frame':   35 obs. of  4 variables:
 $ Sitename : Factor w/ 35 levels "奥体中心","八达岭",...: 8 24 13 27 1
20 26 3 35 11 ...
 $ Sitetypes: Factor w/ 4 levels "城区环境评价点",...: 1 1 1 1 1 1 1 1 1
1 ...
 $ Sitex    : num  116 116 116 116 116 ...
 $ Sitey    : num  39.9 39.9 39.9 39.9 40 ...
> is.data.frame(Site)         #判断 Site 是否为数据框
[1] TRUE
>fix(Site)
```

说明：

① 该数据框由 4 个域组成，分别对应存储类型不尽相同的 4 个向量，且这些向量已存在于工作空间中。由于数据框可将存储类型不同的向量集成在一起，故更适合本例数据的组织。

② 本例中，监测点名称(Sitename)和监测点类型(Sitetypes)的两个域，因其对应的向量为字符串型向量，默认转换为因子，分别有 35 个和 4 个因子水平值。

③ 利用 fix 函数显示部分数据内容，如图 2-2 所示。

图 2-2　监测点基本信息

④ 为便于后续数据框的访问，域名最好不与工作空间中的已有向量同名。本例通过英文大小写加以区分。

若创建数据框时各域尚未有与之对应的向量，即数据框是"空的"，可通过以下方式实现。在 R 的控制台窗口中依次输入以下 R 语句，观察执行结果。

```
> a<-data.frame(x1=numeric(0),x2=character(0),x3=logical(0))
> str(a)
'data.frame':   0 obs. of  3 variables:
 $ x1: num
 $ x2: Factor w/ 0 levels:
 $ x3: logi
```

说明：数据框 a 包含 3 个域，域名分别为 x1, x2, x3，且存储类型依次为数值型、字符串型和逻辑型。这里，numeric(0)表示创建一个不包含任何数据的数值型的域，其他类似。

2．访问 R 数据框中的元素

一方面，可参照矩阵访问方式访问数据框，这里不再赘述。另一方面，数据框由域组成，对数据框的访问即对各个域的访问，可采用更为清晰明了的方式。基本书写格式有以下几种：

数据框名$域名

其中，数据框名与域名之间应用字符"$"隔开，表示访问指定数据框中的指定域。

数据框名[["域名"]]

其中，需访问的域名应用英文双引号括起来。

数据框名[[域编号]]

其中，须指定将访问的域是数据框中的第几个域，域编号取决于数据框创建时的顺序。

数据框名[c["域名 1", "域名 2", …]]

上述方式均须明确指定数据框名，较为烦琐，可通过 attach 函数和 detach 函数简化访问时的域名书写，基本书写格式：

attach（数据框名）

访问域名函数 1

访问域名函数 2

…

detach（数据框名）

attach 称为数据框绑定函数，detach 用于解除对数据框的绑定。这两个函数可形象地视为两个"看不见的屏障"。在"屏障"所围成的区域内访问域，无须指定数据框名称。

例如，在 R 的控制台窗口中依次输入以下 R 语句，观察执行结果。

```
> head(Site)                    #仅显示数据框的前 6 行内容
   Sitename  Sitetypes      Sitex     Sitey
1     东四  城区环境评价点  116.417    39.929
2     天坛  城区环境评价点  116.407    39.886
3     官园  城区环境评价点  116.339    39.929
4   万寿西宫 城区环境评价点  116.352    39.878
5   奥体中心 城区环境评价点  116.397    39.982
6    农展馆  城区环境评价点  116.461    39.937
> head(Site$Sitename)           #访问 Sitename 域且仅显示前 6 条内容
[1] 东四     天坛      官园       万寿西宫 奥体中心 农展馆
35 Levels: 奥体中心 八达岭 北部新区 昌平 大兴 定陵 东高村 东四 东四环 房山 ... 植物园
> tail(Site[["Sitename"]])      #访问 Sitename 域且仅显示后 6 条内容
[1] 琉璃河    前门      永定门内 西直门北 南三环      东四环
35 Levels: 奥体中心 八达岭 北部新区 昌平 大兴 定陵 东高村 东四 东四环 房山 ... 植物园
> head(Site[[1]])               #访问第一个域且仅显示前 6 条内容
[1] 东四     天坛      官园       万寿西宫 奥体中心 农展馆
35 Levels: 奥体中心 八达岭 北部新区 昌平 大兴 定陵 东高村 东四 东四环 房山 ... 植物园
> tail(Site[c("Sitename","Sitetypes")])      #访问 Sitename 和 Sitetypes 域
                                             且仅显示后 6 条内容
   Sitename   Sitetypes
30   琉璃河  对照点及区域点
31    前门   交通污染监控点
32  永定门内 交通污染监控点
33  西直门北 交通污染监控点
34   南三环  交通污染监控点
35   东四环  交通污染监控点
> attach(Site)                  #绑定 Site 数据框
> head(Sitename)
[1] 东四     天坛      官园       万寿西宫 奥体中心 农展馆
35 Levels: 奥体中心 八达岭 北部新区 昌平 大兴 定陵 东高村 东四 东四环 房山 ... 植物园
```

```
> detach(Site)                    #解除 Site 数据框的绑定
> Sitename                        #不能在 attach 和 detach 之外省略数据框名
Error: object 'Sitename' not found
```

说明：

① 在 attach 和 detach 函数围成的程序代码区域之内，访问域时无须指定数据框的名称；在 attach 和 detach 函数围成的区域之外，不能省略数据框名，否则，R 会给出对象未找到的错误提示。

② 数据框中的域名最好不与工作空间中的向量重名。若重名，尽管可以在其围成的区域内略去数据框名书写域名，但实际上访问的并不是域而是工作空间中的同名向量。

③ attach 函数和 detach 函数必须配对出现，有一个 attach 就必须配对出现一个 detach。使用时一定要慎重。

与 attach 和 detach 函数有类似作用的还有 with 函数，基本书写格式：

$$with(数据框名,\{$$
$$域访问函数 1$$
$$域访问函数 2$$
$$\cdots$$
$$\})$$

其中，{}可形象地比喻为两个"看不见的屏障"，在"屏障"所围成的区域内访问域，无须指定数据框名称。

2.2.4　R 列表及其创建与访问

列表是对象的集合，可包含向量、矩阵、数组、数据框甚至列表等。其中的每个对象称为列表的一个成分，且均有一个成分名。可通过 is 函数判断数据对象是否为列表，基本书写格式：

$$is.list(数据对象名)$$

如果指定对象为列表，则函数返回结果为逻辑型常量 TRUE，否则为逻辑型常量 FALSE。

创建列表函数的基本书写格式：

$$list(成分名 1=对象名 1, 成分名 2=对象名 2, \cdots)$$

其中，对象是工作空间中的已有对象，分别与各个成分一一对应。可通过 names 函数显示各个成分名，具体书写格式：

$$names(列表名)$$

列表的访问方式与数据框相同。

例如，在 R 的控制台窗口中依次输入以下 R 语句，观察执行结果。

```
> a<-c(1,2,3)                     #创建向量 a
> b<-matrix(nrow=5,ncol=2)        #创建矩阵 b
> b[,1]=seq(from=1,to=10,by=2)
```

```
> b[,2]=seq(from=10,to=1,by=-2)
> c<-array(1:60,c(4,5,3))                        #创建数组 c
> d<-list(L1=a,L2=b,L3=c)       #创建列表 d，包含的 3 个成分分别为向量 a、矩阵 b 和数组 c
> names(d)                      #显示列表 d 各成分名
[1] "L1" "L2" "L3"
> str(d)                        #显示对象 d 的存储类型和结构信息
List of 3
 $ L1: num [1:3] 1 2 3
 $ L2: num [1:5, 1:2] 1 3 5 7 9 10 8 6 4 2
 $ L3: int [1:4, 1:5, 1:3] 1 2 3 4 5 6 7 8 9 10 ...
> is.list(d)                    #判断 d 是否为列表
[1] TRUE
> d$L1                          #访问列表 d 中的成分 L1
[1] 1 2 3
> d[["L2"]]                     #访问列表 d 中的成分 L2
     [,1] [,2]
[1,]    1   10
[2,]    3    8
[3,]    5    6
[4,]    7    4
[5,]    9    2
> d[[2]]                        #访问列表 d 中的第 2 个成分（L2）
     [,1] [,2]
[1,]    1   10
[2,]    3    8
[3,]    5    6
[4,]    7    4
[5,]    9    2
```

列表是集成各种对象的有效方式。虽然在数据组织时通常并不采纳，但它却是 R 组织各类数据分析结果的重要方式。对此后面的章节将有具体体现。

2.3　R 数据组织的其他问题

2.3.1　R 对象数据的保存

将 R 对象中的数据保存到数据文件中是十分必要的。这里只讨论如何将 R 工作空间中的数据保存到文本文件中。

保存数据到文本文件的函数是 write.table 函数，基本书写格式：

write.table(数据对象名, file="文本文件名", sep="分隔符",
quote=TRUE/FALSE, append=TRUE/FALSE, na="NA",
row.names=TRUE/FALSE, col.names=TRUE/FALSE)

其中，数据对象一般为向量、矩阵或数据框；参数 file 指定文本文件名；sep 指定文本文件中各数据列间的分隔符；row.names 和 col.names 取 TRUE，表示将行编号和变量名写入文本文件，行编号将位于文本文件的第一列，变量名将位于第一行，否则不写入，通常，行编号无须写入文本文件；quote 为 TRUE 表示文本文件中第一行的变量名以及字符串型数据均用双引号括起来，否则无双引号；append 为 TRUE 表示将数据追加到已有文本文件的尾部，为 FALSE 表示以数据覆盖已有文本文件中的原有内容。

例如：将前述存储在 R 数据框中的北京市空气质量监测点数据，保存到"监测点信息.txt"文本文件中，代码如下。

```
>SiteName<-c("东四","天坛","官园","万寿西宫","奥体中心","农展馆","万柳","北部
新区","植物园","丰台花园","云岗","古城","房山","大兴","亦庄","通州","顺义","
昌平","门头沟","平谷","怀柔","密云","延庆","定陵","八达岭","密云水库","东高村
","永乐店","榆垡","琉璃河","前门","永定门内","西直门北","南三环","东四环")
>SiteTypes<-c(rep("城区环境评价点",12),rep("郊区环境评价点",11),rep("对照点
及区域点",7),rep("交通污染监控点",5))
SiteX<-c(116.417,116.407,116.339,116.352,116.397,116.461,116.287,116.174,
116.207,116.279,116.146,116.184,116.136,116.404,116.506,116.663,116.65
5,116.23,116.106,117.1,116.628,116.832,115.972,116.22,115.988,116.911,
117.12,116.783,116.30,116.00,116.395,116.394,116.349,116.368,116.483)
>SiteY<-c(39.929,39.886,39.929,39.878,39.982,39.937,39.987,40.09,40.002,
39.863,39.824,39.914,39.742,39.718,39.795,39.886,40.127,40.217,39.937,
40.143,40.328,40.37,40.453,40.292,40.365,40.499,40.10,39.712,39.52,39.
58, 39.899,39.876,39.954,39.856,39.939)
>Site<-data.frame(Sitename=SiteName,Sitetypes=SiteTypes,Sitex=SiteX,
Sitey=SiteY)
>write.table(Site,file="监测点信息.txt",row.names=FALSE)
```

说明：首先，将监测点名称、监测点类型、监测点的经度和纬度数据组织于名为 Site 的 R 数据框中。然后，利用 write.table()函数将 Site 内容保存到名为监测点信息.txt 的文本文件中。

2.3.2　通过键盘读入数据

从程序设计角度看，将频繁变动的数据对象和相对稳定的程序处理功能合理分离，是提高程序通用性的有效方式。简单举例，一个程序如果只能给出特定整数 1 加 2 的结果，而不能给出任意整数 x 加 y 的结果，那么这个程序的通用性就很差。因为整数 1 加 2 与任意整数 x 加 y 的运算法则（功能）是完全相同的，但程序却无法支持将相同的处理施加于不同的数据对象上，导致程序通用性低下。其原因之一就是没有将数据对象和程序处理功能恰当分开，使得数据一旦发生变化，就必须随之修改程序，数据变动导致程序变动。

数据对象和处理功能的合理分离是必须的。最简单的实现手段：数据以变量（如 x, y）而不是常量（如 1, 2）的形式出现在程序代码中，变量的具体取值在程序运行时临时从键盘等输入设备"喂入"程序，从而确保程序不随所处理数据的变动而变动。

R 支持从键盘输入一组数据到指定向量中，函数的基本书写格式：

对象名 <- scan()

例如：从键盘输入数据 10, 20, 30 到向量 a 中。

```
> a<-scan()          #R 将在控制台窗口等待用户输入数据,每个数据间以回车键分隔
1: 10
2: 20
3: 30
4:
Read 3 items
> a
[1] 10 20 30
```

说明：所有数据输入完毕，同时按住 Ctrl 键和回车键表示结束键盘输入。

2.3.3　共享 R 自带的数据包

R 本身附带了很多数据集供学习和研究者共享。为此，应首先了解 R 有哪些数据集，然后再根据实际需要指定使用某个数据集。浏览 R 数据集目录的函数是 data()。

例如：在 R 控制台窗口输入 data()，显示的数据集名和说明信息如图 2-3 所示。

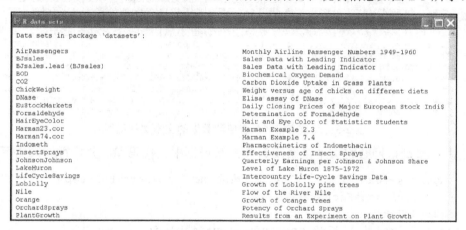

图 2-3　R 自带数据集示例

可通过函数 data("数据集名")指定加载使用某个数据集。

例如：data("AirPassengers")，于是，当前工作空间中会出现一个名为 AirPassengers 的 R 对象。对象的结构类型通常为向量、矩阵、数组、数据框等，也可能是时间序列(Time Series, TS)等其他复杂类型的对象。

2.4　大数据案例的数据结构和 R 组织

2.4.1　读文本文件数据到 R 数据框

实际案例中的数据往往事先存在于某种格式的文件中。最常见和最通用的文件格式是文本文件，其扩展名一般是 txt 或 csv。可利用 read.table 或 read.csv 函数，直接将其读入 R 对象(通常是 R 数据框)中。基本书写格式：

read.table(file="文件名.txt", header = TRUE/FALSE, sep="数据分隔符",
　　　　　　stringsAsFactors=TRUE/FALSE)

或

read.csv(file="文件名.csv", header = TRUE/FALSE, stringsAsFactors=TRUE/FALSE)

其中，header 取 TRUE 表示文本文件的第一行为标题行，否则为具体数据；sep 指定文本文件中各数据列间的分隔符，省略时默认分隔符为空格、制表符、换行符或回车符。扩展名为 csv 的文本文件分割符为逗号；stringsAsFactors 取 TRUE 或 FALSE 表示是否自动将字符型变量转为因子。

以下将通过三个大数据应用案例，介绍如何将文本文件数据读到 R 的数据框中。

2.4.2　大数据分析案例：北京市空气质量监测数据

第 1 章已对北京市空气质量监测数据的内容进行了详尽说明，数据的最终结构见表 1-1。图 2-3 为相应文本文件数据的基本结构（文件名：空气质量.txt）。

图 2-3　北京市空气质量监测数据的文本文件示例

现利用 read.table 函数将文本数据读到 R 的数据框中。代码和部分执行结果如下。

```
> MyData<-read.table(file="空气质量.txt",header=TRUE,sep=" ",
    stringsAsFactors=FALSE)
> str(MyData)
'data.frame':   12705 obs. of  11 variables:
 $ SiteName : chr  "奥体中心" "奥体中心" "奥体中心" "奥体中心" ...
 $ date     : int  20160101 20160626 20160505 20160307 20160907
20160314 20160717 20160122 20161119 20160526 ...
 $ PM2.5    : num  165 39.9 48.7 50 40.2 ...
 $ AQI      : num  154.6 68.1 55.1 120.8 67.9 ...
 $ CO       : num  3.929 0.454 0.946 0.992 0.607 ...
 $ NO2      : num  122.6 35.1 41 30.4 43.7 ...
 $ O3       : num  10.7 119.2 82.1 53.3 106.9 ...
 $ SO2      : num  45.67 4.88 14.83 14.83 4 ...
 $ SiteTypes: chr  "城区环境评价点" "城区环境评价点" "城区环境评价点" "城区环
境评价点" ...
 $ SiteX    : num  116 116 116 116 116 ...
 $ SiteY    : num  40 40 40 40 40 ...
```

说明：

① read.table()函数将文本数据导入指定的数据框中，数据框各域名自动命名为文本文件中各列的标题。数据框包含的域个数，等于文本文件的列数。

② 对文本文件中的字符串型数据 SiteName 和 SiteTypes，导入时指定不自动转换成因子。

上述数据结构是加工整理后的结果，从官网下载的原始数据格式见表 1-2，且一个数据文件中只包含一天的监测数据。因此将一年所有天的数据合并在一起，并进行格式转换，是该案例分析的前提。将在 3.5.5 节对该问题做详细讨论。

2.4.3　大数据分析案例：美食餐馆食客点评数据

表 2-1 是北京市 3958 个美食餐馆的食客点评数据(文件名：美食评分数据.csv)。其中，shop_ID 为餐馆编号；review_n 为一段时间内食客发表评论的评论数目；taste、environment、serivce 为食客对餐馆菜肴口味、就餐环境、服务质量打分的平均值，满分 40 分。score_avg 为平均的综合得分，满分 5 分；cost_avg 为人均消费金额。

表 2-1　北京市部分美食餐馆的食客点评数据示例表

	shop_ID	review_n	taste	environment	service	score_avg	cost_avg
1	shop_ID	review_n	taste	environment	service	score_avg	cost_avg
2	1995511	2277	23	24	20	3.62	117
3	515636	2380	25	23	21	3.9	60
4	4174680	2605	28	27	25	4	57
5	2218060	2865	24	26	21	3.77	79
6	2355826	2298	26	25	22	3.9	57
7	4179655	1923	27	24	21	3.87	93
8	3457330	1691	21	24	22	3.59	208
9	2329879	1888	25	26	22	3.78	87
10	2560066	1453	27	25	26	4	72
11	2029036	1627	23	26	22	3.84	96
12	1960729	1366	25	19	19	3.76	52
13	1935607	1191	23	25	24	3.68	137
14	1897369	1063	27	29	24	3.93	144
15	4194498	1256	27	29	26	3.92	75
16	513362	1219	25	25	22	3.83	120
17	3447199	1218	21	19	18	3.63	33
18	512206	1039	25	23	26	3.89	67
19	1974373	939	25	20	20	3.77	35
20	4719450	791	31	29	32	4.3	220
21	2262823	1112	20	21	23	3.73	34
22	582367	1004	21	15	15	3.75	32
23	2454607	1066	22	18	17	3.57	34

表 2-2 是表 2-1 中美食餐馆的信息数据(文件名：餐馆信息.csv)。其中，region 为餐馆所在区域；shop_ID 为餐馆编号；food_type 为餐馆主打菜。

表 2-2　美食餐馆信息数据表

	region	shop_ID	food_type
1	region	shop_ID	food_type
2	中关村	507541	北京菜
3	北下关	507579	火锅
4	紫竹桥	507618	自助餐
5	魏公村	507666	其他西餐
6	魏公村	507735	云南菜
7	五道口	507752	寿司/简餐
8	海淀其他	507811	浙江菜
9	中关村	507837	北京菜
10	五道口	507843	比萨
11	魏公村	507852	快餐
12	北太平庄	507907	江西菜
13	北太平庄	508022	火锅
14	苏州桥	508081	湖北菜
15	双榆树	508087	东北菜
16	航天桥	508097	火锅
17	双榆树	508101	火锅
18	北太平庄	508114	日本料理
19	公主坟/万寿路	508154	快餐
20	魏公村	508158	咖啡厅
21	五道口	508184	日本料理

基于上述两张表中的数据，可首先将两份数据合并，并在此基础上做很多方面的数据分析。后续将给出详细的分析示例。

这里，仅利用 read.table 函数将两张表的数据读入 R 数据框中。代码和部分执行结果如下。

```
> MyData<-read.table(file="美食评分数据.csv",header=TRUE,sep=",",
    stringsAsFactors=FALSE)
> str(MyData)
'data.frame':   3958 obs. of  7 variables:
 $ shop_ID     : int  1995511 515636 4174680 2218060 2355826 4179655
3457330 2329879 2560066 2029036 ...
 $ review_n    : int  2277 2380 2605 2865 2298 1923 1691 1888 1453
1627 ...
 $ taste       : int  23 25 28 24 26 27 21 25 27 23 ...
 $ environment: int  24 23 27 26 25 24 24 26 25 26 ...
 $ service     : int  20 21 25 21 22 21 22 22 26 22 ...
 $ score_avg   : num  3.62 3.9 4 3.77 3.9 3.87 3.59 3.78 4 3.84 ...
 $ cost_avg    : int  117 60 57 79 57 93 208 87 72 96 ...
> MyData$shop_ID<-as.character(MyData$shop_ID)
> str(MyData)
'data.frame':   3958 obs. of  7 variables:
 $ shop_ID     : chr  "1995511" "515636" "4174680" "2218060" ...
 $ review_n    : int  2277 2380 2605 2865 2298 1923 1691 1888 1453
1627 ...
 $ taste       : int  23 25 28 24 26 27 21 25 27 23 ...
 $ environment: int  24 23 27 26 25 24 24 26 25 26 ...
 $ service     : int  20 21 25 21 22 21 22 22 26 22 ...
 $ score_avg   : num  3.62 3.9 4 3.77 3.9 3.87 3.59 3.78 4 3.84 ...
 $ cost_avg    : int  117 60 57 79 57 93 208 87 72 96 ...
> MyData<-read.table(file="餐馆信息.csv",header=TRUE,sep=",",
 stringsAsFactors=FALSE)
> str(MyData)
'data.frame':   3958 obs. of  3 variables:
 $ region   : chr  "北太平庄" "北太平庄" "北太平庄" "北太平庄" ...
 $ shop_ID  : int  508452 511122 511679 512076 512791 512917 513304
513604 514127 514466 ...
 $ food_type: chr  "北京菜" "北京菜" "北京菜" "北京菜" ...
> MyData$shop_ID<-as.character(MyData$shop_ID)
```

说明：利用 str()函数浏览数据结构发现，两份数据中的美食餐馆编号的存储类型均默认为数值型。可利用 as.character()函数将其转换为字符串型。

2.4.3　大数据分析案例：超市顾客购买行为数据

表 2-3 是超市顾客购买行为的部分数据(文件名：顾客交易数据.txt)。其中，CardID 为顾客会员卡号；Date 为购物日期；Amount 为消费金额。

表 2-3　超市顾客购买行为数据示例表

```
CardID, Date, Amount
"C0100000199", 20160820, 229.000000
"C0100000199", 20160628, 139.000000
"C0100000199", 20161229, 229.000000
"C0100000343", 20160727, 49.000000
"C0100000343", 20160202, 169.990000
"C0100000343", 20160712, 299.000000
"C0100000343", 20160202, 34.950000
"C0100000343", 20160907, 99.000000
"C0100000343", 20160513, 49.000000
"C0100000375", 20160922, 99.990000
"C0100000375", 20160502, 5.990000
"C0100000375", 20161101, 49.000000
"C0100000375", 20161016, 69.000000
"C0100000482", 20160812, 84.000000
"C0100000482", 20160328, 69.000000
"C0100000482", 20160403, 24.990000
"C0100000482", 20161210, 19.990000
"C0100000689", 20160523, 79.000000
"C0100000689", 20161226, 349.000000
"C0100000789", 20160610, 299.000000
"C0100000789", 20161229, 79.000000
"C0100000789", 20160721, 399.000000
"C0100000915", 20161220, 49.000000
"C0100001116", 20160712, 25.990000
```

该份数据具有典型的顾客交易行为大数据的特点，基于交易行为的顾客画像是非常普遍且重要的大数据分析应用。仅就表 2-3 数据而言，可分析的内容非常有限，须对此做进一步的数据整理以获得内涵更为丰富的数据。

这里，仅利用 read.table 函数将数据读入 R 数据框中。代码和部分执行结果如下。

```
> MyData<-read.table(file="顾客交易数据.txt",header=TRUE,sep=",",
    stringsAsFactors=FALSE)
> str(MyData)
'data.frame':  69215 obs. of  3 variables:
 $ CardID:  chr   "C0100000199"   "C0100000199"   "C0100000199"
"C0100000343" ...
 $ Date : int  20160820 20160628 20161229 20160727 20160202 20160712
20160202 20160907 20160513 20160922 ...
 $ Amount: num  229 139 229 49 170 ...
```

说明：数据中 Date 为购物日期，但默认按整型数读入。

2.5　本章涉及的 R 函数

本章涉及的 R 函数如表 2-4 所示。

表 2-4   本章涉及的 R 函数列表

函 数 名	功 能
str（对象名）	显示指定对象的存储类型及结构信息
ls（）	显示当前工作空间中的对象列表
rm（对象名列表），remove（对象名）	删除当前工作空间中的指定对象
is.vector（数据对象名）	判断指定对象是否为向量
c（常量或向量名列表）	创建包含指定元素的向量
rep（起始值:终止值, each=重复次数）	重复函数
seq（from=起始值,to=终止值, by=步长）	序列函数
is.matrix（数据对象名）	判断指定对象是否为矩阵
cbind（向量名列表）	将向量列项合并为矩阵
dim（矩阵名）	显示指定矩阵的行列数
matrix（向量名, nrow=行数, ncol=列数, byrow=TRUE/FALSE, dimnames=list（行名称向量, 列名称向量））	将指定向量按指定格式转换为矩阵
fix（矩阵名）	以编辑窗口形式访问指定矩阵
array（向量名, 维度说明, dimnames=list（维名称列表））	创建数组
is.array（数据对象名）	判断指定对象是否为数组
is.data.frame（数据对象名）	判断指定对象是否为数据框
data.frame（域名 1=向量名 1, 域名 2=向量名 2, …）	创建数据框
names（数据框名）	显示数据框的域名或列表的成分名
attach（数据框名）	绑定指定的数据框
detach（数据框名）	解除对指定数据框的绑定
with（数据框名,{}）	以只读方式绑定指定的数据框
list（成分名 1=对象名 1, 成分名 2=对象名 2, …）	创建列表
is.list（数据对象名）	判断指定对象是否为列表
as.factor（向量名）	将向量转换为因子
is.factor（向量名）	判断指定向量是否为因子
levels（因子名）	显示因子水平值所对应的类别值
factor（向量名, levels=c（类别值列表）, labels=c（类别值列表））	将向量按指定方式转换为因子
read.table（file="文件名", header = TRUE/FALSE, sep="数据分隔符"）	将指定文本格式数据读到数据框中
scan（）	从键盘输入一组数据到指定向量
data（）	浏览数据集名称列表
data（"数据集名"）	加载使用指定数据集

第 3 章　R 的数据整理和编程基础

数据整理是统计分析的重要环节。因分析问题不同，数据整理要求和目标也会不同，很难一概而论地将数据整理定位在某几个特定方面。所以，本章首先针对第 2 章的三个大数据案例，讨论分析问题，研究数据特点，进而明确不同的数据整理目标。

3.1　从大数据分析案例看数据整理

3.1.1　美食餐馆食客点评数据的整理问题

第 2 章表 2-1 和表 2-2 是美食餐馆食客评分数据和餐馆信息数据。基于两份数据，仅筛选出五道口和北太平庄区域经营最受欢迎的 10 种主打菜的餐馆做分析，涉及的研究问题如下：
- 寻找"人气"餐馆。
- 主打菜的餐馆分布有怎样的特点？
- 食客评分及人均消费金额有怎样的统计特征？是否具有相关性？
- 餐馆的区域分布与主打菜分布是否具有相关性？
- 两个区域美食餐馆的人均消费金额是否存在差异？两个区域美食餐馆口味打分与就餐环境打分的均值是否存在差异？
- 不同主打菜餐馆人均消费是否存在显著差异？人均消费金额是否受区域和主打菜的共同影响？
- 就餐环境对不同主打菜美食餐馆的人均消费金额有怎样的影响？
- ……

为研究这些问题，数据整理的首要任务是将表 2-1 和表 2-2 做横向拼接，并进行数据筛选。此外，数据中存在缺失值，应了解数据缺失值情况是否严重并做必要处理。

3.1.2　超市顾客购买行为数据的整理问题

第 2 章表 2-3 给出了超市顾客购买行为的部分数据示例。如果希望进行客户画像研究，仅直接依据顾客每次购买的时间和金额两个变量显然是不充分的。从市场营销上看，客户画像应依据的基本要素是 RFM。RFM 三个字母是最近一次消费(Recency)、消费频率(Frequency)、消费金额(Monetary)的英文缩写。最近一次消费是客户前一次消费距某时点的时间间隔。理论上，最近一次消费较近的客户是较好的客户，是最有可能对提供即时商品或服务反应的。消费频率是客户在限定期间消费的次数。消费频率较高的客户，通常对企业满意度和忠诚度较高。消费金额是客户在限定期间的消费总金额，是客户盈利能力的体现。可依据 R、F、M 进行最基本的客户画像。所以，基于现有数据计算出每个顾客的 RFM，即派生出新的变量，是本案例数据整理的主要任务。

3.1.3　北京市空气质量监测数据的整理问题

第 1、2 章均对 2016 年北京市空气质量监测数据进行了说明。可能涉及的研究问题如下：

- 供暖季 PM2.5 浓度有怎样的分布特征？
- 供暖季是否存在 PM2.5 浓度"爆表"的情况？哪些监测点出现了几天"爆表"？
- 估计供暖季北京市 PM2.5 浓度的总体平均值。
- 对比供暖季和非供暖季北京市 PM2.5 浓度的总体均值。
- 供暖季不同类型监测点 PM2.5 浓度总体平均值是否存在显著差异？
- ……

针对上述相关问题，本案例数据整理的主要工作：首先，将一年所有天的数据合并成一个大的数据文件；其次，由于原始数据是实时监测的小时数据，为简化问题，可计算每天的各污染物平均浓度；再次，表 1-2 所示格式的数据不利于分析，应将其转换为表 1-1 的格式；最后，依不同研究问题进行数据筛选。例如，筛选出供暖季的数据等。

综上，三个案例的数据整理的任务主要有数据合并、数据排序、缺失数据报告、变量的计算分组或重编码、数据筛选等方面，其中后两个案例的数据整理工作比较复杂，还会涉及 R 的编程。

3.2　数据的初步整理

数据整理初期一般主要涉及数据整合、数据筛选等。最简单的数据整合是将分散在不同数据文件中的数据，合并到一个大的数据文件中。数据筛选是根据需要从数据集中抽取部分数据。对数据量非常庞大的数据分析来说，根据分析问题尽早确定研究样本并抽取数据子集，将对后续数据处理及计算效率的提升有极为重要的帮助。

3.2.1　数据整合

本节将数据整合的工作聚焦在数据文件的合并上。数据合并是指将存储在两个 R 数据框中的两份数据，以关键字为依据，以行为单位做列向合并。通常，这些数据是关于观测对象不同侧面的描述信息，合并后便于对更充分的数据进行多角度的综合分析和研究。

例如，合并美食餐馆的食客评价数据和餐馆信息数据。数据合并时为避免"张冠李戴"的现象，要求两份数据应同时包含能够作为观测(如美食餐馆)唯一标识(如餐馆编号)的同名变量，这个变量称为数据合并中的关键字。

实现数据合并的函数是 merge 函数，基本书写格式：

$$merge(数据框名 1, 数据框名 2, by="关键字")$$

其中，两份数据已分别存在于数据框名 1 和数据框名 2 中；通过 by 参数指定关键字。合并后的数据自动按关键字取值升序排序。

3.2.2　数据筛选

数据筛选，顾名思义，是将现有数据按照某种方式筛选出部分样本，以服务于后续的数据建模。数据筛选方式包括按条件筛选和随机筛选。

1．按条件筛选

按条件筛选是指给出一个筛选条件，只抽取满足筛选条件的样本。例如：美食餐馆食客评分数据分析中，仅筛选出五道口和北太平庄区域经营最受欢迎的 10 种主打菜的餐馆来分析。再如，北京市空气质量监测数据分析中，仅筛选出供暖季监测数据来分析，等等。

按条件筛选的核心是确定好筛选条件。R 中通过关系表达式描述筛选条件。

关系表达式也称条件表达式，用于判断是否满足指定的条件。关系表达式是由 R 的常量、数据对象、关系运算符［如等于（==）、不等于（! =）、大于（>）、小于（<）、大于等于（>=）、小于等于（<=）、包含（%in%）］、逻辑运算符［如逻辑与（&）、逻辑或（|）、逻辑非（!）］，以及括号等组成的式子。关系表达式计算结果的数据类型为逻辑型，结果为 TRUE 表示满足条件，结果为 FALSE 表示不满足条件。

实现条件筛选的函数为 subset 函数，基本书写格式：

$$subset（数据框名，关系表达式）$$

该函数能够将指定数据框中满足指定条件的样本筛选出来。

2．随机筛选

随机筛选是对现有数据集按随机方式筛选出部分样本。可利用 sample 函数实现，基本书写格式：

sample（向量名, size=样本量, prob=c（各元素抽取概率表）, replace=TRUE/FALSE）

sample 函数将对指定向量做随机抽样。其中，

- 若参数 replace 取 TRUE，表示进行有放回随机抽样，即每个向量元素均有被重复抽到的可能性；若参数 replace 取 FALSE，为无放回随机抽样。
- 参数 size 用于指定抽取的样本量。
- 参数 prob 可使向量中各元素值有不同的入样概率。

例如：sample（1:10, size=5, replace=FALSE）表示从 1 至 10 中进行无放回随机抽样，共抽取 5 个元素；又如：sample（c("a","b","c"), size=10, prob=c（1/6, 2/3, 1/6）, replace=TRUE）表示对 "a" "b" "c" 做 10 次有放回的随机抽样，且它们被抽中的概率依次为 1/6, 2/3, 1/6，最后样本容量为 10。

若希望随机抽样结果能够重复出现，须指定一个随机种子的初始值，函数为 set.seed，基本书写格式为 set.seed（整数型常量）。

3.2.3　大数据分析案例：美食餐馆食客点评数据的初步整理

首先，合并美食餐馆的食客评价数据和餐馆信息数据。其次，筛选出五道口和北太平庄区域经营最受欢迎的 10 种主打菜的餐馆。代码和执行结果如下。

```
>FoodScore<-read.table(file="美食评分数据.csv",header=TRUE,sep=",",
    stringsAsFactors=FALSE)
>ResInf<-read.table(file="餐馆信息.csv",header=TRUE,sep=",",
    stringsAsFactors=FALSE)
> MyData<-merge(ResInf,FoodScore,by="shop_ID")   #合并数据并存入指定的数据框
> MyData$shop_ID<-as.character(MyData$shop_ID)
```

```
> head(MyData)
  shop_ID region food_type review_n taste environment service score_avg
  cost_avg
1  507541  中关村    北京菜        54    20          20      20      3.46        34
2  507579  北下关    火锅         671    24          15      16      3.69        49
3  507618  紫竹桥    自助餐       548    27          30      27      4.10       363
4  507666  魏公村    其他西餐      802    24          24      22      3.90       140
5  507735  魏公村    云南菜      1432    24          17      18      3.76        46
6  507752  五道口    寿司/简餐     488    26          22      21      3.83        43
> Data<-subset(MyData,MyData$region=="五道口" | MyData$region=="北太平庄")
> (FoodTypeN<-table(Data$food_type))        #主打菜的频数表
```

北京菜	比萨	茶馆	川菜	创意菜	东北菜
79	18	9	78	4	23
法国菜	贵州菜	海鲜	韩国料理	湖北菜	淮扬菜
1	5	4	47	8	3
火锅	江西菜	酒吧	咖啡厅	快餐	鲁菜
65	6	9	48	76	6
蒙古菜	面包	其他东南亚菜	其他西餐	其他小吃	其他中餐
1	47	1	8	51	8
日本料理	日式烧烤/铁板烧	日式自助	山西菜	上海菜	寿司/简餐
16	1	3	2	1	12
素菜	台湾菜	甜点	西北菜	西式简餐	湘菜
3	3	36	18	25	32
小吃	新疆/清真菜	意大利菜	印度菜	粤菜	越南菜
163	22	2	2	28	2
云南菜	浙江菜	中东料理	自助餐		
5	7	1	7		

```
> FoodType<-names(FoodTypeN)[order(FoodTypeN,decreasing=TRUE)][1:10]
> MyData<-Data[Data$food_type %in% FoodType,]
> dim(MyData)        #查看样本量和变量个数
[1] 690   9
```

最终筛选出 690 家店，具体说明如下。

(1) 关于数据文件合并部分的说明

① 两个数据框中均包含的名为 shop_ID 的域，为餐馆的唯一标识，是数据合并的关键字。

② 合并后的数据框囊括了原数据框的所有域，但只保留一个作为关键字的域。

③ 多次使用 merge 函数可实现多份数据的合并。

注意： 第一，若两份数据存储在两个矩阵中，可通过 cbind 函数实现合并，但因 cbind 函数不支持指定关键字，所以应确保两份数据有相同的行排列顺序；第二，若要将两份数据行向合并，应将它们分别存储在两个矩阵中，并通过 rbind 函数实现合并。

(2) 关于数据筛选部分的说明

本例中要筛选出五道口和北太平庄区域经营最受欢迎的 10 种主打菜的餐馆。首先利用 subset 函数筛选位于五道口和北太平庄区域的美食餐馆；然后，找出其中经营最受欢迎的 10 种主打菜的餐馆。这里假定在该区域中主打某种菜的店越多，认为该菜受欢迎程度越高。为此，首先利用 table 函数计算主打菜的频数分布表，即各主打菜各有多少家店在经营，结果保存到 FoodTypeN 对象中。利用 order 函数找出最受欢迎的 10 种主打菜，结果保存到 FoodType 对象中。将在 3.3.2 节对 order 函数详细讨论。

3.3　数据质量评估

数据质量的高低将直接影响分析结果，进而决定分析结论的可信性。因此应在数据分析之前评估所收集数据的质量，包括缺失数据情况的报告、数据异常值的排查等。

3.3.1　缺失数据报告

数据分析实践中，通常无法确保每个观测在全部变量上取值完整无缺。数据集存在缺失数据是普遍的现象。R 用 NA(Not Available) 或 NaN(Not a Number) 表示缺失值。

统计上有很多缺失值的插补方法，但如果一份数据中存在大量的缺失值，这份数据很可能不值得进行插补处理；或者，即使实施了插补也因误差较大而改变了数据的原有分布。数据管理阶段的重要任务之一就是要掌握数据的缺失状况。

1．判断缺失值和完整观测

判断变量是否为缺失值的函数是 is 函数，基本书写格式：

is.na(向量名)，is.nan(向量名)

R 将自动对指定向量中的每个元素做判断，如果取值为 NA 或 NaN，则返回逻辑型常量 TRUE。否则为逻辑型常量 FALSE。函数值的最终结果为一个逻辑型向量。

上述函数只能逐个判断每个观测在某个变量上是否为缺失值，若数据存储在矩阵或数据框中，为逐个判断每个观测是否有取缺失值的变量(域)，则须利用 complete.cases 函数，基本书写格式：

complete.cases(矩阵名或数据框名)

R 将自动对指定矩阵或数据框中每行元素的各列(变量)做判断，如果所有列都未取 NA 或 NaN，则返回逻辑型常量 TRUE，表示该行观测是不包含缺失值的完整观测；否则为逻辑型常量 FALSE。函数值的最终结果为一个逻辑型向量。

2．生成缺失数据报告

为进一步得到关于数据缺失状况的全面报告，可利用 mice 包提供的相关函数。mice 是共享包，在第一次使用该包时应首先下载安装，然后将其加载到 R 的工作空间中。生成缺失数据报告的函数是 md.pattern，基本书写格式：

md.pattern(矩阵名)

该函数将以 1/0 形式表示缺失状况，并汇总出完整观测和不完整观测的个数等信息。

可根据缺失数据报告全面评估数据的质量。若很多观测均在某个变量上取缺失值，那么该变量在后续分析中的作用就值得商榷；若某个观测在很多变量上都取缺失值，那么这个观测对后续分析的意义就不大。

缺失值的插补处理是一个较为复杂的问题，这里不深入讨论。一种较为"粗暴"的处理方式是强行剔除不完整观测，只采纳完整观测样本，称为删除法（listwise）。可利用 na.omit 函数实现，基本书写格式：

na.omit（矩阵名或数据框名）

该函数能够找到指定矩阵或数据框中的完整观测，可将其赋值到另一矩阵或数据框中。na.omit 函数与 complete.cases 函数有类似的作用，但更为直观简洁。

删除法可能导致仅在个别变量上取缺失值的观测被"无情"地剔除，使原本具有分析价值的观测仅因在个别变量上的缺失而在后续分析中不再发挥"作用"，导致一定的信息丢失。对此，较为"温和"的处理方式是成对删除（pairwise），即某个观测可能在某些变量上取缺失值，但若分析并不涉及这些变量，则该观测会仍保留在样本中。只有当分析时涉及有缺失值的变量时才剔除该观测。这种方法虽然利用了所有数据，不存在信息丢失，但由于不同分析所针对的样本不尽相同，可能导致分析结果存在偏差。一般通过在其他函数中设置参数的形式，说明是否采用成对删除方法，后续章节会有相关示例。

3.3.2　异常值排查

这里的异常值主要有两方面的含义。第一，数据取值明显不符合实际常理的值，如年龄230 岁等。第二，数据明显偏离大多数的取值范围。异常值通常为极大值或极小值，将对数据分析的结果影响很大，找到它们并剔除或进行恰当纠正是极为必要的。

异常值排查的最常规方式是借助数据排序功能。数据排序不仅便于数据浏览，更有助于快速找到数据中可能存在的错误数据、异常数据等。可按单个变量取值的升序或降序排列数据，称为单变量排序；也可依据多个变量进行多重排序。

实现数据排序的函数是 order 函数，基本书写格式：

order（向量名列表, na.last = TRUE/FALSE/NA, decreasing =TRUE/ FALSE）

其中，若向量名列表中仅有一个向量，表示进行单变量排序，否则为多重排序，且变量先后顺序将决定哪个变量为第一排序变量，哪个变量为第二排序变量等；decreasing 参数取TRUE 或 FALSE 表示按降序或升序排序；na.last 参数表示若排序变量出现缺失值，应对缺失值如何处理，TRUE 表示缺失值排在最后，FALSE 表示排在最前，NA 表示缺失值不参与排序。

order 函数并不直接给出最终的排序结果。函数值是一个位置向量，向量元素为排序后的观测编号。

3.3.3　大数据分析案例：美食餐馆食客点评数据的质量评估

对美食餐馆食客评分数据的质量评估包括如下方面：
第一，生成缺失数据报告。
第二，对数据按人均消费金额排序，排查人均消费金额中的异常值，并做纠正处理。
第三，获得完整观测数据集，并保存到名为"美食餐馆食客评分数据.txt"文本文件中。
代码和执行结果如下。

```
> flag<-is.na(MyData$taste)                    #判断 taste 中是否有 NA 值
> MyData[flag,]
      shop_ID        region food_type review_n taste environment service score_avg cost_avg
3655 5631245        五道口      火锅       13    NA         NA      NA       3.0       46
3834 6211528      北太平庄      川菜       10    NA         NA      NA       3.8       46
> flag<-complete.cases(MyData)                 #判断是否为完整观测
> MyData[!flag,]
       shop_ID        region food_type review_n taste environment service score_avg cost_avg
3655 5631245        五道口      火锅       13    NA         NA      NA       3.0       46
3834 6211528      北太平庄      川菜       10    NA         NA      NA       3.8       46
> library("mice")                              #加载 mice 包
> md.pattern(MyData[,-(1:3)])
    review_n    score_avg    cost_avg      taste  environment    service
424        1            1           1          1           1          1        0
  2        1            1           1          0           0          0        3
           0            0           0          2           2          2        6
> Ord<-order(MyData$cost_avg,na.last=TRUE,decreasing=FALSE)
                                               #按 cost_avg 升序排序
> head(Ord)
[1] 178 219 267 268 304 333
> head(MyData[Ord,])
       shop_ID        region food_type review_n taste environment service score_avg cost_avg
1717 2652400        五道口    咖啡厅      344    22         25      20      3.72       -1
2091 2940493        五道口      川菜        9    20         17      19      3.40       -1
2507 3463555      北太平庄      小吃        9    19         17      17      2.50       -1
2523 3482866        五道口    西式简餐      8    21         19      19      3.87       -1
2827 4097281        五道口    咖啡厅        6    21         18      19      3.83       -1
3128 4521449        五道口      湘菜       31    19         18      17      3.03       -1
> Ord<-order(-MyData$review_n,+MyData$cost_avg,na.last=TRUE)
                                               #按 review_n 降序 cost_avg 升序排序
> head(MyData[Ord,])
       shop_ID        region food_type review_n taste environment service score_avg cost_avg
469   515381      北太平庄      火锅     3210    27         23      33      4.32       66
1872 2755150      北太平庄      川菜     2320    28         23      23      4.08       56
1300 2388583        五道口    西式简餐   1876    19         20      15      3.37       43
1538 2524246        五道口      川菜     1420    26         26      25      4.03       69
299   512619        五道口      小吃     1356    20         17      16      3.51       27
777  1960495      北太平庄      川菜     1215    25         27      20      3.95       78
> MyData$cost_avg<-ifelse(MyData$cost_avg==-1,NA,MyData$cost_avg)
> MyData<-na.omit(MyData)                      #完整样本
> dim(MyData)
[1] 417   9
>write.table(MyData,file="美食餐馆食客评分数据.txt",row.names = FALSE)
```

说明：

（1）缺失数据报告部分的说明

① 本例利用逻辑型位置向量 flag 浏览带有缺失值的观测，是一种比较简便的方法。本例中有 2 条非完整观测。!flag 表示取相反值，TRUE 和 FALSE 互为相反值。

② 报告中，1 表示相应列不存在缺失值，0 表示存在缺失值。第 1 列数据为样本量，最后一列为变量个数。报告第一行表示，有 424 家店的评分数据在 0 个变量上存在缺失，为完整观测。第二行表示有 2 家店在后 3 个变量上存在缺失值。最后一行是在各变量上取缺失值的样本量。可见，仅有 2 家店在后 3 个变量上取了缺失值，总体上数据质量理想。

（2）排查异常值部分的说明

① R 的数据排序很有特色，order 函数仅返回一个位置向量。如 178 号店的人均消费金额最低，其次是 219 号店，等等。为得到最终的排序结果，本例以位置向量 Ord 指定的顺序显示食客评分的前 6 条数据。若要直接得到排序结果可调用 sort 函数。

② 多重排序中，可在向量名前添加正负号指定按变量的升序或降序排序。本例首先按评论数目降序，再按人均消费金额升序排序。

③ 利用排序很容易找到数据中的缺失值和异常数据等，这是排序功能的重要意义所在。本例中，人均消费金额存在−1，是明显不合理的异常值。

④ 利用 ifelse 函数对人均消费金额中的−1 异常值进行处理，首先将−1 替换为 R 的缺失值 NA。ifelse 函数首先判断人均消费金额是否取值为−1，若是则替换成 NA，否则保持原来的值不变。ifelse 函数本质上实现了程序的分支处理，将在 3.5.1 节详细讨论。

⑤ 剔除不完整观测后数据集的样本量为 417 个，将其保存到外部文本文件中。

3.4　数据加工

正如超市顾客购买行为数据案例中提及的，基于现有数据计算每个顾客的 RFM，就是一种典型的数据加工应用。此外，对原有数据进行分组或重新编码等，也是数据加工的重要环节，都是数据整理任务的重要组成部分。

R 的数据加工是通过变量计算实现的。变量计算能够在原有数据基础上得出信息更加丰富的新变量，也包括为满足后续建模需要对原有变量进行的其他变换处理。变量计算通过恰当的表达式并利用赋值语句实现：

对象名 <- R 的算术表达式

R 的算术表达式用于算术运算，是由 R 的常量、数据对象、算术运算符[如加（＋）、减（–）、乘（*）、乘方（^）、除（/）、整除（%/%）、求余数（%%）]，以及函数、括号等组成的式子。算术表达式计算结果的存储类型取决于表达式中各计算项的类型，可以是数值型、字符串型等。

R 变量计算中的数据对象为向量，计算结果也是向量，所以 R 的变量计算以向量为基本单元。图 3-1 所示为把向量 **A** 和向量 **B** 的计算结果赋值给向量 **C**，其中，向量 **A** 和向量 **B** 的元素个数应相等或成整数倍关系。

注意：尽管可以通过访问向量元素并以向量元素为基本单位进行计算，但其计算效率会远低于以向量为单位的计算。

函数，正如第 1 章所述，是具有特定处理功能，服务于某种复杂计算的独立程序段。用户只要通过函数调用，即可便捷地完成相应的计算处理。函数调用的基本书写格式：函数名（形式参数列表）或函数名()，其中，形式参数列表中可包含 1 个或多个参数，各参数间以英文逗号分隔。参数的个数、参数的类型、参数的排列顺序等会因函数的不同而不同。

图 3-1　变量计算示例

3.4.1　数据加工管理中的常用函数

R 表达式中的函数种类很多，根据计算目的大致分为数学函数、统计函数、概率函数、矩阵运算函数、字符串函数、数据管理函数、逻辑判断函数、文件管理函数等。这里仅给出常用函数的简要列表和示例，其中某些函数的应用在前面的案例中已讨论过，其他很多函数的具体应用场景和特点会在后面的相关案例中体现。

1. 数学函数

数学函数用于数学运算。常用的数学函数如表 3-1 所示。

表 3-1　常用的数学函数

函数名及参数	函 数 功 能	函 数 示 例
abs(x)	计算 x 的绝对值	abs(-4)，函数值:4
sqrt(x)	计算 x 的平方根	sqrt(4)，函数值:2
ceiling(x)	计算不小于 x 的最小整数	ceiling(3.4)，函数值:4；ceiling(-3.4)，函数值:-3
floor(x)	计算不大于 x 的最大整数	floor(3.4)，函数值:3；floor(-3.4)，函数值:-4
trunc(x)	截掉 x 的小数部分	trunc(3.9)，函数值:3
round(x, digits=n)	计算 x 四舍五入为 n 位小数的值	round(3.456, digits=2)，函数值:3.46
signif(x, digist=n)	计算 x 四舍五入为 n 位数的值	signif(3.456, digits=2)，函数值:3.5
sin(x), cos(x), tan(x)	计算 x 的正弦、余弦、正切值	sin(pi/6)，函数值:0.5。pi 是 R 的保留字，等于 3.14
log(x, base=n)	计算以 n 为底的 x 的对数	log(8, base=2)，函数值:3
log(x)	计算 x 的自然对数	log(8)，函数值: 2.079442
exp(x)	计算 x 的指数函数	exp(2.079442)，函数值: 8.00000

2. 统计函数

统计函数用于基本描述统计。常用的统计函数如表 3-2 所示。

表 3-2　常用的统计函数

函数名及参数	函 数 功 能	函 数 示 例
mean(x)	计算 x 的均值	mean(c(1,2,3,4))，函数值:2.5
median(x)	计算 x 的中位数	median(c(1,2,3,4,5))，函数值:3；median(c(1,2,3,4))，函数值:2.5
sd(x)	计算 x 的样本标准差	sd(c(1,2,3,4))，函数值: 1.290994
var(x)	计算 x 的样本方差	var(c(1,2,3,4))，函数值: 1.666667
range(x)	计算 x 的取值范围	range(c(1,2,3,4))，函数值:1 4

续表

函数名及参数	函 数 功 能	函 数 示 例
max(x)	计算 x 的最大值	max(c(1,2,3,4))，函数值:4
length(x)	计算 x 包含的元素个数	length(c(1,2,3,4))，函数值:4
min(x)	计算 x 的最小值	min(c(1,2,3,4))，函数值:1
sum(x)	计算 x 的总和	sum(c(1,2,3,4))，函数值:10
cumsum(x) cumprod(x) cummax(x) cummin(x)	计算 x 的累计和、乘积、当前最大值、当前最小值	cumsum(c(1,2,3,4))，函数值:1 3 6 10 cummax(c(3:1, 2:0, 4:2))，函数值:3 3 3 3 3 3 4 4 4
prod(x)	计算 x 的连乘积	prod(c(1,2,3,4))，函数值:24
quantile(x, probs)	计算 x 在 probs 分位点上的分位值	quantile(c(1,2,3,4,5), c(0.25,0.5,0.75))，函数值:2 3 4； quantile(c(1,2,3,4), c(0.25,0.5,0.75))，函数值:1.75 2.50 3.25
cut(x, n)	依据 x 的最小值和最大值将 x 分成 n 组，并给 x 各元素所在的组	cut(c(1,4,2,5,3,7,6),3) 函数值:(0.994,3] (3,5] (0.994,3] (3,5] (3,5] (5,7.01] (5,7.01] Levels:(0.994,3] (3,5] (5,7.01]
scale(x)	对 x 做标准化处理(各元素减其均值除以其标准差)	scale(c(1,2,3,4))，函数值: −1.1618950　−0.3872983　0.3872983　1.1618950
diff(x,lag=n)	计算 x 滞后 n 项的差分	diff(c(1,8,10,30), lag=1)，函数值:7 2 20
rank(x)	计算 x 的秩(升序排序的名次，同名次时求平均)	rank(c(10,40,20,50))，函数值:1 3 2 4； rank(c(10,40,10,50))，函数值:1.5 3 1.5 4
cor(x_1, x_2)	计算 x_1 和 x_2 的简单相关系数	set.seed(123) x1<-rnorm(10,5,1) x2<-x1+rnorm(10,0,1) cor(x1, x2)，函数值:0.8778754
cov(x_1, x_2)	计算 x_1 和 x_2 的协整方差	set.seed(123) x1<-rnorm(10,5,1) x2<-x1+rnorm(10,0,1) cov(x1, x2)，函数值:1.481599

表 3-2 中的 x 为数值型向量。

3. 概率函数

R 的概率函数主要实现以下四类计算：

① 对服从某个理论分布的随机变量 x，计算概率密度值。这类计算用字母 d 代表。

② 对服从某个理论分布的随机变量 x，计算分位值等于 q 时的累计概率。这类计算用字母 p 代表。

③ 对服从某个理论分布的随机变量 x，计算累计概率为 p 时的分位值。这类计算用字母 q 代表。

④ 生成 n 个服从某个理论分布的随机数。这类计算用字母 r 代表。

R 的概率函数名有统一的命名规则，即以上述四个字母中的某个开头，后跟理论分布的英文缩写。例如：正态分布的英文缩写为 norm，则函数 xnorm 表示"对服从正态分布的变量 x，计算概率密度"，如图 3-1 中求 $x=x_0$ 时 y_0 的值；函数 pnorm 表示"对正态分布，计算分位值等于 q 时的累计概率"。如图 3-1 中求 $x=x_0=q$ 时左侧曲线下的阴影面积 p；函数 qnorm 表示"对正态分布，计算累计概率为 p 时的分位值"，如图 3-1 中求左侧曲线下阴影面积为 p 时 x 的值，此时 $x=x_0=q$；函数 rnorm 表示生成 n 个服从正态分布的随机数。

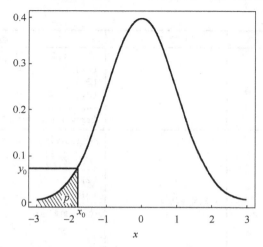

图 3-1　正态分布的密度函数曲线图

表 3-3 是分布名称和英文缩写的对应表。依据该表和函数命名的上述规则，可方便地组合出各种概率函数。

表 3-3　分布名称和英文缩写的对应表

分 布 名 称	英 文 缩 写	分 布 名 称	英 文 缩 写
Beta 分布	beta	Logistic 分布	logis
二项分布	binom	多项分布	multinom
柯西分布	cauchy	负二项分布	nbinom
卡方分布	chisq	正态分布	norm
指数分布	exp	泊松分布	pois
F 分布	f	Wilcoxon 符号秩分布	signrank
Gamma 分布	gamma	t 分布	t
几何分布	geom	均匀分布	unif
对数正态分布	lnorm	Weibull 分布	weibull

由于各个统计分布有不同的参数，因而概率函数在调用时须填写不同的参数。对此可参见 R 的帮助手册。

4．矩阵运算函数

矩阵乘法运算符为%*%，有关矩阵运算的其他常用函数如表 3-4 所示。

表 3-4　常用的矩阵运算函数

函数名及参数	函 数 功 能	函 数 示 例
① diag(n) ② diag(x) ③ diag(x)	① 创建行列数为 n 的单位阵 ② 创建正对角元素取向量 x 元素的矩阵 ③ 访问矩阵 x 的正对角元素	diag(3)，函数值： 　　　　[,1]　　[,2]　　[,3] [1,]　　1　　0　　0 [2,]　　0　　1　　0 [3,]　　0　　0　　1 x<-diag(c(1,2,3,4))，函数值：

函数名及参数	函 数 功 能	函 数 示 例

		`        [,1] [,2]  [,3]  [,4]`
		`[1,]    1    0     0     0`
		`[2,]    0    2     0     0`
		`[3,]    0    0     3     0`
		`[4,]    0    0     0     4`
		diag(x)，函数值:1 2 3 4

t(*x*)	对矩阵 *x* 转置	x<-matrix(1:9, nrow=3, ncol=3)
		`      [,1]   [,2]   [,3]`
		`[1,]    1     4      7`
		`[2,]    2     5      8`
		`[3,]    3     6      9`
		
		t(x)，函数值：
		`      [,1]   [,2]   [,3]`
		`[1,]    1     2      3`
		`[2,]    4     5      6`
		`[3,]    7     8      9`

solve(*x*)	求矩阵 *x* 的逆	
eigen(*x*)	求矩阵 *x* 的特征值和特征向量	
det(*x*)	求矩阵 *x* 的行列式值	

upper.tri(*x*, diag=TRUE/FALSE)
lower.tri(*x*, diag=TRUE/FALSE)
	取矩阵 *x* 的上(或下)三角部分。diag 取 TRUE 表示包括正对角元素，否则不包括	x<-matrix(1:9, nrow=3, ncol=3)
		`      [,1]   [,2]   [,3]`
		`[1,]    1     4      7`
		`[2,]    2     5      8`
		`[3,]    3     6      9`
		upper.tri(x)
		`        [,1]    [,2]    [,3]`
		`[1,] FALSE   TRUE    TRUE`
		`[2,] FALSE  FALSE    TRUE`
		`[3,] FALSE  FALSE   FALSE`
		函数值为逻辑值

outer(*x, y*, FUN=函数名)	计算向量 *x, y* 的外积，FUN 指定运算符或函数名	x<-1:3
		outer(x, x, FUN="*")
		`      [,1]   [,2]   [,3]`
		`[1,]    1     2      3`
		`[2,]    2     4      6`
		`[3,]    3     6      9`
		y<-1:3
		outer(x, y, FUN="^")
		`      [,1]   [,2]   [,3]`
		`[1,]    1     1      1`
		`[2,]    2     4      8`
		`[3,]    3     9     27`
		outer(month.abb, 2014:2015, FUN = "paste")
		`        [,1]          [,2]`
		`[1,] "Jan 2014" "Jan 2015"`
		`[2,] "Feb 2014" "Feb 2015"`
		`[3,] "Mar 2014" "Mar 2015"`
		`[4,] "Apr 2014" "Apr 2015"`
		`[5,] "May 2014" "May 2015"`
		`[6,] "Jun 2014" "Jun 2015"`
		`[7,] "Jul 2014" "Jul 2015"`
		`[8,] "Aug 2014" "Aug 2015"`
		`[9,] "Sep 2014" "Sep 2015"`
		`[10,] "Oct 2014" "Oct 2015"`
		`[11,] "Nov 2014" "Nov 2015"`
		`[12,] "Dec 2014" "Dec 2015"`

5. 字符串函数

字符串函数用于字符串处理。常用的字符串函数如表 3-5 所示。

表 3-5　常用的字符串函数

函数名及参数	函 数 功 能	函 数 示 例
nchar(x)	计算 x 中各字符串元素的长度	nchar(c("ab","cd","aad"))，函数值：2 2 3
substr(x, n, m)	取 x 中第 n 至 m 位的字符串。若 x 不是常量，可用指定字符串替换第 n 至 m 位的字符串	substr("abcde", 2, 4)，函数值: bcd； a<-"abcde"，substr(a,2,4)<-"xxx",a 为"axxxe"
grep(p, x)	计算 p 出现在 x 的第几个元素中。p 可以是拓展正则表达式（extended regular expressions），包含\.*等有特殊意义的字符。其中：\同 C 语言，为转义符；.表示匹配 1 个字符位；*表示匹配 0 或任意数量的字符位。\\表示取消上述特殊意义	grep("A",c("z","yA","b","Ad"))，函数值：2 4 grep("a.1","aabb11dd")，函数值:0，判断串 aabb11dd 中是否包含 a 开头、1 结尾、长度为 3 的子串 grep("a*1","aabb11dd")，函数值:1，判断串 aabb11dd 中是否包含 a 开头、1 结尾的任意长度的子串
gsub(p, a, x)	将 x 中的串 p 替换为串 a。p 可以是拓展正则表达式，具体同上	gsub("ab", "12", "abcdabcd")，函数值: "12cd12cd" gsub("x.a", "12", "xaabcdxxaabcd")，函数值: "12bcd12abcd" gsub("x*a", "12", "xaabcdxxaabcd")，函数值: "1212bcd1212bcd"
strsplit(x, s)	以 s 为分隔符分隔 x	strsplit("a, b, c, d",", ")，函数值:a b c d
paste(x, y, sep=s)	以 s 为分隔符连接 x 和 y	paste("abcd", "123", sep="-")， 函数值: "abcd-123"； paste("abcd", c("1","2","3"), sep="-")， 函数值:"abcd-1" "abcd-2" "abcd-3"； paste("abcd", 1:3, sep="-")， 函数值: "abcd-1" "abcd-2" "abcd-3"
toupper(x)	将 x 中的小写字母转成大写	toupper("aBcd")，函数值: "ABCD"
tolower(x)	将 x 中的大写字母转成小写	tolower("AbCD")，函数值: "abcd"

6. 数据管理函数

数据管理函数用于向量、数据框的加工和管理。常用的数据管理函数如表 3-6 所示。

表 3-6　常用的数据管理函数

函数名及参数	函 数 功 能	函 数 示 例
unique(x)	返回除去向量 x（或数据框）中的重复元素（或行）后的元素向量（或数据框）	unique(c(1:4,2:3))，函数值:1 2 3 4
append(x, s, after=n)	在向量 x 的第 n 个位置后插入向量 s	append(1:5, 0:1, after = 3)，函数值: 1 2 3 0 1 4 5
sort(x, decreasing = FALSE)	返回向量 x 按默认升序排序的结果	sort(5:0,decreasing=FALSE)，函数值:0 1 2 3 4 5; sort(5:0,decreasing=TRUE)，函数值:5 4 3 2 1 0
order(x, decreasing = FALSE)	返回向量 x 按默认升序排序后的元素位置	order(c(20,40,10,20))，decreasing=FALSE，函数值: 3 1 4 2
rev(x)	返回向量 x 的倒排结果	rev(c(1:4))，函数值: 4 3 2 1
which(条件表达式)	返回满足条件的元素	which((1:12)%%2 == 0)，找出 1 至 12 的偶数，函数值:2,4,6,8,10,12
which.min(x) which.max(x)	返回数值向量 x 中的最小（或最大）值首次出现的位置	which.max(c(1:4,0:5,12))，函数值:11 which.min(c(1:4,0:5,12))，函数值:5

函数名及参数	函 数 功 能	函 数 示 例
table(x) table(x_1,x_2)	返回关于向量 x 的频数分布表； 返回关于向量 x_1 和 x_2 的交叉列联表	table(c(rep(1:5,time=2),6,7))，函数值：2 2 2 2 2 1 1 table(c("a","a","b","c","c"),c("a","b","c","d","d"))，函数值： 　　a　b　c　d a　1　1　0　0 b　0　0　1　0 c　0　0　0　2
colSums(x) colMeans(x)	计算矩阵或数据框 x 中各列（数值型）的合计； 计算矩阵或数据框 x 中各列（数值型）的均值	x<-matrix(1:9,nrow=3,ncol=3) 　　　[,1]　[,2]　[,3] [1,]　1　4　7 [2,]　2　5　8 [3,]　3　6　9 colSums(x)，函数值：6 15 24 colMeans(x)，函数值：2 5 8
rowSums(x) rowMeans(x)	计算矩阵或数据框 x 中各行（数值型）的合计； 计算矩阵或数据框 x 中各行（数值型）的均值	x<-matrix(1:9,nrow=3,ncol=3) 　　　[,1]　[,2]　[,3] [1,]　1　4　7 [2,]　2　5　8 [3,]　3　6　9 rowSums(x)，函数值：12 15 18 rowMeans(x)，函数值：4 5 6
sapply(x,FUN=函数名) lapply(x,FUN=函数名)	对数据框 x 中各列分别计算 FUN 指定的函数	x<-as.data.frame(matrix(1:9,nrow=3,ncol=3)) 　　V1　V2　V3 1　1　4　7 2　2　5　8 3　3　6　9 sapply(x,FUN=mean)，函数值：2 5 8
tapply(x,INDEX=a,FUN=函数名)	对数据框 x 按列（域）a 的取值分成若干组，并对指定列分组计算 FUN 指定的函数	x<-as.data.frame(matrix(1:9,nrow=3,ncol=3)) x$V4<-c("a","b","a") 　　V1　V2　V3　V4 1　1　4　7　a 2　2　5　8　b 3　3　6　9　a tapply(x$V2,INDEX=x$V4,FUN=sum)，函数值： a　b 10　5
aggregate(x,by=list($g_1,g_2,\ldots$),FUN=函数名 ...)	依据 g_1, g_2 等的取值，对数据框 x 进行交叉分组并进行 FUN 指定的分类汇总	x<-as.data.frame(matrix(1:10,nrow=5,ncol=2)) g1<-c("a","b","a","a","b") g2<-c(1,1,2,2,1) cbind(x,g1,g2)，函数值： 　　V1　V2　g1　g2 1　1　6　a　1 2　2　7　b　1 3　3　8　a　2 4　4　9　a　2 5　5　10　b　1 aggregate(x,by=list(g1,g2),FUN=sum)，函数值： 　　Group.1　Group.2　V1　V2 1　　a　　1　6 2　　b　　1　7　17 3　　a　　2　7　17
apply(x, MARGIN=1/2, FUN=函数名)	对数据框 x 中各行（MARGIN=1）或列（MARGIN=2）分别计算 FUN 指定的函数	x<-as.data.frame(matrix(1:9,nrow=3,ncol=3)) 　　V1　V2　V3 1　1　4　7 2　2　5　8 3　3　6　9 apply(x,MARGIN=1,FUN=sum)，函数值：12 15 18 apply(x,MARGIN=2,FUN=sum)，函数值：6 15 24
merge(x_1, x_2,by="关键字")	依关键字将数据框 x_1 和 x_2 的域合并。合并后的数据自动按关键字取值升序排序	F1<-data.frame(x1=1:5,x2=11:15) F2<-data.frame(x1=1:5,x3=21:25) merge(F1,F2,by="x1") 　　x1　x2　x3 1　1　11　21 2　2　12　22 3　3　13　23 4　4　14　24 5　5　15　25

续表

函数名及参数	函 数 功 能	函 数 示 例
subset(**x**,关系表达式)	提取数据框 **x** 中使关系表达式为真的数据子集	Frame<-data.frame(x1=c("M","M","F","F","M"),x2=1:5) 　　x1　　x2 1　M　　1 2　M　　2 3　F　　3 4　F　　4 5　M　　5 subset(Frame,x1=="M") 　　x1　　x2 1　M　　1 2　M　　2 5　M　　5
sample(**x**,size=n, prob=c(p_1,p_2,..), replace=TRUE/FALSE)	在向量 **x** 中随机抽取 n 个元素值。replace 取 TRUE 表示做有放回随机抽样，否则做无放回随机抽样；prob 中 p_1、p_2 等为 **x** 各元素的入样概率	set.seed(123) sample(1:10,size=5,replace=FALSE)，函数值:3 8 4 7 6 set.seed(123) sample(c("a","b","c"),size=10,prob=c(1/6,2/3,1/6), replace=TRUE)，"a","b","c"做 10 次有放回的随机抽样，且它们被抽中的概率依次为 1/6,2/3,1/6，函数值:"b" "c" "b" "a" "a" "b" "b" "a" "b" "b"

7. 逻辑判断函数

逻辑判断函数用于各种条件的判断，函数结果为 TRUE 或 FALSE。常用的逻辑判断函数如表 3-7 所示。

表 3-7　常用的逻辑判断函数

函数名及参数	函 数 功 能	函 数 示 例
is.na(**x**)	判断向量 **x** 中各元素是否取缺失值 NA(Not Available)	x<-c(1:3,NA,5:6) is.na(x)，函数值:FALSE FALSE FALSE TRUE FALSE FALSE
is.nan(**x**)	判断向量 **x** 中各元素是否取缺失值 NaN(Not a Number)	x<-c(1:3,NA,5:6,NaN) is.nan(x)，函数值: FALSE FALSE FALSE FALSE FALSE FALSE TRUE
complete.cases(**x**)	判断数据框(向量或矩阵)**x** 中各观测是否为完整观测(不包含 NA 或 NaN 的观测)	x<-c(1:3,NA,5:6,NaN) complete.cases(x)，函数值: TRUE TRUE TRUE FALSE　TRUE TRUE FALSE
is.unsorted(**x**)	判断向量 **x** 中各元素是否未排序	is.unsorted(c(2,3,1,3))，函数值: TRUE is.unsorted(c(1,2,3,4))，函数值: FALSE
any(逻辑向量 **x**)	判断逻辑向量 **x** 中是否至少有一个元素取值为 TRUE	set.seed(123) x<-rnorm(5,0,1)，函数值: –0.56047565 –0.23017749 1.55870831 0.07050839 0.12928774 any(x<0)，函数值:TRUE
x %in% **y**	%in%为逻辑运算符，判断向量 **x** 的元素是否存在于向量 **y** 中	1:10 %in% c(1,3,5,9)，函数值: TRUE FALSE　TRUE FALSE TRUE FALSE FALSE FALSE　TRUE FALSE

8. 文件管理函数

文件管理函数通常用于文件和目录的列示和创建等。例如：list.files()用于显示当前工作目录下的子目录名或文件名；dir.create(**x**)用于在当前工作目录下创建名为 **x** 的子目录。

3.4.2　数据分组和重编码

数据分组是按一定方式将数值型变量的变量值分成若干区间，每个区间即一个分组。例如，可将学生各科成绩的平均分为 A、B、C、D、E 五个组，分别对应优、良、中、及格、不及格的成绩。数据分组的重点是给定分组区间，即各组的下限值和上限值。

重编码一般指对分类型变量各个类别值或水平值重新进行编码。例如，性别原本用 1 和 2 依次指代男和女，也可以将它们重新编码为 M 和 F。

R 可通过赋值语句实现数据分组和重编码。也可利用第 2 章的 factor 函数完成重编码，或者调用 car 包中的 recode 函数等。后面将给出具体应用示例。

3.4.3 大数据分析案例：利用数据加工寻找"人气"餐馆

这里将"人气"餐馆定义为赢得了较多食客评论数目的餐馆。寻找"人气"餐馆的步骤如下。

第一步，对评论数目变量（review_n）计算四分位数、中位数、90%分位数。

计算四分位数的过程：首先，对数据按升序排序；然后，找到数据中的下四分位数和上四分位数，即将排好序的数据等分成四组，第一组和第二组的分割值为下四分位数，第二组和第三组的分割值为中位数，第三组和第四组的分割值为上四分位数，小于等于下四分位数的样本占总样本量的 25%。有 25%的样本取值大于上四分位数。如图 3-2 所示。

图 3-2 四分位数示意图

同理，可将数据等分成 10 份，90%上的值为 90%分位数。

赢得食客评论数目最多的前 10%的餐馆，即评论数目大于 90%分位数的餐馆，定义为"人气"餐馆。共得到 5 组餐馆。可利用表 3-2 中的 quantile 函数找到分位数，其中参数取 0.25 时计算下四分位数，取 0.75 时计算上四分位数，取 0.9 时计算 90%分位数。

第二步，利用数据分组给各餐馆打出分组标签。

代码和执行结果如下。

```
> MyData<-read.table(file="美食餐馆食客评分数据.txt",header=TRUE,sep=" ",
    stringsAsFactors=FALSE)
> (flag<-quantile(MyData$review_n,c(0.25,0.5,0.75,0.90)))
  25%   50%   75%   90%
 16.0  42.0  133.0 331.8
> MyData$heat<-0
> MyData[MyData$review_n<flag[1],"heat"]<-1
> MyData[MyData$review_n>=flag[1]& MyData$review_n<flag[2],"heat"]<-2
> MyData[MyData$review_n>=flag[2]& MyData$review_n<flag[3],"heat"]<-3
> MyData[MyData$review_n>=flag[3]& MyData$review_n<flag[4],"heat"]<-4
> MyData[MyData$review_n>=flag[4],"heat"]<-5
> table(MyData$heat)
  1   2   3   4   5
 98 110 104  63  42
> MyData$heat<-factor(MyData$heat)
> write.table(MyData,file="美食餐馆食客评分数据.txt",row.names = FALSE)
```

说明：

① 本例对评论数目(review_n)计算的各分位数依次为 16，42，133 和 331.8。赢得的评论数大于等于 331.8 的为"人气"餐馆。

② 利用关系表达式，通过逻辑位置向量实现分组。第 5 组为"人气"餐馆，共有 42 家。

③ 数据框中的 heat 域存储组别标签，对应顺序型变量，应转换为因子。数据整理结果保存到文本文件中。

3.5   数据管理中的 R 编程基础

前面的数据整理可以通过简单的变量计算和函数调用实现，但还有很多数据整理工作，因整理过程相对复杂，须编写 R 程序才能完成。

例如，超市顾客购买行为数据的整理问题中，为获得 RFM 数据须对每个顾客计算购买次数和消费金额的合计，并计算最近购买天数，数据整理过程较为复杂；再如，北京市空气质量监测数据的整理问题，涉及的数据文件多达 360 多个，且须进行文件格式的转换、计算各污染物平均浓度等，数据整理过程也较为复杂。所以，设计编写 R 程序是解决复杂数据整理问题的必要手段。

R 程序设计的核心是控制程序处理的流程。如果将顺序的函数调用视为一种顺序结构的流程控制，即 R 程序的执行过程完全取决于程序语句的先后顺序，那么，更为灵活的流程控制还包括分支结构的流程控制和循环结构的流程控制。

3.5.1   分支结构的流程控制及示例——促销折扣的计算

分支结构的流程控制是指 R 程序在某处的执行取决于某个条件。当条件满足时执行一段程序，当条件不满足时执行另一段程序。因程序的执行在该点出现了"分支"，因而得名分支结构的流程控制。

分支结构的流程控制如图 3-3 所示。

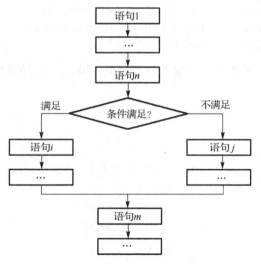

图 3-3   分支结构的流程控制

图 3-3 表明，条件满足时程序执行左侧的语句序列，条件不满足时程序执行右侧的语句序列。

R 实现分支结构流程控制的主要途径是 if 语句和 if-else 语句。

1. if 语句

基本书写格式：

$$
\begin{aligned}
&\text{if(关系表达式)} \{ \\
&\qquad 语句\ i \\
&\qquad \cdots \\
&\qquad 语句\ i{+}n\ \} \\
&\qquad 语句\ j
\end{aligned}
$$

当关系表达式执行结果为 TRUE(真)时，执行语句 i 至语句 $i{+}n$。之后，执行语句 j。

例如：某电子商务网站为促销推出了打折信息，凡消费金额低于 200 元的不再享受额外折扣；消费金额高于 200 元低于 500 元的，再额外打 9.7 折；消费金额高于 500 元低于 1000 元的，再额外打 9.5 折；消费金额高于 1000 元低于 2500 元的，再额外打 9.2 折；消费金额高于 2500 元低于 5000 元的，再额外打 9 折；消费金额高于 5000 元的，再额外打 8.5 折。现编写 R 程序，要求输入消费金额，输出打折信息。

利用 if 语句实现的具体代码如下。

```
> Price<-scan()
1: 250
2:
Read 1 item
> if(Price<200) print("No discount!")
> if(Price>=200 & Price<500) print("off 3%")
[1] "off 3%"
> if(Price>500 & Price<1000) print("off 5%")
> if(Price>=1000 & Price<2500) print("off 8%")
> if(Price>=2500 & Price<5000) print("off 10%")
> if(Price>=5000) print("off 15%")
```

说明：本例利用 scan 函数从键盘输入消费金额 250 元，程序给出的输出结果为 off 3%，即额外打 9.7 折。

2. if-else 语句

基本书写格式：

$$
\begin{aligned}
&\text{if(关系表达式)} \{ \\
&\qquad 语句\ i \\
&\qquad \cdots \\
&\qquad 语句\ i{+}n\ \}\text{else}\{ \\
&\qquad 语句\ j \\
&\qquad \cdots \\
&\qquad 语句\ j{+}m\}
\end{aligned}
$$

当关系表达式执行结果为 TRUE(真)时，执行语句 i 至语句 $i+n$；当关系表达式执行结果为 FALSE(假)时，执行语句 j 至语句 $j+m$。

例如：打折问题也可以采用 if-else 语句实现，具体代码如下。

```
> if(Price<200) print("No discount!") else{
+  if(Price>=200 & Price<500) print("off 3%") else{
+   if(Price>=500 & Price<1000) print("off 5%") else{
+    if(Price>=1000 & Price<2500) print("off 8%") else{
+     if(Price>=2500 & Price<5000) print("off 10%") else
+       print("off 15%")
+    }
+   }
+  }
+ }
[1] "off 3%"
```

说明：本例采用 if-else 结构，该结构可读性不及前例，但其分支处理能力强于前例。

此外，对于 if-else 结构，当条件成立或不成立，且均仅执行一条语句时，可采用 ifelse 函数简化书写，基本书写格式：

$$\text{ifelse}(\text{关系表达式, 语句 1, 语句 2})$$

当关系表达式成立时，执行语句 1，否则执行语句 2。

3.5.2　循环结构的流程控制及示例：等差数列的求和

循环结构的流程控制是指 R 程序在某处开始，根据条件判断结果决定是否反复执行某程序段。循环结构的流程控制如图 3-4 所示。

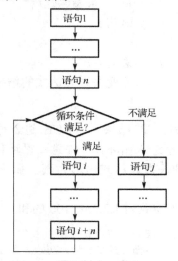

图 3-4　循环结构的流程控制

图 3-4 表明，当循环条件满足时，程序执行语句 i 至语句 $i+n$。语句 i 至语句 $i+n$ 组成循环体，循环条件用于控制是否进入循环体；当循环控制条件不满足时，不进入循环体，而是执行语句 j 及后续语句。

R 有三种方式实现分支结构的流程控制：for 语句、while 语句、repeat 语句。

1. for 语句

for 语句适合于循环次数固定的循环。基本书写格式：

$$for（循环控制变量\ in\ 值序列）\{$$
语句 i
…
语句 $i+n$
$$\}$$

其中，循环控制变量依次取值序列中的每个元素，并进入循环体执行相应语句，完成一次循环。直至循环控制变量取遍值序列中的所有元素，再无其他元素可取时终止循环。

例如：利用 for 语句计算等差数列 1,2,3,…,100 的和。

```
> s<-0                  #和，初始值为 0
> for(i in 1:100){      #循环控制变量 i 依次取 1,2,3,…,100
+   s<-s+i              #每次循环均在和的基础上加 i
+ }
> print(s)              #当 i 取完 100 后无其他值可取，跳出循环输出计算结果
[1] 5050
```

2. while 语句

while 语句不仅适用于循环次数固定情况下的循环，更适用于循环次数无法固定情况下的循环。基本书写格式：

$$while（关系表达式）\{$$
语句 i
…
语句 $i+n$
改变关系表达式的结果语句
$$\}$$

其中，关系表达式为循环控制条件。当结果为 TRUE 进入循环体，执行相应的语句；当关系表达式的结果为 FALSE 时，不进入循环体。注意：循环体中应至少有一条语句能够使关系表达式的结果不再为真，否则关系表达式永远为真，循环体将被执行无限次数，无法停止，从而出现"死循环"。

例如：利用 while 语句计算等差数列 1,2,3,…,100 的和。

```
> s<-0                  #和，初始值为 0
> i<-1                  #循环控制变量，初始值为 1
> while(i<=100){        #当循环控制变量 i 小于等于 100 条件满足时进入循环体
+   s<-s+i              #每次循环均在和的基础上加 i
+   i<-i+1              #改变循环控制变量的值，使其可能大于 100
+ }
> print(s)              #当循环控制变量的值为 101 时跳出循环，输出计算结果
[1] 5050
```

3. repeat 语句

repeat 与 while 有类似的应用场合和表述形式，基本书写形式：

$$
\begin{aligned}
&\text{repeat}\{\\
&\quad 语句\ i\\
&\quad \cdots\\
&\quad 语句\ i{+}n\\
&\quad \text{break}\\
&\}
\end{aligned}
$$

repeat 将无条件进入循环体并反复执行循环体。为避免出现"死循环"现象，可通过 break 语句强行跳出循环。

例如：利用 repeat 语句计算等差数列 1,2,3,…, 100 的和。

```
> s<-0                     #和，初始值为 0
> i<-1                     #循环控制变量，初始值为 1
> repeat{                  #无条件进入循环体
+   if(i<=100){            #当循环控制变量 i 小于等于 100 时求和
+     s<-s+i
+     i<-i+1} else         #改变循环控制变量的值，使其可能大于 100
+     break                #当循环控制变量 i 大于 100 时强行跳出循环，输出计算结果
+ }
> print(s)
[1] 5050
```

3.5.3　用户自定义函数及示例：汇总数据还原为原始数据

以上函数均是由 R 的研发者事先开发好可直接调用的"现成"函数，称为 R 的系统函数。尽管系统函数能够满足绝大部分的变量计算需求，但有时无法满足用户个性化需求的计算任务。如果这个计算任务具有一定的功能独立性且应用场合较多，就有必要将其编写成或称定义成一个独立程序段，即函数。与系统函数不同的是，这些函数是用户自行编写的，因而称为 R 的用户自定义函数。

任何一个用户自定义函数都需要定义函数和调用函数两个步骤。其中，调用用户自定义函数的方式与调用系统函数的方式相同。这里重点讨论如何定义用户自定义函数。

1. 定义用户自定义函数

定义函数，即明确给出函数说明和函数体。定义的基本书写格式：

$$
\begin{aligned}
&用户自定义函数名<\text{-function}(参数列表)\{\\
&\quad 计算步骤\ 1\\
&\quad 计算步骤\ 2\\
&\quad \cdots\\
&\quad \text{return}(函数值)\\
&\}
\end{aligned}
$$

其中，第一行为函数说明。因函数是一个特殊的 R 对象，用户自定义函数名应出现在赋值符号的左边，它是后续函数调用的唯一标识。赋值符号右边须跟写 function 字样，括号内部说明了调用该函数时给定的形式参数，多个参数间用英文逗号分隔。

为避免函数调用时的参数混乱，可给参数命名，以明示各参数的含义，书写格式形如

function（参数名 1=参数 1，参数名 2=参数 2, …）

用程序设计的术语讲，这里的参数称为形式参数，即只是个 "形式"，在定义函数时并无实际取值。形式参数的实际取值将在调用函数时给定，调用函数中的参数称为实际参数。

{}中的部分称为函数体，所有计算处理语句均写在{}中。函数体通常以 return 作为结束行，用于返回函数计算结果。R 的用户自定义函数的特色在于：一个函数允许有多个函数返回值。多个返回值以怎样的形式组织，返回的对象就有怎样的结构类型。例如，若多个返回值以列表形式组织，则返回对象为列表。注意：

① {}必须成对出现。

② 用户自定义函数内出现的所有对象，均称为局部对象。

通俗地讲，局部对象只 "存活" 在大括号{}的内部。一旦出了大括号{}，局部对象就自动 "消亡"，视为不存在了，也就无法访问了。

③ 只能在用户自定义函数定义之后才能调用相应的函数。用户自定义函数的调用方式与系统函数的调用方式相同。

2. 利用用户自定义函数实现汇总数据还原为原始数据

许多数据分析应用中，可能收集到的是如表 3-8 所示的汇总数据。

表 3-8   汇总数据示例

性 别	平均分等级			
	B	C	D	E
M	2	11	12	5
F	2	13	10	3

基于表 3-8 的数据，可能要分析性别与平均分等级间是否具有相关性。为此，首先将表格的数据组织到 R 的数据对象中。通常情况下，完全依照表格样式组织数据是不合理的，而是要将它还原为原始数据表的组织形式，即一行为一个观测，一列为一个变量。如表 3-9 所示。

表 3-9   原始数据表

观 测 编 号	性 别	平均分等级
1	M	B
2	M	B
3	M	C
4	M	C
…	…	…
56	F	E
57	F	E
58	F	E

现在的任务：编写一个用户自定义函数 MyTable，其功能是将表 3-8 所示的汇总表还原为表 3-9 所示的原始数据表形式。具体代码如下。

```
MyTable<-function(mytable){                    #定义用户自定义函数 MyTable
+ rows<-dim(mytable)[1]
+ cols<-dim(mytable)[2]
+ DataTable<-NULL
+ for(i in 1:rows){
+  for(j in 1:mytable[i,cols]){
+   RowData<-mytable[i,c(1:(cols-1))]
+   DataTable<-rbind(DataTable,RowData)
+  }
+ }
+ row.names(DataTable)<-c(1:dim(DataTable)[1])
+ return(DataTable)
+ }
> Grade<-rep(c("B","C","D","E"),times=2)  #组织分数等级数据，分数等级重复 2 次
> Sex<-rep(c("M","F"),each=4)             #组织性别数据，性别取值各重复 4 次
> Freq<-c(2,11,12,5,2,13,10,3)           #组织汇总结果
> Table<-data.frame(sex=Sex,grade=Grade,freq=Freq)
> MyData<-MyTable(Table)                  #调用用户自定义函数 MyTable
```

说明：

① 本例中，Table 是一个数据框，数据组织形式如下。用户自定义函数的实际参数是 Table。

```
> Table
  sex   grade  freq
1  M     B      2
2  M     C     11
3  M     D     12
4  M     E      5
5  F     B      2
6  F     C     13
7  F     D     10
8  F     E      3
```

② 程序的处理功能是，对每一行数据，首先，读入前两列数据且行向合并到一个矩阵中；然后，将读入的数据重复执行行向合并到矩阵的操作，共重复 n 次，n 等于相应行 freq 列上的值。这个过程反复执行，直到处理完最后一行数据为止。

可见，本例通过程序的循环结构，利用用户自定义函数方便地完成了汇总数据的还原任务。

3.5.4　R 编程大数据分析案例：超市顾客购买行为数据的 RFM 计算

目标：基于超市顾客购买行为数据，计算每个顾客的 RFM，并存储于名为 RFM 的数据框中。可进一步将结果保存到文本文件中。

```
MyData<-read.table(file="顾客交易数据.txt",header=TRUE,sep=",",
                   stringsAsFactors=FALSE)
ID<-unique(MyData$CardID)
RFM<-data.frame(CardID=character(0),R=numeric(0),F=numeric(0),M=numeric(0),
                stringsAsFactors=FALSE)
for(i in 1:length(ID)){
  T<-subset(MyData,MyData$CardID==ID[i])
  RFM[i,"CardID"]<-ID[i]
  RFM[i,"F"]<-table(T$CardID)
  RFM[i,"M"]<-sum(T$Amount)
  D<-max(T$Date)
  D<-as.Date(substr(as.character(D),3,8),format="%y%m%d")
  RFM[i,"R"]<-Sys.Date()-D
}
> head(RFM)                          #浏览前 6 名顾客的 RFM 数据
      CardID    R F      M
1 C0100000199 421 3 597.00
2 C0100000343 534 6 700.94
3 C0100000375 479 4 223.98
4 C0100000482 440 4 197.98
5 C0100000689 424 2 428.00
6 C0100000789 421 3 777.00
```

说明：

① 采用表 3-6 中的 unique 函数找到所有顾客的编号。利用 for 语句对每个顾客循环计算处理。

② 利用 as.Date 函数将字符串转成日期类型。

③ 默认以当前系统日期为截止日期计算最近一次购买相隔的天数（计算结果会因系统日期不同而不同）。实际中应指定具体的截止日期。

3.5.5　R 编程大数据分析案例：北京市空气质量监测数据的整理

正如本章第 1 节谈论的，北京市空气质量监测数据整理的首要目标，是将一年所有天的数据合并成一个大的数据文件，这里仅以合并 1 月 1 日至 1 月 20 日的数据为例；其次，由于原始数据是实时监测的小时数据，为简化问题，可计算每天的各污染物平均浓度；最后，将图 3-5 中第一张表所示的原始格式转换为第二张表所示的格式，以便后续分析。具体代码如下。

```
Root <- "D:/空气质量监测部分原始数据"
setwd(Root)
FileNames <- list.files(".")  # 获得文件夹中所有文件的文件名
MyData<-read.table(file=FileNames[1],header=FALSE,skip=1,sep=",")
for (i in 2:length(FileNames)) { #合并数据文件
  T<-read.table(file=FileNames[i],header=FALSE,skip=1,sep=",")
  MyData<-rbind(MyData,T)
}
```

```
VNames<-c("date","hour","type")
SiteName<-c("东四","天坛","官园","万寿西宫","奥体中心","农展馆","万柳","北部
新区","植物园","丰台花园","云岗","古城","房山","大兴","亦庄","通州","顺义","
昌平","门头沟","平谷","怀柔","密云","延庆","定陵","八达岭","密云水库","东高村
","永乐店","榆垡","琉璃河","前门","永定门内","西直门北","南三环","东四环")
colnames(MyData)<-c(VNames,SiteName)
                                            ##计算每天空气指标的平均值
AggData<-aggregate(MyData[,-(1:3)],by=list(MyData$date,MyData$type),
    FUN=mean,na.rm=TRUE)
library("reshape")
Data<-cast(AggData[,1:3],Group.1~Group.2)
Data$SiteName<-SiteName[1]
j<-2
for(i in 4:37){
  T<-cast(AggData[,c(1,2,i)],Group.1~Group.2)
  T$SiteName<-SiteName[j]
  Data<-rbind(Data,T)
  j<-j+1
}
```

说明:

① 本例将原始数据单独存放在 "**D:/空气质量监测部分原始数据**" 目录下，为读取该目录数据，应首先将其设置为当前工作目录。

② 利用 list.files 获得所有数据的文件名列表，供后续循环合并文件时使用。

③ 利用表 3-6 中的 aggregate 函数实现按日期和各污染物种类的均值汇总计算。

④ 利用 reshape 包中的 cast 函数实现数据文件的格式转换。cast 函数能够方便地将原数据文件某列上各行的取值(本例是污染物种类)转换到新数据文件的列上(作为变量名)。同时，将原数据文件的各个列上的取值(监测点)转换到新数据文件的行上。如图 3-5 所示。

	A	B	C	D	E	F	G	H	I	J
1	date	hour	type	东四	天坛	官园	万寿西宫	奥体中心	农展馆	万柳
2	20160322	0	PM2.5	168	143	168	158	179	153	161
3	20160322	0	PM2.5_24h	143	127	133	134	132	132	119
4	20160322	0	PM10	197	171	215	183	372	180	267
5	20160322	0	PM10_24h	185	167	195	182	236	178	175
6	20160322	0	AQI	191	167	176	177	175	175	157
7	20160322	1	PM2.5	181	144	171	168	169	157	156
8	20160322	1	PM2.5_24h	146	128	134	136	134	134	121
9	20160322	1	PM10	200	156	219	193	288	199	251
10	20160322	1	PM10_24h	186	169	196	183	236	180	178
11	20160322	1	AQI	195	170	178	180	178	178	159
12	20160322	2	PM2.5	179	151	165	168	186	167	164
13	20160322	2	PM2.5_24h	148	130	136	138	137	137	123
14	20160322	2	PM10	199		238	204	299	196	267
15	20160322	2	PM10_24h	188		198	185	238	183	181
16	20160322	2	AQI	198	172	180	183	181	182	161
17	20160322	3	PM2.5	185	158	174	179	202	182	170
18	20160322	3	PM2.5_24h	151	132	138	140	139	140	125
19	20160322	3	PM10	230		257	190	306	247	259

⇩

SiteName	date	PM2.5	AQI	CO	NO2	O3	SO2	SiteTypes
奥体中心	20160101	164.958333	154.58333	3.9291667	122.625000	10.666667	45.666667	城区环境评价点
八达岭	20160101	91.681818	92.33333	1.7083333	83.375000	4.333333	55.625000	对照点及区域点
北部新区	20160101	190.458333	196.66667	4.7041667	93.375000	2.000000	17.125000	城区环境评价点
昌平	20160101	128.750000	123.20833	3.0541667	112.708333	3.750000	19.833333	郊区环境评价点
大兴	20160101	230.250000	230.33333	NA	125.750000	12.166667	50.750000	郊区环境评价点
定陵	20160101	130.500000	121.25000	3.7833333	81.041667	4.625000	32.375000	对照点及区域点
东高村	20160101	285.083333	224.00000	3.2291667	99.000000	3.875000	28.541667	对照点及区域点
东四	20160101	178.833333	166.66667	3.2000000	100.625000	3.833333	35.458333	城区环境评价点
东四环	20160101	234.708333	209.00000	5.1541667	106.291667	2.208333	38.083333	交通污染监控点
房山	20160101	215.541667	196.25000	4.2708333	117.416667	3.833333	56.083333	郊区环境评价点
丰台花园	20160101	212.291667	186.12500	4.4708333	120.166667	3.541667	39.166667	城区环境评价点
古城	20160101	184.208333	165.75000	3.4416667	102.416667	6.916667	40.541667	城区环境评价点
官园	20160101	176.125000	151.54167	3.3458333	121.583333	5.250000	49.083333	城区环境评价点
怀柔	20160101	136.250000	116.16667	1.9500000	57.826087	4.750000	14.583333	郊区环境评价点
琉璃河	20160101	281.416667	277.79167	4.4666667	109.708333	2.000000	17.333333	对照点及区域点
门头沟	20160101	122.736842	113.75000	2.3916667	90.608696	8.625000	21.041667	城区环境评价点
密云	20160101	161.625000	134.58333	2.7291667	67.958333	10.208333	28.166667	郊区环境评价点
密云水库	20160101	119.166667	94.37500	1.5375000	39.458333	13.791667	15.083333	对照点及区域点
南三环	20160101	196.875000	181.50000	3.5958333	112.916667	8.458333	35.916667	交通污染监控点
农展馆	20160101	199.916667	180.20833	3.8333333	119.875000	30.750000	35.375000	城区环境评价点
平谷	20160101	295.041667	236.25000	4.0208333	82.041667	17.333333	31.625000	郊区环境评价点
前门	20160101	187.500000	175.29167	3.4250000	118.958333	2.791667	35.958333	交通污染监控点

图 3-5　案例数据格式转换的示意图

3.6　本章涉及的 R 函数

本章涉及的除表 3-1 至表 3-7 之外的 R 函数如表 3-8 所列。

表 3-8　本章涉及的 R 函数列表

函 数 名	功 能
list.files()	显示当前工作目录下的子目录名或文件名
dir.create(*x*)	在当前工作目录下创建子目录
if()…else	分支结构实现函数
ifelse(条件表达式,结果 1,结果 2)	条件判断函数
for()	循环结构实现函数
while()	循环结构实现函数
repeat()	循环结构实现函数

第4章 R的基本分析和统计图形

数据基本分析是从单个变量的描述统计开始的。描述统计的目的是揭示变量的分布特点，描述统计的基本工具有两类：第一，描述统计量；第二，数据可视化。不同类型变量的基本分析方法有所不同，体现为需要采用不同的描述统计量和不同的可视化图形。

本章将聚焦单个变量的描述统计。为有助于理解单个变量描述统计的含义和应用，首先对第3章中的两个大数据分析案例，围绕其研究问题和目标，分别讨论解决问题的方法及分析本质。然后分章节地对分类型变量和数值型变量的基本分析和案例进行讲解。

4.1 从大数据分析案例看数据基本分析

4.1.1 美食餐馆食客点评数据的基本分析

正如第3章所述，基于五道口和北太平庄区域经营最受欢迎的10种主打菜的餐馆评分数据，可能涉及如下研究问题：

① 寻找"人气"餐馆。

第3章已给出了"人气"餐馆的定义，并通过数据加工找到了"人气"店铺。此问题不再赘述。

② 主打菜的餐馆分布有怎样的特点？

该问题的研究对象是主打菜，核心是分析经营哪些主打菜的餐馆多，哪些比较少。所以，需要对主打菜(分类型变量)进行单个变量的描述统计。

③ 食客评分及人均消费金额有怎样的统计特征？是否具有相关性？

该问题的研究对象是食客评分以及人均消费金额。第一个问题的核心是基于单个变量的处理，需要分别分析评分和人均消费金额的状况。例如，各餐馆的平均评分是多少，食客评分在各餐馆间是否有较大的差异性，各餐馆人均消费的平均水平大概是多少等。所以，需要对评分(数值型变量)和人均消费金额(数值型变量)分别进行单个变量的描述统计。

第二个问题的核心是基于两个变量的关系，研究人均消费金额与食客评分有怎样的联系，例如，是否存在人均消费金额越低则评分越高等规律性。所以，需要对评分和人均消费金额两数值型变量取值间的相互影响特点和程度做研究，该问题将在第5章讨论。

④ 餐馆的区域分布与主打菜分布是否具有相关性？

该问题的研究对象是区域和主打菜，考察是否存在某些区域仅经营某几种主打菜，其他主打菜则主要集中在除此之外的其他区域的情况。显然，该研究聚焦于两个分类型变量的相关性，将在第5章讨论。

⑤ 两个区域美食餐馆的人均消费金额是否存在差异？两个区域美食餐馆口味评分与就餐环境评分的均值是否存在差异？

　　第一个问题的研究对象是区域和人均消费金额，核心是研究区域对人均消费金额的影响，涉及分类型与数值型两个变量，将在第 6 章讲解。第二个问题的研究对象是口味评分和就餐环境评分，涉及两个数值型变量的均值对比，将在第 6 章讲解。

　　⑥ 不同主打菜餐馆人均消费是否存在显著差异？人均消费金额是否受区域和主打菜的共同影响？

　　第一个问题的研究对象是人均消费金额和主打菜，核心是分析人均消费金额（数值型变量）是否因主打菜（分类型变量）的不同而不同，涉及一个数据值变量和一个分类型变量的相关性；第二个问题的研究对象是人均消费金额、区域和主打菜，核心是分析人均消费金额（数值型变量）是否因区域（分类型变量）和主打菜（分类型变量）的不同而不同，涉及一个数据值变量和两个分类型变量的相关性，将在第 7 章讲解。

　　⑦ 就餐环境对不同主打菜美食餐馆的人均消费金额有怎样的影响？

　　该问题的研究对象是就餐环境打分、主打菜和人均消费金额，核心是发现人均消费金额（数值型）是否因就餐环境（数值型变量）和主打菜（分类型变量）不同而不同，涉及一个数值型变量和两个不同类型变量的相关性，将在第 8 章讲解。

　　本章仅就第 2 个和第 3 个问题进行研究。

4.1.2　北京市空气质量监测数据的基本分析

　　正如第 3 章所述，基于北京市空气质量监测数据，可能涉及如下研究问题：

　　① 供暖季 PM2.5 浓度有怎样的分布特征？

　　该问题的研究对象是 PM2.5 浓度（数值型）变量，需要基于各监测点区域的供暖季样本，分析诸如各监测点区域 PM2.5 浓度的平均水平等。所以，需要对 PM2.5 浓度（数值型）单个变量进行描述统计。

　　② 供暖季是否存在 PM2.5 浓度“爆表”的情况？哪些监测点出现了几天“爆表”？

　　该问题的研究对象是 PM2.5 浓度（数值型变量）。核心是基于供暖季数据，从统计视角界定 PM2.5“爆表”标准，并依据标准计算“爆表”天数，找到“爆表”的监测点分布特点。该问题是个综合性研究，将在本章 4.5 节详细讨论。

　　③ 估计供暖季北京市 PM2.5 浓度的总体平均值。

　　该问题的研究对象是 PM2.5 浓度（数值型变量）。核心是基于所收集的 PM2.5 浓度样本数据，对北京市 PM2.5 浓度的总体均值进行估计。与前两个问题不同，这里涉及依据样本估计总体，一般不列在基本统计分析的研究范围内，将在第 6 章讨论。

　　④ 对比供暖季和非供暖季北京市 PM2.5 浓度的总体均值。

　　该问题的研究对象是 PM2.5 浓度（数值型变量）和是否供暖季（分类型变量）。核心是分析 PM2.5 浓度在供暖季和非供暖季的不同，涉及一个数值型变量和一个两分类型变量的相关性，将在第 6 章讲解。

　　⑤ 对比不同类型监测点 PM2.5 浓度总体平均值是否存在显著差异。

　　该问题的研究对象是 PM2.5 浓度（数值型变量）和监测点类型（分类型变量）。核心是分析 PM2.5 浓度是否因监测点类型的不同而不同，涉及一个数值型变量和一个多分类型变量的相关性，将在第 7 章讲解。

　　本章仅就第 1 个和第 2 个问题进行研究。

4.2　R 的绘图基础

数据可视化的基本工具是统计图形。一方面，图形是直观展示变量分布特征以及变量在不同样本组分布特征差异性的重要工具；另一方面，R 的图形绘制功能强大，图形种类丰富，在数据可视化方面优势突出。

R 的绘图函数分布在基础 base 包和共享 contrib 包中。其中基础 base 包中的绘图函数一般用于绘制基本统计图形，大量绘制各类复杂图形的函数，多包含在共享 contrib 包中。

4.2.1　图形设备和图形文件

R 的图形并不显示在 R 的控制台中，而是默认输出到一个专用的图形窗口中。这个图形窗口被称为 R 的图形设备。R 允许多个图形窗口同时被打开，图形可分别显示在不同的图形窗口中，即允许同时打开多个图形设备以显示多组图形。为此，图形设备管理就显得较为必要。

R 的每个图形设备都有自己的编号。当执行第一条绘图语句时，第一个图形设备被自动创建并打开，其编号为 2（1 被空设备占用）。后续创建打开的图形设备将依次编号为 3,4,5 等。某一时刻只有一个图形设备能够"接收"图形，该图形设备称为当前图形设备。换言之，图形只能输出到当前图形设备中。若希望图形输出到其他某个图形设备中，则必须指定它为当前图形设备。有关图形设备管理的函数如表 4-1 所示。

表 4-1　常用的图形设备管理函数

函　　数	功　　能
win.graph()	手工创建打开一个图形设备，该设备为当前图形设备
dev.cur()	显示当前图形设备的编号
dev.list()	显示当前已有几个图形设备被创建打开
dev.set(n)	指定编号为 n 的图形设备为当前图形设备
dev.off()	关闭当前图形设备，即关闭当前图形窗口
dev.off(n)	关闭编号为 n 的图形设备

此外，不仅图形窗口是一种图形设备，图形文件也是一种图形设备。在 R 中，如果希望将图形保存到某种格式的图形文件中，则须指定该图形文件为当前图形设备。相关函数如表 4-2 所示。

表 4-2　常用的图形文件

函　　数	功　　能
pdf("文件名.pdf")	指定某 PDF 格式文件为当前图形设备
win.metafile("文件名.wmf")	指定某 WMF 波形格式文件为当前图形设备
png("文件名.png")	指定某 PNG 格式文件为当前图形设备
jpeg("文件名.gpg")	指定某 JPEG 格式文件为当前图形设备
bmp("文件名.bmp")	指定某 BMP 格式文件为当前图形设备
postscript("文件名.ps")	指定某 PS 格式文件为当前图形设备

于是，后续所有图形将被保存到指定格式的指定文件中。若不再保存图形到图形文件，

则须利用 dev.off() 函数关闭当前图形设备，即关闭当前图形文件。于是，后续所有图形将自动显示到新的图形窗口(图形设备)中。

4.2.2 图形组成和图形参数

1. 图形组成

R 的图形由多个部分组合，主要包括主体、坐标轴、坐标标题、图标题四个必备部分。绘制图形时，一方面应提供用于绘图的数据，另一方面还需要对图形各部分的特征加以说明。

以图 4-1 所示的北京市供暖季 PM2.5 浓度的直方图和核密度估计图为例，绘图时须给出北京市供暖季各监测点的 PM2.5 浓度数据，同时还要说明：图形主体部分是直方图，并叠加核密度估计曲线，横纵坐标标题分别为 PM2.5 浓度和密度，图标题为供暖季 PM2.5 浓度直方图，等等。

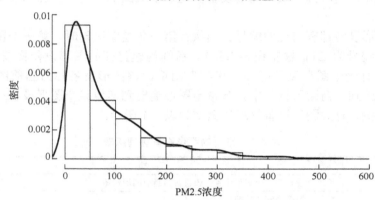

图 4-1   北京市供暖季 PM2.5 浓度直方图

2. 图形参数

尽管图形各组成部分有默认的特征取值(R 称之为图形参数值)，但默认的图形参数值并不能完全满足用户的个性化需要，所以根据具体情况设置和调整图形参数的参数值是必要的。

R 的图形参数与图形的组成部分相对应，各图形参数均有各自固定的英文缩写。各图形参数取不同的参数值，所呈现出来的图形特征也就不同。归纳起来，与图形各部分对应的图形参数主要有四大类。

① 图形主体部分的参数，如表 4-3(a)所示。

表 4-3(a) 图形主体部分的参数

类　　别	特　　征	英 文 缩 写
符号	种类	pch
	大小	cex
	填充色	bg
线条	线型	lty
	宽度	lwd
颜色	颜色	col

图 4-2(a) 第 1 行至第 5 行所示为 pch 依次取值 0 至 25 对应的符号。图 4-2(b) 第 1 行至第 6 行所示为 lty 依次取值 1 至 6 对应的线型。

col 颜色包括灰色系和彩色系。灰色系的表示方式：col=gray(灰度值)，灰度值在 0～1 范围内取值，值越大灰度越浅；彩色系的表示方式：col=色彩编号，不同编号对应不同的颜色，如 1 是黑色，2 是红色，3 是绿色，4 是蓝色等。或者，col=rainbow(n)，即利用 rainbow 函数自动生成 n 个色系上相邻的颜色。

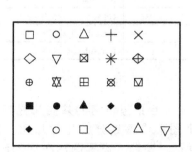

(a) pch参数值对应的符号　　　　　　　(b) lty参数值对应的线型

图 4-2　图形参数值对应的符号及线型

② 坐标轴部分的参数，如表 4-3(b) 所示。

表 4-3(b)　坐标轴部分的参数

类　别	特　征	英 文 缩 写
刻度	位置	at
	长度和方向	tcl
刻度范围	横坐标范围	xlim
	纵坐标范围	ylim
刻度文字	文字内容	label
	文字颜色	col.axis
	文字大小	cex.axis
	文字字体	font.axis

③ 坐标标题部分的参数，如表 4-3(c) 所示。

表 4-3(c)　坐标标题部分的参数

类　别	特　征	英 文 缩 写
标题内容	横坐标内容	xlab
	纵坐标内容	ylab
标题文字	文字颜色	col.lab
	文字大小	cex.lab
	文字字体	font.lab

④ 图标题部分的参数，如表 4-3(d) 所示。

表 4-3(d)　图标题部分的参数

类　别	特　征	英 文 缩 写
标题内容	主标题内容	main
	副标题内容	sub
主标题文字	文字颜色	col.main
	文字大小	cex.main
	文字字体	font.main
副标题文字	文字颜色	col.sub
	文字大小	cex.sub
	文字字体	font.sub

3. 图形布局

图形布局是指，对于多张有内在联系的图形，若希望将它们共同放置在一张图上，应按怎样的布局组织它们。具体讲，就是将整个图形设备划分成几行几列，按怎样的顺序摆放各个图形，并确定各个图形上下左右的边界，等等。设置图形布局的函数为 par，基本书写形式：

$$par(mfrow=c(行数，列数)，mar=c(n1, n2, n3, n4))$$

或

$$par(nfcol=c(行数，列数)，mar=c(n1, n2, n3, n4))$$

其中，行数和列数分别表示将图形设备划分为指定的行和列。mfrow 表示逐行按顺序摆放图形，nfcol 表示逐列按顺序摆放图形；mar 参数用来设置整体图形的下边界、左边界、上边界、右边界的宽度，分别为 $n1, n2, n3, n4$。

par 函数设置的图形布局较为规整，各图形按行列单元格依次放置。若希望图形摆放更加灵活，可利用 layout 函数进行布局设置。为此，需要首先定义一个布局矩阵，然后调用 layout 函数设置布局，最后显示图形布局。

第一步，定义布局矩阵。

布局矩阵的定义仍采用 matrix 函数。其中矩阵元素值表示图形摆放顺序，0 表示不放置任何图形。

例如，图形布局为 2 行 2 列，且第 1 行放置第一幅图(该图较大，横跨第 1 列和第 2 列)，第 2 行的第 2 列放置第二幅图。在 R 的控制台窗口中依次输入以下 R 语句，观察执行结果。

```
> MyLayout<-matrix(c(1,1,0,2),nrow=2,ncol=2,byrow=TRUE)
> MyLayout
     [,1]  [,2]
[1,]   1    1
[2,]   0    2
```

第二步，设置布局对象。

调用 layout 函数设置图形的布局对象，基本书写格式：

layout(布局矩阵名，widths=各列图形宽度比，heights=各行图形高度比，respect=TRUE/FALSE)

其中，布局矩阵名是第一步的矩阵名（如这里的 MyLayout）；widths 参数以向量形式从左至右依次给出各列图形的宽度比例；heights 参数以向量形式从上至下依次给出各行图形的高度比例；respect 取 TRUE，表示所有图形具有统一的坐标刻度单位，取 FALSE 则表示允许不同图形有各自的坐标刻度单位。

例如，依据第一步的布局矩阵设置图形布局。在 R 的控制台窗口中依次输入以下 R 语句，观察执行结果。

```
>DrawLayout<-layout(MyLayout,widths=c(1,1),heights=c(1,2),respect=TRUE)
```

该设置表明：两列图有相同的宽度，均为 1 份宽。第 1 行的图形高度为 1 份，第 2 行的图形高度为 2 份。

第三步，显示图形布局。

调用 layout.show 函数，基本书写格式：

layout.show（布局对象名）

其中，布局对象名是第二步的布局对象（如这里的 DrawLayout）。

例如，显示图形布局。在 R 的控制台窗口中依次输入以下 R 语句，观察执行结果。

```
>layout.show(DrawLayout)
```

于是，R 将自动打开一个图形设备，显示的图形布局如图 4-3 所示。其中，1 的位置放置第一幅图，2 的位置放置第二幅图，无数字的位置不放置图形。

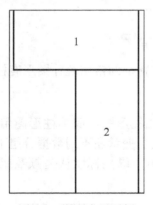

图 4-3　图形布局示例

4．如何修改图形参数

修改图形参数值有两种方式：

第一种，若希望后续均以统一指定的参数值绘图，则在绘图之前首先利用 par 函数做参数值的设置。

例如，par(pch=3, lty=2, mar=c(1,0.5,1,2))，则后续绘制的所有图形的符号均为加号，线型均为点线，图形的下边界、左边界、上边界、右边界的宽度依次为 1,0.5,1,2 英分。若要还原到原先的参数值，则在修改参数值之前保存原参数到 R 对象。

例如，在 R 的控制台窗口中依次输入以下 R 语句，观察执行结果。

```
> DrawP<-par()                        #保存原始参数值
> par(pch=3,lty=2,mar=c(1,0.5,1,2))   #修改参数值
> par(DrawP)                          #还原参数值
```

第二种，设置绘图函数中的参数。

R 有很多绘制各类图形的绘图函数，这些函数本身支持对上述大部分图形参数的设置。如果在这些函数中设置图形参数，则参数只在函数中有效。函数一旦执行完毕，图形参数将自动还原为默认值。

4.3 分类型单变量的基本分析

4.3.1 计算频数分布表

分类型单变量的描述目标，是通过编制频数分布表展示单个分类型变量的分布特征。例如，学生成绩等级为一个分类型变量，有 A, B, C, D, E 五个成绩等级。编制频数分布表的核心就是计算各成绩等级上的学生人数，从而刻画哪个成绩等级的人数多、哪个人数少等分布特征。

R 中可利用表 3-6 中的 table 函数编制频数分布表。进一步，还利用 prop.table 函数计算百分比，基本书写格式：

prop.table(表名)

其中，表名是 table 函数的返回结果。

4.3.2 分类型变量的基本统计图形

直观展示单个分类型变量分布特征的常用统计图形有柱形图(或条形图)、饼图等。

1. 柱形图

柱形图包括简单柱形图和簇式柱形图。简单柱形图用于展示单个分类型变量的分布特征，簇式柱形图用于展示单个分类型变量在不同数据分组下的分布特征。

简单柱形图的横坐标为类别值，纵坐标默认为频数或频率。简单绘制柱形图的函数是 barplot，基本书写格式：

barplot(数值型向量名, horiz=TRUE/FALSE, names.arg=条形标签向量)

其中，数值型向量包含几个元素就绘制几个柱形(条)，且各柱形(条)的高矮(长短)取决于对应元素值的大小；参数 horiz 取 TRUE，表示绘制条形图；默认为 FALSE，绘制柱形图；names.arg 可指定柱形(条)的类别标签，为字符型向量。

2. 饼图

饼图用于展示分类型变量各类别的组成比例状况。绘制饼图的函数是 pie，基本书写格式：

pie(数值型向量名, labels=切片标签向量, clockwise=TRUE/FALSE)

其中，数值型向量是各类别的频数；参数 labels 是字符型向量，给出饼图中各个切片标签；closewise 用于指定切片的方向。TRUE 表示按顺时针方向切片，默认 FALSE 表示按逆时针方向切片。

很难在饼图中直接对比那些切片大小差别不明显的类别，为此可利用 plotrix 包中的 fan.plot 绘制扇形图。plotrix 包首次使用时须下载安装，并加载到 R 的工作空间中。fan.plot 函数的基本书写格式：

fan.plot（数值型向量名, labels=切片标签向量）

扇形图不仅可展示各类别的占比，更能清晰体现各类占比的差异。

4.3.3　大数据分析案例：主打菜的餐馆分布有怎样的特点

基于五道口和北太平庄区域经营最受欢迎的 10 种主打菜餐馆的食客评分数据，研究主打菜的餐馆分布特点。由于主打菜变量（food_type）为分类型变量，因此首先分别编制该变量的频数分布表，并绘制柱形图、饼图和扇形图。具体代码和执行结果如下。柱形图、饼图和扇形图如图 4-4(a)，图 4-4(b)，图 4-4(c) 所示。

```
> MyData<-read.table(file="美食餐馆食客评分数据.txt",header=TRUE,sep=" ",
    stringsAsFactors=FALSE)
> (freqT<-table(MyData$food_type))       #计算频数分布表
    川菜    淮扬菜    火锅   咖啡厅 寿司/简餐   西式简餐     湘菜       小吃
     76        3      64       46       12       24       31       161
> addmargins(freqT)                        #在频数分布表上增加合计项
    川菜    淮扬菜    火锅   咖啡厅 寿司/简餐   西式简餐     湘菜       小吃       Sum
     76        3      64       46       12       24       31      161      417
> prop.table(freqT)*100                   #计算各类别的百分比
    川菜    淮扬菜    火锅   咖啡厅 寿司/简餐   西式简餐     湘菜       小吃
18.2254197  0.7194245  15.3477218  11.0311751   2.8776978   5.7553957
7.4340528  38.6091127
> T<-barplot(freqT,xlab="主打菜",ylab="餐馆数",ylim=c(0,170),main="主打菜
    分布柱形图")                          #绘制柱形图
> box()                                    #添加图形边框
> text(T,5,freqT,col=2)                    #在指定坐标位置(T)上添加各类别频数文字
> Pct<-round(freqT/length(MyData$food_type)*100,2)   #计算各类别的百分比，
                                                       保留 2 位小数
> GLabs<-sapply(dimnames(freqT),FUN=function(x) paste(x,Pct,"%",sep=" "))
                                           #设置饼图标签文字
> pie(freqT,cex=0.8,labels=GLabs,main="主打菜分布饼图",cex.main=0.8)
> library("plotrix")
> fan.plot(freqT,labels=GLabs)            #绘制扇形图
> title(main="主打菜分布扇形图")          #添加图形主标题
```

说明：

① 利用 title 函数单独设置图标题，基本书写格式：

title（main=图标题, sub=副标题, xlab=横坐标标题, ylab=纵坐标标题）

② 利用 text 函数在已有图形的指定坐标位置添加文字，基本书写格式：

text（*x*=横坐标向量, *y*=纵坐标向量, labels=文字内容, srt=旋转度数）

其中，横纵坐标向量的元素个数应相同，一一对应后可确定图形上的某个具体位置；label

用于指定添加的文字内容，一般用双引号括起来。但对于一些特殊的数学文字，如 a^2 等，须采用特殊形式表示，具体参见 help(plotmath)；srt 是文字的摆放角度，默认为水平放置，也可指定一个逆时针旋转角度。

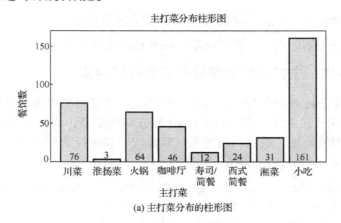

(a) 主打菜分布的柱形图

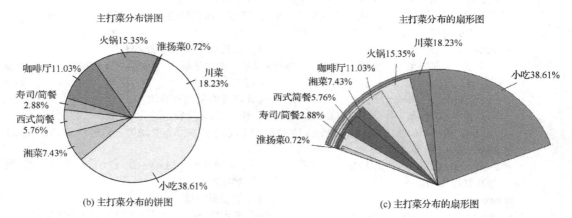

(b) 主打菜分布的饼图　　　　　　　　　　　　(c) 主打菜分布的扇形图

图 4-4　主打菜分布的三种图形

③ T<-barplot(freqT, xlab="主打菜", ylab="餐馆数", ylim=c(0,170), main="主打菜分布柱形图")，不仅绘制柱形图，利用赋值号可将各柱形的位置坐标赋值给 R 对象 T。

④ 利用表 3-6 中的 sapply 函数实现循环，结合用户自定义函数以及表 3-5 中的 paste 函数设置饼图标签文字。

总之，频数分布表、柱形图、饼图以及扇形图均清晰地展现了单个分类型变量(这里为主打菜 food_type)的分布特点。本例中，五道口和北太平庄区域的 417 家餐馆中，有 38.61%的餐馆经营小吃，有 18.23%的餐馆主打川菜，主打淮扬菜的餐馆最少，仅占 0.72%。

4.4　数值型单变量的基本分析

4.4.1　计算基本描述统计量

刻画单个数值型变量分布特征的描述统计量主要包括均值、标准差、偏态系数、峰度系数等，它们依次刻画了分布的集中趋势、离中程度、对称性和陡峭程度。

集中趋势是指变量 X 的一组取值(变量值)向某一中心值靠拢的倾向。变量 X 的样本均值(记为 $\overline{X}$)作为刻画集中趋势的描述统计量，能够反映数据取值的一般代表性或中心性。另外，中位数(一组数据按升序排序后，处于中间位置的变量值)、众数(一组数据中出现次数最多的变量值)等，也可作为集中趋势的代表。

离中程度是指一组数据远离其中心值的程度。单纯以均值等中心值刻画数据并非尽善尽美，还应该考察数据相对于中心值分布的疏密程度。如果数据紧密地集中在中心值的周围，即数据的离散程度较小，说明中心值对数据的代表性好；相反，如果数据仅仅较松散地分布在中心值的周围，说明中心值的代表性不强。因此，中心值及关于中心值的稀密程度的结合，才能给出变量分布比较全面的刻画。刻画离中程度的常见描述统计量是标准差(见式 4-1，n 为样本量)或方差(标准差的平方)。标准差或方差越大，说明数据的离中趋势越大。反之越小。

$$S = \sqrt{\frac{1}{n-1}\sum_{i=1}^{n}(X_i - \overline{X})^2} \tag{4-1}$$

为更全面地刻画变量分布的特点，还应展现其分布的形态。数据的分布形态主要指分布为对称或非对称分布，分布为较为平坦或较为陡缓的分布等。

刻画分布对称性的描述统计量是偏态系数(见式 4-2，其中 S 为标准差)。当分布对称时，偏态系数等于 0；偏态系数大于 0 表示变量呈正偏或右偏的非对称分布，有一条长尾拖在右边；偏态系数小于 0 表示表示变量呈负偏或左偏的非对称分布，有一条长尾拖在左边。偏态系数的绝对值越大，表示分布的偏斜程度越大。

$$\text{Skewness} = \frac{1}{n-1}\sum_{i=1}^{n}\frac{(X_i - \overline{X})^3}{S^3} \tag{4-2}$$

峰度系数(见式 4-3，其中 S 为标准差)是描述变量分布陡缓程度的统计量。当分布与标准正态分布的陡缓程度相同时，峰度系数等于 0；峰度系数大于 0，表示数据的分布比标准正态分布更陡峭，称为尖峰分布，峰度系数越大，分布越"尖"；峰度系数小于 0，表示分布比标准正态分布平缓，称为平峰分布，峰度系数越小，分布越"平"。

$$\text{Kurtosis} = \frac{1}{n-1}\sum_{i=1}^{n}\frac{(X_i - \overline{X})^4}{S^4} - 3 \tag{4-3}$$

4.4.2　数值型变量的基本统计图形

常用的直观展示单个数值型变量分布特征的统计图形有直方图、核密度图、箱线图、小提琴图等。各图形的特点和应用场合将在案例中讨论，这里仅给出相关的 R 函数。

1. 直方图

直方图可直观展示数值型变量的中心值、离中趋势以及分布对称性和陡峭程度。绘制直方图的函数为 hist，基本书写格式：

$$\text{hist(数值型向量名或域名, freq=TRUE/FALSE)}$$

其中，freq 取 TRUE 表示直方图中的纵坐标为频数，取 FALSE 为频率。

2. 核密度图

核密度图用于展示单个数值型变量的分布或多个数值型变量的联合分布特征。绘制核密度图的首要任务是进行核密度估计(Kernel Density Estimation)。核密度估计是一种仅从数据自身出发估计其密度函数并准确刻画其分布特征的非参数统计方法。这里仅以单个变量为例，讨论核密度估计的基本思想。

核密度估计的最初思路是基于直方图的密度估计。核密度曲线可视为，将直方图各组的组中值及对应的密度值为坐标确定的点，做连线后形成的折线图。设有 n 个观测，计算落入以 x_0 为中心(组中值)、h 为组距的"直方桶"区间 $\mathbf{R}$ 中的观测个数。

首先，定义一个非负的距离函数：

$$k\left(\|x_0 - x_i\|\right) = \begin{cases} 1, & |x_0 - x_i| \leqslant \dfrac{h}{2}; \quad i=1,2,\cdots,n \\ 0, & |x_0 - x_i| > \dfrac{h}{2}; \quad i=1,2,\cdots,n \end{cases} \tag{4-4}$$

表示若观测 x_i 落入 $\mathbf{R}$ 中，则距离函数值为 1，否则为 0。然后，计算观测 x_i 落入 $\mathbf{R}$ 的频率：$\dfrac{1}{n}\sum_{i=1}^{n} k(\|x_0 - x_i\|)$。 计算以 x_0 为中心 h 范围内观测点频率的函数：频率/组距 h，$f(x_0) = \dfrac{1}{hn}\sum_{i=1}^{n} k\left(\|x_0 - x_i\|\right)$ 即 x_0 处密度的估计。这里，称距离函数 $k(\|x_0 - x_i\|)$ 为核函数，h 为核宽。此处讲解的核函数为均匀核函数。

在核宽 h 范围内的多个 x_i，有的距 x_0 近，有的距 x_0 远，计算时应考虑给予不同的权重。可采用其他形式的平滑核函数，如常见的高斯核函数 $k\left(\|x_0 - x_i\|\right) = \dfrac{1}{\sqrt{2\pi h}} e^{-\frac{(x_0 - x_i)^2}{2h^2}}$ 等。

可见，在以 x_0 为均值、h 为标准差的高斯分布中，x_i 距 x_0 越近，核函数值越大，在上述函数 $f(x_0)$ 中的权重越大，反之越小。此外，核密度估计也可视为 x_0 在多个高斯分布下不同概率密度值的平均。可见，核密度曲线完全由"多点平均"平滑而来，无须假设数据服从某种理论分布。

说明：核密度曲线的光滑程度受核宽 h 的影响。对如何确定核宽、如何选择核函数等问题，这里不展开讨论。

核密度估计的 R 函数为 density，基本书写格式：

density(数值型向量)

R 默认采用高斯核函数。density 将返回一个 R 的列表对象，其中包括名为 x 和 y 的两个成分(均为数值型向量，默认包含 512 个元素。R 自动在观测值之外的取值区域做插值处理以使核密度曲线更为完整和平滑)，分别为 x 值和密度 $f(x)$。这两个向量元素一一对应，构成一组坐标，决定一组点在图中的位置，该组点连接而成的曲线即核密度估计曲线。

3. 箱线图

绘制单个数值型变量箱线图的函数是 boxplot，基本书写格式：

boxplot(数值型向量名或域名, horizontal=TRUE/FALSE, axes=TRUE/FALSE)

其中，horizontal 用于指定箱线图的放置方向，取 TRUE 表示横向倒放，否则为垂直放置；axes 取 TRUE 表示箱线图带有横纵坐标轴，取 FALSE 表示没有。

4. 小提琴图

小提琴图是箱线图和核密度图的结合，因形状酷似小提琴而得名。绘制小提琴图的函数 vioplot 在 violpot 包中，首次应用时需要下载安装，并加装到 R 的工作空间中。vioplot 函数的基本书写格式：

$$vioplot（数值型向量名或域名列表，names=横坐标轴标题向量）$$

其中，参数 names 指定图形横坐标轴的标题文字。

4.4.3　大数据分析案例：餐馆评分的分布有怎样的特点

基于五道口和北太平庄区域经营最受欢迎的 10 种主打菜餐馆的食客评分数据，研究食客打分的分布特点。由于各打分变量(score_avg, taste, environment, service)均为数值型变量，因此首先分别计算四个变量的基本描述统计量，然后绘制直方图、核密度估计图、箱线图和小提琴图。具体代码和执行结果如下。图形如图 4-5(a)，图 4-5(b)所示。

```
> Des.Fun<-function(x,...){               #计算基本描述统计量的用户自定义函数
+    Av<-mean(x,na.rm=TRUE)
+    Sd<-sd(x,na.rm=TRUE)
+    N<-length(x[!is.na(x)])
+    Sk<-sum((x[!is.na(x)]-Av)^3/Sd^3)/N
+    Ku<-sum((x[!is.na(x)]-Av)^4/Sd^4)/N-3
+    result<-list(avg=Av,sd=Sd,skew=Sk,kurt=Ku)
+    return(result)
+ }
> DesRep<-sapply(MyData[,5:8],FUN=Des.Fun)  #对 4 个变量依次调用用户自定义函数
> DesRep
       taste        environment    service      score_avg
avg    22.06715     18.86811       18.91367     3.512038
sd     2.466175     3.015085       2.659748     0.3931736
skew   0.3009263    0.6301421      0.756351     -0.4655952
kurt   0.1438118    0.4889361      1.725118     1.063459
> par(mfrow=c(2,1),mar=c(4,6,4,4))           #设置窗口布局
> hist(MyData$score_avg,xlab="平均打分",ylab="密度",main="食客平均打分的直
       方图",cex.lab=0.7,freq=FALSE)
> lines(density(MyData$score_avg),lty=2,col=1)    #添加核密度估计曲线
> plot(density(MyData$taste),main="各细项打分的核密度曲线图",ylab="密度",
       cex.lab=0.7)
> lines(density(MyData$environment),lty=2,col=2)  #添加核密度估计曲线
> lines(density(MyData$service),lty=3,col=3)      #添加核密度估计曲线
> legend("topright",title="细项",c("口味打分","环境打分","服务打分"),lty=
       c(1,2,3),col=c(1,2,3),cex=0.7)             #图例说明
> par(mfrow=c(2,1),mar=c(4,6,4,4))
> boxplot(MyData$score_avg~MyData$food_type,main="不同主打菜食客平均打分的
       箱线图",ylab="平均打分",cex.main=0.7)
> library("vioplot")
> vioplot(MyData[,"score_avg"],MyData[MyData$region=="五道口","score_avg"],
```

```
MyData[MyData$region=="北太平庄","score_avg"],names=c("全部","五道口","北
    太平庄"))
> title(main="食客平均打分的小提琴图",cex.main=0.7,ylab="平均打分")
```

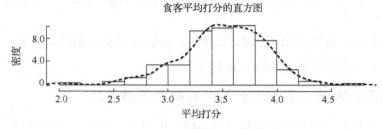

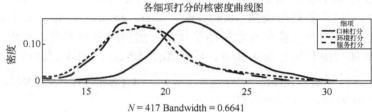

(a) 食客平均打分的直方图和各打分的核密度图

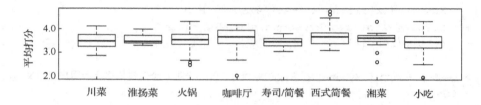

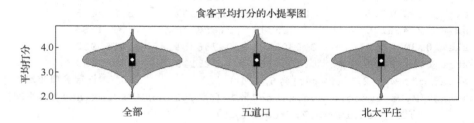

(b) 不同主打菜平均打分的箱线图及不同区域平均打分的小提琴图

图 4-5   餐馆评分数据的图形表示

说明：

① 数据框的第 5~8 列为打分变量，对 4 个变量均要计算基本描述统计量，故编写名为 Des.Fun 的用户自定义函数，计算均值、标准差、偏态系数和峰度系数。将结果组织成列表作为函数返回值。

计算结果表明：口味打分的平均值最高；各细项打分均呈右偏尖峰分布(可从核密度估计图中得到印证)，平均打分呈左偏尖峰分布(可从直方图中得到印证)。

② 利用 lines 函数在已有图形上添加曲线，基本书写格式：

$$lines(x=横坐标向量, y=纵坐标向量)$$

其中，曲线可视为平滑连接若干点而形成的，须给出若干点的横纵坐标。两个坐标向量的元素个数应相等，一一对应后可确定图形上点的具体位置。

③ 利用 legend 函数添加图例说明，基本书写格式：

$$legend(图例位置常量, title=图例标题, 图例说明文字向量, pch=图例符号说明向量,$$
$$bg=图例区域背景色, horiz=TRUE/FALSE)$$

其中，图例位置是一个字符串常量，说明图例放置在图形的哪个位置，可取值 bottom, bottomleft, topleft, top, topright, right, center 中的一个。图例说明文字向量和图例符号说明向量中的元素应一一对应，依次说明每个符号所对应的文字，且符号应与点图中的符号项匹配；参数 horiz 取 TRUE 表示图例说明横向排列，取 FALSE 表示纵向排列。

④ 本例绘制了不同主打菜的平均打分箱线图，在 boxplot 函数中采用 R 公式的形式表述："~"前为平均打分，"~"后为主打菜。

箱线图中间"箱体"从下至上的三条横线依次对应下四分位数、中位数、上四分位数。最下方的"触须"：下四分位数−1.5×(上四分位数−下四分位数)，最上方的"触须"：上四分位数+1.5×(上四分位数−下四分位数)。其中，(上四分位数−下四分位数)也称内距。图中圆圈在箱线图的"触须"之外，认为它们对应的数值为极端值。

计算结果表明：西式简餐的平均打分整体水平较高，且存在极大值。关于应用中的极端值问题在 4.5 节还将继续讨论。

⑤ 绘制全部、五道口、北太平庄区域餐馆的平均打分小提琴图。三个小提琴图表明各区域的平均打分分布较为相似。

4.5　大数据分析案例综合：北京市空气质量监测数据的基本分析

本节主要研究两个问题：第一，供暖季各污染物浓度有怎样的分布特征？第二、供暖季是否存在 PM2.5 浓度"爆表"的情况？哪些监测点出现了几天"爆表"？

具体代码和执行结果如下。

```
> MyData<-read.table(file="空气质量.txt",header=TRUE,sep=" ",stringsAs
    Factors=FALSE)
> Data<-subset(MyData,(MyData$date<=20160315|MyData$date>=20161115))
                                        #仅分析供暖季数据
> Data<-na.omit(Data)                   #获得完整观测
> library("psych")                      #利用 psych 包计算描述统计量
>describe(Data$PM2.5,IQ=TRUE)

vars    n   mean  sd   median trimmed  mad   min   max   range  skew kurtosis  se     IQR
 X1 1 4112 88.96 88.03 56.71  73.15  61.9  4.38  551.9 547.53 1.61   2.53   1.37  102.59
> par(mfrow=c(1,2))
> hist(Data$PM2.5,xlab="PM2.5",ylab="密度",main="PM2.5 直方图",cex.lab=
    0.8, freq=FALSE,ylim=c(0,0.01))
> lines(density(Data$PM2.5,na.rm=TRUE),col=2)   #添加核密度估计曲线
> boxplot(Data$PM2.5,horizontal =TRUE,main="供暖季的 PM2.5 箱线图",xlab=
    "PM2.5浓度",cex.lab=0.8)
```

```
> dotchart(Data$PM2.5,main="PM2.5 克利夫兰图",cex.main=0.8, xlab="PM2.5",
          ylab="观测编号",cex.lab=0.8)
> abline(v=mean(Data$PM2.5),col=2)
> (InDiff<-quantile(Data$PM2.5,0.75)-quantile(Data$PM2.5,0.25))
                                                              #计算内距
    75%
102.5937
> (threshold<-(quantile(Data$PM2.5,0.75)+1.5*InDiff))        #爆表临界值
    75%
280.3906
> exData<-Data[Data$PM2.5>threshold,]                        #抽取爆表数据
> length(unique(exData$date))                                #计算爆表天数
[1] 21
> sort(table(exData[,"SiteName"]),decreasing = TRUE)  #计算各监测点爆表天数并
                                                       按天数的降序排序

  榆垡 琉璃河 永乐店 东高村   大兴    房山  南三环   通州 永定门内  东四环   农展馆 万寿西宫
  17    12    12    11    10     9     9     9     9     8     7     7
  亦庄  东四  平谷  前门  顺义 奥体中心 北部新区 丰台花园     古城    官园 西直门北     天坛
   7     6     6     6     6     5     5     5     5     5     5     4
  万柳  云岗  昌平  怀柔 门头沟   定陵  植物园   密云 密云水库   延庆
   4     4     3     3     3     2     2     1     1     1
> unique(exData[,"SiteName"])
 [1] "奥体中心" "北部新区" "昌平"     "大兴"     "定陵"     "东高村"   "东四"     "东四环"     "房山"
[10] "丰台花园" "古城"     "官园"     "怀柔"     "琉璃河"   "门头沟"   "密云"     "密云水库" "南三环"
[19] "农展馆"   "平谷"     "前门"     "顺义"     "天坛"     "通州"     "万柳"     "万寿西宫" "西直门北"
[28] "延庆"     "亦庄""永定门内""永乐店""榆垡"     "云岗"     "植物园"
```

说明：

① 首先利用表 3-6 中的 subset 函数抽取供暖季数据（按北京市规定，11 月 15 日至次年 3 月 15 日为供暖季），剔除不完整观测，得到完整观测数据集。

② 利用 psych 共享包中的 describe 函数计算 PM2.5 变量的基本描述统计量。Describe 函数不仅可以计算均值（88.96）、标准差（88.03）、偏态系数（1.61）、峰度（2.53），还可以计算中位数（56.71），默认去掉最大和最小 10%的观测数据后的均值（73.15）、中位数绝对离差（61.9）、内距（102.59）等。

③ 绘制 PM2.5 的直方图并添加核密度估计曲线，如图 4-6(a) 左图所示。可见 PM2.5 呈明显的右偏分布，多数取值集中在 50 左右，仅有很少的取了很大的值。因此均值明显高估了 PM2.5 浓度的中心值，采用中位数测度中心值更恰当。绘制 PM2.5 的箱线图，可看到存在一定数量的极端（极大）值，如图 4-6(a) 右图所示。

④ 进一步，利用克利夫兰点图进一步考察供暖季 PM2.5 浓度情况，如图 4-6(b) 所示。图中的红色竖线为均值线。

克利夫兰点图可用于直观展示数据中可能的异常点。图的横坐标为变量值，纵坐标为各观测编号（观测编号越小，纵坐标值越大）。绘制克利夫兰点图的函数是 dotchart，基本书写格式：

dotchart(数值型向量名或域名)

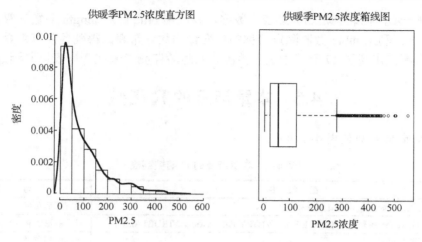

(a) 供暖季PM2.5浓度的直方图和箱线图

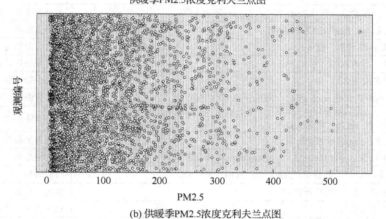

(b) 供暖季PM2.5浓度克利夫兰点图

图 4-6　供暖季 PM2.5 浓度的三种图形

进一步，dotchart 还可绘制不同组数据的克利夫兰点图，基本书写格式：

dotchart(数值型向量名或域名, group=分组向量, gdata=组均值向量名, gpch=均值点符号类型)

其中，参数 group 用于指定作为分组的向量，应是因子；参数 gdata 指定各分组的变量均值向量；参数 gpch 指定绘制各组均值点的符号类型。

采用 abline 函数绘制红色竖线，基本书写格式：

abline(h=纵坐标值)　或　abline(v=横坐标值)

其中，参数 h 用于指定纵坐标取值，直线平行于 x 轴；参数 v 用于指定横坐标取值，直线平行于 y 轴。

图 4-6(b) 显示，有些监测点的 PM2.5 浓度高达 500 以上，绝大多数集中在取值较低的区域。

⑤ 依照小于[下四分位数−1.5×(上四分位数−下四分位数)]，大于[上四分位数+1.5×(上四分位数−下四分位数)]的值为极端值，从统计角度界定"爆表"，"爆表"临界值等于

280.3906。进一步，抽取 PM2.5 "爆表"数据，并利用 unique 和 length 函数计算出现爆表的天数，为 21 天。利用 table 做监测点名称的单变量频数分布表，得到各监测点爆表的天数。可见，榆垡监测点出现了 17 天"爆表"情况，八达岭监测点未在"爆表"监测点之列。

4.6　本章涉及的 R 函数

本章涉及的 R 函数如表 4-4 所示。

表 4-4　本章涉及的 R 函数列表

函 数 名	功　能
par(mfrow=c(行数，列数), mar=c(n1,n2,n3,n4))	设置图形布局
layout(布局矩阵名, widths=各列图形宽度比, heights=各行图形高度比, respect=TRUE/FALSE)	设置图形的布局对象
layout.show(布局对象名)	显示图形布局
boxplot(数值型向量名或域名, horizontal=TRUE/FALSE, axes=TRUE/FALSE, ylim=纵坐标范围)	绘制箱线图
text(x=横坐标向量, y=纵坐标向量, labels=文字内容, srt=旋转度数)	在已有图形上添加文字
hist(数值型向量名或域名, freq=TRUE/FALSE)	绘制直方图
lines(x=横坐标向量, y=纵坐标向量)	在已有图形上添加曲线
density(数值型向量名或域名)	核密度估计函数
vioplot(数值型向量名或域名)	绘制小提琴图
title(main=图标题, sub=副标题, xlab=横坐标标题, ylab=纵坐标标题)	在已有图形上添加标题信息
legend(图例位置常量, title=图例标题, 图例说明文字向量, pch=图例符号说明向量, bg=图例区域背景色, horiz=TRUE/FALSE)	在已有图形上添加图例
plot(数值型向量或域名, type=线的类型名)	绘制各类图形
barplot(数值型向量名, horiz=TRUE/FALSE, names.arg=条形标签向量)	绘制柱形图
pie(数值型向量名, labels=切片标签向量, clockwise=TRUE/FALSE)	绘制饼图
fan.plot(数值型向量名, labels=切片标签向量)	绘制扇形图
dotchar(数值型向量名或域名)	绘制克利夫兰点图
abline(h=纵坐标值)；abline(v=横坐标值)	在图中添加直线

第 5 章　R 的变量相关性分析和统计图形

数据基本分析起步于单个变量的描述统计，进一步，本章将关注两个或多个变量间的相关性研究，旨在揭示变量取值间相互影响的特点和相互作用的程度。变量相关性分析有两个层面：第一，样本相关性层面，即视数据集为随机样本，选择恰当的描述统计量，刻画样本中两个变量间相关性的强弱；第二，总体相关性层面，即基于样本相关性对样本来自的总体相关性进行推断。从统计学的方法体系上看，第二个层面的研究属于推断统计的范畴。再有，不同类型变量间相关性分析的方法也有所不同，表现在所采用的描述统计量不同，可视化统计图形也不同。

本章将继续围绕第 4 章所列大数据分析案例中的问题，就变量相关性研究问题，基于样本相关性层面，分章节地分别对两分类型变量间的相关性、两数值型变量间的相关性以及案例进行讲解。

5.1　分类型变量相关性的分析

分类型变量相关性分析的研究对象是两个或多个分类型变量，主要研究目的是考察一个分类型变量的取值是否与另一个分类型变量的取值有关。

例如，美食餐馆食客评分案例中，考察是否存在某些区域仅经营某几种主打菜，其他主打菜则主要集中在除此之外的其他区域的情况。可将该研究视为探讨餐馆的分布区域(分类型变量)与主打菜(分类型变量)分布，即两分类型变量是否具有相关性的问题。

两分类型变量的相关性进一步可细分为三种情况：两类别型变量的相关性、两顺序型变量的相关性、一类别型与一顺序型变量的相关性。针对不同情况将采用不同的分析方法。

5.1.1　分类型变量相关性的描述

1．编制列联表

研究两分类型变量相关性的常见方法是编制列联表，且列联表均适用于上述三种情况。列联表中的内容一般包括：两分类型变量类别值交叉分组下的实际观测频数，表各行或各列的频数合计，各频数占所在行或列合计的百分比等。

例如，表 5-1 是基于美食餐馆食客评分数据编制的餐馆主打菜和餐馆区域分布的列联表。其中，每个单元格中的第一个数值为观测频数，第二和第三个数值为频数占所在行的百分比以及占所在列的百分比。

R 中编制列联表可采用表 3-6 中的 table 函数。table 函数不仅可编制两分类型变量的二维列联表，还可编制高维列联表。也可以调用 gmodels 包中的 CrossTable 函数。gmodels 包首次使用时须下载安装，并加载到 R 的工作空间中。将在后续的案例中说明列联表的具体含义。

表 5-1　餐馆主打菜和区域的列联表

主打菜			区域		合计
			北太平庄	五道口	
主打菜	川菜	频数	37	39	76
		区域百分比	48.7%	51.3%	100.0%
		主打菜百分比	19.5%	17.2%	18.2%
	淮扬菜	频数	3	0	3
		区域百分比	100.0%	.0%	100.0%
		主打菜百分比	1.6%	.0%	.7%
	火锅	频数	32	32	64
		区域百分比	50.0%	50.0%	100.0%
		主打菜百分比	16.8%	14.1%	15.3%
	咖啡厅	频数	18	28	46
		区域百分比	39.1%	60.9%	100.0%
		主打菜百分比	9.5%	12.3%	11.0%
	寿司/简餐	频数	3	9	12
		区域百分比	25.0%	75.0%	100.0%
		主打菜百分比	1.6%	4.0%	2.9%
	西式简餐	频数	5	19	24
		区域百分比	20.8%	79.2%	100.0%
		主打菜百分比	2.6%	8.4%	5.8%
	湘菜	频数	14	17	31
		区域百分比	45.2%	54.8%	100.0%
		主打菜百分比	7.4%	7.5%	7.4%
	小吃	频数	78	83	161
		区域百分比	48.4%	51.6%	100.0%
		主打菜百分比	41.1%	36.6%	38.6%
合计		频数	190	227	417
		区域百分比	45.6%	54.4%	100.0%
		主打菜百分比	100.0%	100.0%	100.0%

2. 基于列联表卡方统计量的相关性描述

基于列联表可计算得到一个名为 Pearson 卡方的统计量。Pearson 卡方的定义：
$\chi^2 = \sum_{i=1}^{r}\sum_{j=1}^{c}\frac{(f_{ij}^o - f_{ij}^e)^2}{f_{ij}^e}$。其中，$r$ 为列联表的行数，c 为列联表的列数，f_{ij}^o 为列联表第 i 行第 j 列单元格的实际观测频数，f_{ij}^e 为列联表第 i 行第 j 列单元格的期望频数，体现了列联表中两变量不相关下的理论分布。

以表 5-1 为例，表中餐馆在北太平庄和五道口区域的分布依次是 45.6% 和 54.4%。若假设不存在某些主打菜只在北太平庄区域的餐馆经营而很少在五道口区域的餐馆经营的现象，即主打菜与区域无关，则 76 家主打川菜的餐馆，理论上应有 76×45.6%=76×190/471=34.6 家餐馆在北太平庄区域，76×54.4%=76×227/471=41.4 家餐馆在五道口区域。这两个数值依次是第一行两个单元格的期望频数。其他单元格均可同理计算出各自的期望频数 f_{ij}^e。

进一步，计算 Pearson 卡方统计量。可见，Pearson 卡方统计量的值越大，说明整体上实际观测频数和期望频数差距越大。因期望频数体现的是列联表中两变量不相关下的理论分布，所以卡方值越大，表明列联表中两变量不相关的可能性越小，两变量越可能具有一定的相关性。

再进一步，Pearson 卡方统计量的数值受到样本量和列联表单元格数目的影响，应剔除这些因素，为此得到以下刻画列联表中两分类型变量相关性的系数。

（1）phi 系数

phi 系数适用于如表 5-2 所示的 2×2（2 行 2 列）的列联表。

表 5-2　2×2 列联表

	类 1	类 2	合　计
类 1	A_{11}	A_{12}	R_1
类 2	A_{21}	A_{22}	R_2
合计	C_1	C_2	n

在 Pearson 卡方统计量基础上，phi 系数定义为 $\phi = \sqrt{\dfrac{\chi^2}{n}} = \dfrac{A_{11}A_{22} - A_{12}A_{21}}{\sqrt{R_1 R_2 C_1 C_2}}$，$n$ 为样本量。

若假设列联表中的两变量独立，由于 $\dfrac{A_{11}}{C_1} = \dfrac{A_{12}}{C_2}$，可知 $A_{11}A_{22}=A_{12}A_{21}$，代入 phi 系数，计算，有 $\phi=0$；若假设列联表中的两变量完全相关，且 $A_{12}=A_{21}=0$，有 $\phi=1$。或 $A_{11}=A_{22}=0$ 时，有 $\phi=-1$。因分类型变量的类别编码可以互换，所以 ϕ 前的正负符号没有意义。可见，ϕ 的绝对值越接近 1，表明两分类型变量的相关性越强；绝对值越接近 0，表明两分类型变量的相关性越弱。

（2）列联（Contingency）系数

列联系数适用于 2×2 以上的列联表。在 Pearson 卡方统计量基础上，列联系数定义为 $C = \sqrt{\dfrac{\chi^2}{\chi^2 + n}}$，其取值范围在[0~1]之间。越接近 1，表明卡方值足够大而弱化了样本量在分母中的作用，两分类型变量的相关性越强；反之，越接近 0，表明卡方值非常小而强化了样本量在分母中的作用，两分类型变量的相关性越弱。

（3）Cramer's V 系数

在 Pearson 卡方统计量基础上，Cramer's V 系数定义为 $V = \sqrt{\dfrac{\chi^2}{n \min[(r-1)(c-1)]}}$，其中，$\min[(r-1)(c-1)]$ 表示取 $(r-1)$ 和 $(c-1)$ 中的最小值（r、c 分别表示列联表的行数和列数）。

Cramer's V 系数在考虑样本量影响的同时，还兼顾到了列联表单元格数目的影响。在 2×2 的列联表中，V 系数与 phi 系数相等。可以证明，V 系数的取值在 0~1 之间，越接近 1 表明两分类型变量间的相关性越强。

可利用 vcd 包中的 assocstats 函数，计算上述基于卡方统计量的相关性度量统计量。基本书写格式：

$$\text{assocstats}（列联表对象）$$

3．等级相关系数

研究两分类型变量相关性的另一种常见方法是计算等级相关系数。该方法只适用于两顺序型变量间的相关性研究。常见的等级相关系数有 Spearman 等级相关系数和 Kendall-τ等级相关系数。

（1）Spearman 等级相关系数

Spearman 等级相关系数用来度量两顺序型变量间的线性相关关系。首先，得到两变量中各数据的升序排序名次或称秩（排名并列时一般以各自顺序位次的均值为秩），分别记作 U_i、V_i；然后，计算 D_i^2 和 $\sum\limits_{i=1}^{n} D_i^2 = \sum\limits_{i=1}^{n}(U_i - V_i)^2$；最后，计算 Spearman 等级相关系数：$R = 1 - \dfrac{6\sum D_i^2}{n(n^2-1)}$。

Spearman 等级相关系数并非直接基于顺序型变量的水平值，而是基于秩。

这里以分析学历水平和年薪水平两顺序型变量的相关性为例，说明 Spearman 等级相关系数的意义。通常学历水平和年薪水平呈正相关性，表现在学历水平的秩增大时，年薪水平的秩也会随之增大，反之学历水平秩减小时，年薪水平的秩也会随之减小。在这样的情况下，每个人的 D_i^2 值都会很小，$\sum D_i^2$ 也会很小。当学历水平和年薪水平呈完全正相关时：$U_i = V_i$，$\sum D_i^2 = 0$，Spearman 等级相关系数 R 等于 1。此外，当两变量呈完全负相关时：$\sum D_i^2 = \dfrac{1}{3}n(n^2-1)$，Spearman 等级相关系数 R 等于–1。可见，Spearman 等级相关系数的绝对值越接近 1，两变量的相关性越强。正号表示正相关，负号表示负相关。

Spearman 等级相关系数可延伸应用到一个数值型和一个顺序型变量的相关性研究上，须对数值型变量计算秩。

（2）Kendall-τ等级相关系数

Kendall-τ等级相关仍基于秩。首先，计算一致对数目（U）和非一致对数目（V）；然后，计算 Kendall-τ相关系数：$\tau = (U - V)\dfrac{2}{n(n-1)}$。

仍以分析学历水平和年薪水平两顺序型变量的相关性为例，说明 Kendall-τ等级相关系数的意义。若学历水平和年薪水平呈完全正相关性，学历水平的秩增大时，年薪水平的秩也随之增大；学历水平秩为升序时，年薪水平秩（d_i）也严格为升序，即 $d_j > d_i (j > i)$，则称其为一个一致对。若样本量为 n，则存在 $U = \dfrac{1}{2}n(n-1)$ 个一致对 $d_j > d_i (j > i)$，和 $V = 0$ 个非一致对 $d_j < d_i (j > i)$，此时 Kendall-τ相关系数等于 1。此外，当两变量呈完全负相关时，存在 $U = 0$ 个一致对和 $V = \dfrac{1}{2}n(n-1)$ 个非一致对，Kendall-τ相关系数等于–1。可见，Kendall-τ等级相关系数的绝对值越接近 1，两变量的相关性越强。正号表示正相关，负号表示负相关。

Kendall-τ等级相关系数也可延伸应用到一个数值型和一个顺序型变量的相关性研究上，须对数值型变量计算秩。

可利用 cor 函数计算等级相关系数。基本书写格式：

cor（矩阵或数据框列号, use=缺失值处理方式, method="spearman/kendall"）

cor 函数用于计算指定列变量间的相关系数，返回结果为相关系数矩阵。其中：参数 use 用于指定计算相关系数时缺失值的处理方法，可取值为 all.obs，表示默认数据中不存在缺失值，如果存在则自动给出提示信息；everything 表示若某变量存在缺失值，则它与其他变量相关系数为 NA，即不计算；complete.obs 表示采用删除法做缺失值处理后再计算相关系数；pairwise.complete.obs 表示采用成对删除法做缺失值处理后再计算相关系数。参数 method 用于指定相关系数类型，取 spearman 或 kendall 表示计算 Spearman 等级相关系数和 Kendall-τ等级相关系数。

5.1.2 分类型变量相关性的统计图形

常用的分类型变量相关性的基本统计图形为马赛克图，因图中格子的排列形似马赛克而得名。绘制马赛克图的 R 函数 mosaicplot 函数，基本书写格式：

mosaicplot（~分类型域名 1+分类型域名 2+···, data=数据框名）

其中，数据组织在指定数据框中，分类型域名应为因子。马赛克图的具体含义在应用案例中详细说明。

5.1.3 大数据分析案例：餐馆的区域分布与主打菜分布是否具有相关性

基于美食餐馆食客评分数据，首先，利用列联表、基于卡方统计量的相关性描述统计量以及马赛克图，研究餐馆的区域分布与主打菜分布是否具有相关性；其次，利用等级相关系数研究人气热度(顺序型变量)与人均消费金额(数值型变量)、平均打分(数值型变量)的相关性。具体代码和部分结果如下。

```
> MyData<-read.table(file="美食餐馆食客评分数据.txt",header=TRUE,sep=" ",
    stringsAsFactors=FALSE)
> (CrossT<-table(MyData$food_type,MyData$region))      #编制列联表
            北太平庄    五道口
    川菜        37         39
    淮扬菜       3          0
    火锅        32         32
    咖啡厅      18         28
    寿司/简餐    3          9
    西式简餐     5         19
    湘菜        14         17
    小吃        78         83
> addmargins(round(prop.table(CrossT,1)*100,2),2)      #计算行百分比
            北太平庄    五道口      Sum
    川菜       48.68     51.32     100.00
    淮扬菜    100.00      0.00     100.00
    火锅       50.00     50.00     100.00
    咖啡厅     39.13     60.87     100.00
    寿司/简餐   25.00     75.00     100.00
    西式简餐    20.83     79.17     100.00
    湘菜       45.16     54.84     100.00
    小吃       48.45     51.55     100.00
> library("vcd")
> assocstats(CrossT)                #计算基于卡方的相关性描述统计量
                X^2 df P(> X^2)
Likelihood Ratio 15.409  7 0.031103
Pearson          13.663  7 0.057502
```

```
Phi-Coefficient   : NA
Contingency Coeff.: 0.178
Cramer's V        : 0.181
> mosaicplot(~food_type+region,data=MyData,main="主打菜和区域的马赛克图")
> cor(MyData$heat,MyData$cost_avg,method="spearman")   #计算人均消费与热度的
                                                        Spearman 等级相关系数
[1] 0.3101741
> cor(MyData$heat,MyData$score_avg,method="kendall")   #计算平均打分与热度的
                                                        Kendall-τ等级相关系数
[1] 0.1189485
```

说明：

① 本例首先利用 table 函数编制列联表，之后利用 prop.table 和 addmargins 函数计算行百分比且合并到列联表中。

② 本例的 Pearson 卡方统计量等于 13.663，基于 Pearson 卡方计算的列联系数和 Cramer's V 系数分别等于 0.178 和 0.181，主打菜和区域变量的相关性很弱。

③ 图 5-1 为主打菜和区域的马赛克图。马赛克图的数据来自列联表。本例中，图的行向为区域，列向为主打菜，分别以矩形的高和宽体现餐馆数量的多少。可见，北太平庄和五道口地区均以经营小吃为主，餐馆数量都是最多的，其次均为川菜和火锅；淮扬菜仅在北太平庄地区有，五道口区域的简餐餐馆数量明显多于北太平庄区域，等等。

④ 计算人气热度与人均消费金额和平均打分的两种等级相关系数(R 可自动计算各变量的秩)，相关程度均不高，但相比之下，人气与人均消费金额的相关性略高些。

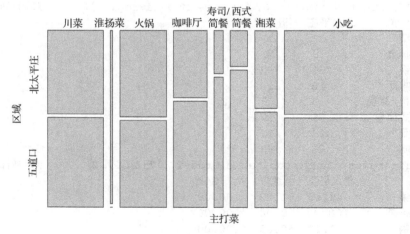

图 5-1　主打菜与区域的马赛克图

5.2　数值型变量相关性的分析

5.2.1　数值型变量相关性的描述

数值型变量相关性分析的研究对象是两个或多个数值型变量，主要研究目的是考察两个数值型变量取值的相关性强弱。

　　例如，美食餐馆食客评分案例中，考察美食餐馆的评分是否与人均消费金额相关，即为两数值型变量相关性研究问题。

　　可通过简单相关系数刻画两数值型变量的线性相关性。假设 x_i 和 y_i 分别为两数值型变量的变量值，有 n 个数据对，简单相关系数也称 pearson 相关系数，定义：

$$r = \frac{\sum_{i=1}^{n}(x_i - \overline{x})(y_i - \overline{y})}{\sqrt{\sum_{i=1}^{n}(x_i - \overline{x})^2 \sum_{i=1}^{n}(y_i - \overline{y})^2}}$$

　　简单相关系数的取值范围在 −1～+1 之间，绝对值越接近 1，线性相关性越强；越接近 0，线性相关性越弱。正号表示正相关，负号表示负相关。

　　计算两数值型变量相关系数的 R 函数是 cor，基本书写格式：

　　　　　　cor(矩阵或数据框列号, use=缺失值处理方式, method="pearson")

参数含义详见 5.1.1 节。

5.2.2　数值型变量相关性的统计图形

　　散点图是展示两个或多个数值型变量相关性特征的最常用工具，包括简单散点图、三维散点图、气泡图、矩阵散点图等。以下仅列出各种图形的简单说明和实现的 R 函数，图形的具体含义将在案例中说明。

1.　简单散点图

　　简单散点图将观测数据点绘制在一个二维平面中，通过数据点分布的形状可粗略展示两数值型变量间的相关性特点。若数据点大致分布在一条直线的周围，表示两变量具有一定的线性相关性。

　　绘制简单散点图的函数是 plot，基本书写格式：

　　　　　　plot(x=数值型向量名 1, y=数值型向量名 2)

或

　　　　　　plot(域名 2~域名 1, data=数据框名)

其中，数值型向量 1(域名 1)和数值型向量 2(域名 2)分别作为散点图的横坐标和纵坐标。第一种格式较为直接，容易理解；第二种格式采用了 R 公式的写法，"~"符号前的作为纵坐标，"~"符号后的作为横坐标，数据组织在 data 参数指定的数据框中。

2.　三维散点图

　　三维散点图在展示两数值型变量相关性的同时，还希望体现第三个变量的取值状况。绘制三维散点图的函数是 scatterplot3d 包中的 scatterplot3d 函数，首次使用该包时应下载安装，并加载到 R 的工作空间中。scatterplot3d 的基本书写格式：

　　　　　　scatterplot3d(向量名 1, 向量名 2, 向量名 3)

其中，向量名 1、向量名 2、向量名 3 分别对应 x 轴、y 轴、z 轴的变量。

3．气泡图

三维散点图对第三个变量取值大小的体现并不十分清晰，对此可引入气泡图。气泡图即在绘制两个变量的散点图时，各个数据点的大小取决于第三个变量的取值。第三个变量取值不同，数据点的大小也就不同，形如大小不一的一组气泡。

绘制气泡图的函数是 symbols，基本书写格式：

symbols（向量名 1，向量名 2，circle=向量名 3，inches=计量单位，fg=绘图颜色，bg=填充色）

其中，向量名 1，向量名 2 分别对应横坐标和纵坐标上的变量；气泡大小由参数 circle 指定的变量决定；参数 inches 指定气泡大小的计量单位，默认为英寸；参数 fg 指定绘制气泡的颜色；参数 bg 指定气泡的填充色。

4、矩阵散点图

矩阵散点图用于在一幅图上同时展示多对数值型变量的相关性。绘制矩阵散点图的函数是 pairs，基本书写格式：

pairs（~域名 1+域名 2+…+域名 n，data=数据框名）

其中，第一个参数是 R 公式的写法，表示分别对指定域两两绘制散点图，并集成在一幅图中。数据存放在 data 指定的数据框中。

5.2.3　大数据分析案例：餐馆各打分之间、打分与人均消费之间是否具有相关性

基于美食餐馆食客评分数据，对餐馆食客的各打分之间、打分与人均消费之间是否具有相关性进行研究。具体代码和执行结果如下。

```
> MyData<-read.table(file="美食餐馆食客评分数据.txt",header=TRUE,sep=" ",
    stringsAsFactors=FALSE)
> cor(MyData$taste,MyData$score_avg,method="pearson")      #计算简单相关系数
  [1] 0.699294
> par(mfrow=c(1,2),mar=c(6,4,4,4))                          #图形窗口布局
> plot(MyData$taste,MyData$score_avg,main="口味打分和平均打分的散点图（带回
    归线）", xlab="口味打分",ylab="平均打分",cex.main=0.8,cex.lab=0.8)
> plot(MyData$taste,MyData$score_avg,main="口味打分和平均打分的散点图（带回
    归线）", xlab="口味打分",ylab="平均打分",cex.main=0.8,cex.lab=0.8)
> M0<-lm(score_avg~taste,data=MyData)                      #线性回归分析
> abline(M0$coefficients,col=2)                            #添加回归直线
> M.Loess<-loess(score_avg~taste,data=MyData)  #局部加权散点平滑法拟合回归
> Ord<-order(MyData$taste)                                 #按 x 轴取值排序后再绘图
> lines(MyData$taste[Ord],M.Loess$fitted[Ord],lwd=1,lty=2,col=3)
> library("scatterplot3d")
> par(mfrow=c(1,2),mar=c(6,4,4,4))
> with(MyData,scatterplot3d(taste,score_avg,cost_avg,main="美食餐馆口味
    打分、平均打分和人均消费的三维散点图", xlab="口味打分",ylab="平均打分",
    zlab="人均消费金额",cex.main=0.8,cex.lab=0.8,cex.axis=0.8))
> with(MyData,symbols(taste,score_avg,circle=cost_avg,inches=0.2,main=
    "美食餐馆口味打分、平均打分和人均消费的汽包图",xlab="口味打分",ylab="平均
```

```
        打分",cex.main=0.8,cex.lab=0.8,cex.axis=0.8,fg="white",bg= "lightblue"))
> pairs(~taste+environment+service+score_avg+cost_avg,data=MyData,main="
    美食餐馆打分和人均消费相关系数矩阵三点图")
> cor(MyData[,5:9])    #计算两两变量间的简单相关系数矩阵
                taste environment   service score_avg   cost_avg
taste       1.0000000   0.4828860 0.6931538 0.6992940 0.2175407
environment 0.4828860   1.0000000 0.8160090 0.4724386 0.4487347
service     0.6931538   0.8160090 1.0000000 0.6256902 0.3409103
score_avg   0.6992940   0.4724386 0.6256902 1.0000000 0.1771265
cost_avg    0.2175407   0.4487347 0.3409103 0.1771265 1.0000000
> library("corrgram")
> corrgram(MyData[,5:9],lower.panel=panel.shade,upper.panel=panel.pie, text.
    panel= panel.txt,main="美食餐馆打分和人均消费相关系数图")
> corrgram(MyData[,5:9],lower.panel=panel.ellipse,upper.panel=panel.pts,
    diag.panel=panel.minmax,main="美食餐馆打分和人均消费相关系数图")
```

说明：

(1)计算简单相关系数，绘制简单散点图

首先利用 cor 函数计算口味打分与平均打分的简单相关系数，近似为 0.7，具有中等强度正相关性。进一步绘制两者的简单散点图，如图 5-2(a)左图所示。其中，横坐标为口味打分，纵坐标为平均打分。直观上，两者存在一定的正相关性，与简单相关系数的计算结果一致。

(2)在简单散点图上添加回归线

为进一步刻画散点图所体现的两变量间的相关关系，可在散点图上添加回归线。为此，须经以下两步实现。

第一步，求解回归线。

求解回归线有以下两种主要方法。

● 一元线性回归法

一元线性回归法非常经典，但因相关理论较为复杂，将在第 8 章集中讨论，这里仅给出实现的 R 函数。一元线性回归法的函数是 lm 函数，基本书写格式：

$$\text{lm(被解释变量名~解释变量名,data=数据框名)}$$

其中，被解释变量是散点图中纵坐标对应的变量，解释变量是横坐标对应的变量。数据存储在 data 参数指定的数据框中。lm 函数的返回值是个列表，其中包括一个名为 coefficients 的成分，它是一个向量，存储了线性回归直线的截距和斜率。

● 局部加权散点平滑(LOcally WEighted Scatterplot Smoothing，LOWESS)法

局部加权散点平滑法属于非参数统计方法。不同于一般线性回归法中依赖全部观测数据建模，局部加权散点平滑法总是取一定比例的局部数据，在这部分子集中拟合多项式回归曲线，以展示数据的局部规律和趋势。若将散点图中点的局部范围从左往右依次推进，最终一条连续的曲线就可被平滑出来。当无法确定数据之间的相关性是否呈现或是否总是呈现出线性关系时，可采用这种方法得到回归线。R 中的 loess 函数是对局部加权散点平滑法 lowess 函数的修正，更为常用，基本书写格式：

$$\text{loess(被解释变量名~解释变量名,data=数据框名)}$$

loess 函数的返回值也是个列表，其中名为 fitted 的成分存储了模型计算出的各观测被解释变量的预测值。

第二步，利用 abline 函数将回归线添加到已有的散点图上。

本例结果如图 5-2(a) 右图所示。其中直线(实线)为一元线性回归法所得的回归直线，虚线为局部加权散点平滑法所得的回归线。

(3)绘制三维散点图和气泡图

绘制口味打分、平均打分与人均消费金额的三维散点图，如图 5-2(b) 左图所示。绘制该图的目的是考察平均打分随口味打分变化的同时，人均消费金额是否也存在某种增大或减小的特点。例如，是否存在打分较高的同时人均消费金额较低的物美价廉现象，图 5-2(b) 左图显然并不直观。为此绘制更直观的气泡图。本例中气泡越大表示人均消费金额越高，如图 5-2(b) 右图所示。可见，评分较低的餐馆人均消费金额大多偏低，在高评分处也有部分餐馆的人均消费金额较低，高消费的餐馆评分较高。人均消费金额和评分间的线性关系不明显。

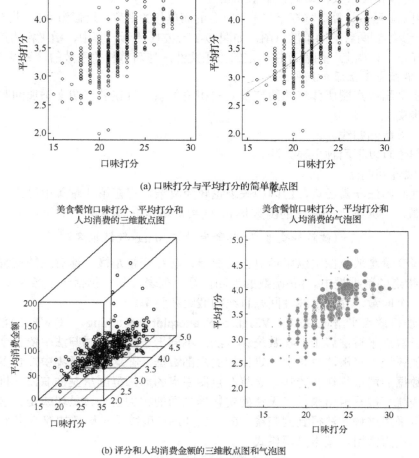

(a) 口味打分与平均打分的简单散点图

(b) 评分和人均消费金额的三维散点图和气泡图

图 5-2　评分数据的散点图和气泡图

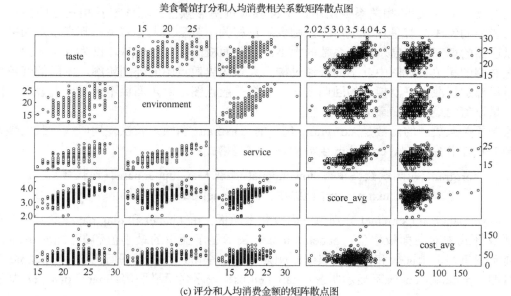

(c) 评分和人均消费金额的矩阵散点图

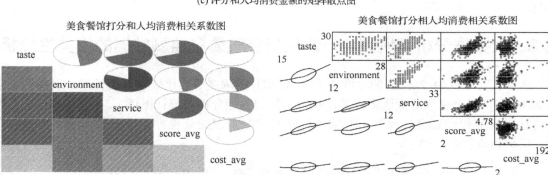

(d)各打分及人均消费的相关系数图

图 5-2　评分数据的散点图和气泡图(续)

（4）绘制矩阵散点图

利用矩阵散点图展示打分和人均消费金额两两变量间的相关性强弱，如图 5-2（c）所示，图中对角线单元格中列出了各变量的变量名。可见，就餐环境打分（environment）与服务质量打分（service）的相关性是最强的，人均消费金额（cost_avg）与各打分间的相关性均较弱。

（5）简单相关系数和相关系数图

为进一步刻画各打分之间以及打分与人均消费金额之间线性相关性的强弱，利用 cor 函数计算简单相关系数矩阵。计算结果表明：就餐环境打分与服务质量打分的简单相关系数为 0.82，具有较最强的正相关。人均消费金额与各打分的简单相关系数均小于 0.5，呈弱相关。

相关系数矩阵虽然可以准确反映两两变量的线性相关性的强弱，但当这个矩阵较大时，分析起来就不太直观。为此，可基于相关系数矩阵绘制相关系数图。如图 5-2（d）所示。

相关系数图由下三角区域、上三角区域、对角区域三部分组成。区域在这里称为面板，三个区域也分别称为下面板、上面板和对角面板。除对角面板外，上下面板以不同形式直观展示相应变量对的相关性强弱。

在图 5-2(d) 左边的相关系数图中，下面板通过阴影颜色的深浅表示相关性的强弱。同时，阴影中的斜线，若呈左下至右上，则表示正相关；若呈左上至右下，则表示负相关。上面板以饼图的填充比例展示相关系数的大小。对角面板没有其他信息，仅为变量名。

在右侧的相关系数图中，下面板通过椭圆大致描绘散点图的外围轮廓，中间的红色曲线是采用局部加权散点平滑拟合的回归线。上面板是散点图。对角面板不仅显示变量名，同时显示变量取值的最小值和最大值。

绘制相关系数图的函数是 corrgram 包中的 corrgram 函数，首次使用时应下载安装，并加载到 R 的工作空间中。corrgram 函数的基本书写格式：

$$\text{corrgram}(矩阵或数据框列, \text{lower.panel}=面板样式, \text{upper.panel}=面板样式,$$
$$\text{text.panel}=面板样式, \text{diag.panel}=面板样式)$$

其中，lower.panel, upper.panel 分别为下面板和上面板。text.panel 和 diag.panel 均属于对角面板。面板样式中对角面板取值：panel.minmax 表示显示变量的最小值和最大值；panel.text 表示显示变量名。上面板和下面板取值：NULL 表示空白，不显示任何内容；panel.pie 表示显示饼图；panel.shade 表示显示阴影；panel.ellipse 表示显示椭圆等；panel.pts 表示显示散点图。

5.3 大数据分析案例综合：北京市空气质量监测数据的相关性分析

通常认为空气中 PM2.5 的浓度与 CO 和 NO_2 的浓度等有比较密切的关系。现基于北京市 2016 年供暖季空气质量监测数据，利用变量相关性分析的统计图形，对影响 PM2.5 的因素进行直观的初步研究。此外，着重讲解高密度散点图的处理方法以及如何绘制分组散点图。代码和执行结果如下。

```
> MyData<-read.table(file="空气质量.txt",header=TRUE,sep=" ",
     stringsAsFactors=FALSE)
> Data<-subset(MyData,(MyData$date<=20160315|MyData$date>=20161115))
                                    #仅分析供暖季数据
> Data<-na.omit(Data)               #获得完整观测
> par(mfrow=c(2,2),mar=c(6,4,4,4))
> plot(PM2.5~CO,data=Data,main="PM2.5 和 CO 浓度散点图",xlab="CO", ylab=
     "PM2.5",cex.main=0.8,cex.lab=0.8)
> plot(jitter(PM2.5,factor=1)~jitter(CO,factor=1.5),data=Data,main= "PM2.5
     和 CO 高密度处理散点图",xlab="CO",ylab="PM2.5",cex.main=0.8, cex.lab=0.8)
> smoothScatter(x=Data$CO,y=Data$PM2.5,main="PM2.5 和 CO 高密度处理散点图",
     xlab="CO",ylab="PM2.5",cex.main=0.8,cex.lab=0.8)
> library("scatterplot3d")
> with(Data,symbols(CO,PM2.5,circle=NO2,inches=0.2,main="CO 、 PM2.5 和
     NO2 浓度气泡图",xlab="CO",ylab="PM2.5",cex.main=0.8,cex.lab=0.8,
     cex.axis=0.8,fg="white",bg="lightblue"))
> Data$SiteTypes<-as.factor(Data$SiteTypes)    #用户自定义函数的功能：一元线
                                               性回归并添加回归直线
> Mypanel.lm<-function(x,y,...){
+  Tmp<-lm(y~x)
```

```
+    abline(Tmp$coefficients,col=2)
+    points(x,y,pch=1)}
> coplot(PM2.5~CO|SiteTypes,panel=Mypanel.lm,data=Data,pch=1,xlab="CO",
     ylab="PM2.5")
```

说明：

① 利用 plot 函数绘制 PM2.5 与 CO 的简单散点图，如图 5-3（a）左上图所示。

因样本量较大并有较多数据点叠加在散点图中，所以图 5-3（a）左上图所示为一种高密度的散点图。显然，高密度散点图不利于展示 PM2.5 与 CO 的相关性特征，为此可做如下两种处理。

第一，增加数据"噪声"，减少数据点的重叠。

为尽可能使数据点不完全叠加，可人为对数据增加"噪声"，即在原变量值上加极小的噪声值。一方面，尽管数据中添加了噪声，但因其极小，并不影响或改变变量间的相关性；另一方面，绘制散点图时，数据点的重叠程度会因噪声的存在得到一定程度的降低。

增加噪声的函数是 jitter，基本书写格式：

$$\text{jitter}(\text{数值型向量}, \text{factor} = n)$$

其中，参数 factor 称为扩充因子，n 默认为 1。设原变量值为 x，噪声为 b，添加噪声后的变量值为 $x+b$。噪声 b 是来自均匀分布的一个随机数，该均匀分布的取值范围是 $(-a,a)$，且 $a=\text{factor} \cdot d/5$，$d=|x-x$ 的最近邻$|$。本例增加噪声后的散点图如图 5-3（a）右上图所示。修正效果不明显，可适度增大扩充因子值 n。

第二，利用色差突出散点图中的数据密集区域，明晰散点图的整体轮廓。

可使用 smoothScatter 函数绘制散点图，基本书写格式：

$$\text{smoothScatter}(x=\text{横坐标向量}, y=\text{纵坐标向量})$$

该函数自动将一定范围内的数据点并为一组，称为分箱。最终数据点将被分成若干个组（箱）。用颜色的深浅表示组（箱）中数据点的多少，如图 5-3（a）左下图所示。

② 绘制 PM2.5、CO、NO_2 的气泡图，如图 5-3（a）右下图所示。图形比较清晰地展示了三者之间的关系：随着 CO 浓度的增加，PM2.5 浓度呈明显的线性增加，同时表示 NO_2 浓度高低的气泡也随之增大。

③ 进一步，基于对不同类型监测点的 PM2.5 和 CO 浓度数据，绘制分组散点图，并添加回归直线，如图 5-3（b）所示。

分组散点图也称协同图，用于展示两数值型变量之间的相关性在不同样本组上的差异。可采用 coplot 函数绘图，基本书写格式：

$$\text{coplot}(\text{域名 1}\sim\text{域名 2}|\text{分组域名}, \text{number}=\text{分组数}, \text{data}=\text{数据框名})$$

其中，域名 1 和域名 2 分别作为散点图的纵坐标和横坐标，是 R 公式的写法；"|"后跟分组域名，其对应的变量通常是分类型变量（因子），有时也可以是数值型变量。当分组变量为数值型时，须通过参数 number 指定将数值型变量分成几个有重叠的组。如果省略 number 参数，则默认分成 6 组；数据存储在参数 data 指定的数据框中。该函数首先依据指定的分组变量或分组后的数值型变量，将观测分成若干组，之后分别绘制各个组的散点图。

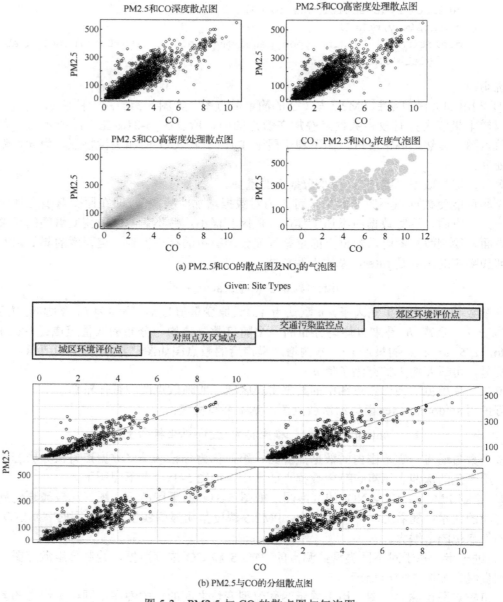

(a) PM2.5和CO的散点图及NO₂的气泡图

(b) PM2.5与CO的分组散点图

图 5-3　PM2.5 与 CO 的散点图与气泡图

图 5-3(b)中，最上边给出了各监测点类型。图最下一行从左往右从下往上各单元格(也称面板)的散点图，依次是监测点类型分别是城市环境评价点、对照点及区域点、交通污染监控点、郊区环境评价点的 PM2.5 与 CO 浓度的散点图。为在图中添加回归直线，定义面板函数为一个用户自定义函数。

5.4　本章涉及的 R 函数

本章涉及的 R 函数如表 5-3 所示。

表 5-3　本章涉及的 R 函数列表

函　数　名	功　　能
cor(矩阵或数据框列号, use=缺失值处理方式, method=相关系数类型)	计算指定两变量的相关系数
assocstats(列联表对象)	基于 Pearson 卡方统计量计算两分类型变量的相关性
mosaicplot (~分类型域名 1+分类型域名 2+···, data=数据框名)	绘制马赛克图
scatterplot3d(向量名 1,向量名 2,向量名 3)	绘制三维散点图
symbols(向量名 1,向量名 2 circle=向量名 3,inches=计量单位, fg=绘图颜色,bg=填充色)	绘制气泡图
pairs(~域名 1+域名 2+···+域名 n, data=数据框名)	绘制矩阵散点图
lm(被解释变量名~解释变量名, data=数据框名)	建立线性回归模型
loess(被解释变量名~解释变量名, data=数据框名)	局部加权散点平滑法
corrgram(矩阵或数据框列, lower.panel=面板样式, upper.panel=面板样式, text.panel=面板样式, diag.panel=面板样式)	绘制相关系数图
jitter(数值型向量,factor = n)	添加噪声数据
smoothScatter(x=横坐标向量, y=纵坐标向量)	高密度散点图处理
coplot(域名 1~域名 2|分组域名, number=分组数, data=数据框名)	绘制分组散点图

第 6 章　R 的均值检验：单个总体的均值推断及两个总体均值的对比

由第 1 章提出的统计分析基本框架可知，数据分析起步于描述统计（数据的基本分析）。接下来的任务是，若数据集为来自总体的随机样本，则还须基于样本，对其总体的统计特征（参数）、两个或多个总体参数差异及相关性等进行推断，这属于统计学中推断统计的范畴。前面已对描述统计进行了比较充分的讨论，从本章开始将转入推断统计。

本章将首先聚焦单个总体均值参数的推断问题，然后讨论两个总体的均值对比分析。为有助于理解统计含义，明晰应用场景，首先对第 4 章列出的两个大数据分析案例，围绕其研究问题和目标，分别讨论解决问题的方法及分析本质。然后再分章节对相关的理论和案例进行讲解。

6.1　从大数据分析案例看推断统计

6.1.1　美食餐馆食客点评数据分析中的推断统计问题

正如第 4 章所述，五道口和北太平庄区域经营最受欢迎的 10 种主打菜的餐馆评分数据，涉及许多分析问题。其中部分问题通过数据的基本分析（描述统计）已经得到了答案，但仍存在一些尚未探讨解决的问题。

例如，两个区域美食餐馆的人均消费金额是否存在差异？该问题的研究对象是区域和人均消费金额，涉及分类型与数值型两个变量。可以从两个层面分析这个问题：第一，基于样本层面进行基本分析，即计算两个区域（北太平庄区域和五道口区域）美食餐馆人均消费金额的均值（样本均值，描述统计量），得到两个样本均值的差并做对比；第二，基于总体层面进行统计推断，即视人均消费金额数据为来自两个总体（北太平庄区域人均消费总体和五道口区域人均消费总体）的两个随机的独立样本（如图 6-1 所示），利用两个样本均值的差，估计两个区域人均消费金额总体的均值（参数）之差，判断两者之差是否具有统计显著性，其本质是两个总体均值的对比问题。

这里，独立样本的直观理解是，两个区域人均消费金额样本数据的获得过程具有独立性，两者互不影响。

基本分析能够告知人们的是，在分类型变量（区域）两个类别组（总体）中，数值型变量（人均消费金额）均值的差是多少，但它不能告知这种差距在统计上是否显著。由于抽样随机性的存在，样本均值在两个总体上的较小差距，很可能是由抽样误差造成的。若该结论成立，尽管数值型变量（人均消费金额）的均值在两个总体（总体标签为北太平庄和五道口）上有一定差距，但这个差距不认为具有统计上的显著性。反之，如果分析发现样本均值在两个总体上的差距较大，尽管抽样误差会为这个差距"贡献份额"，但并不足以导致如此大的差距，应认为这个差距具有统计上的显著性，即数值型变量（人均消费金额）在两个总体（区域）上的分布参数（均值）存在显著差异。

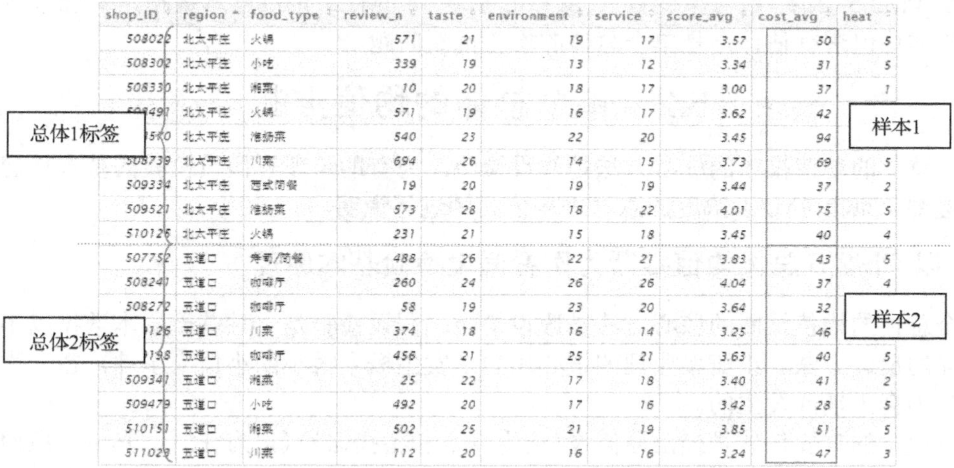

shop_ID	region	food_type	review_n	taste	environment	service	score_avg	cost_avg	heat
508020	北太平庄	火锅	571	21	19	17	3.57	50	5
508302	北太平庄	小吃	339	19	13	12	3.34	31	5
508330	北太平庄	湘菜	10	20	14	17	3.00	37	1
508491	北太平庄	火锅	571	19	16	17	3.62	42	4
508540	北太平庄	港式菜	540	23	22	20	3.45	94	5
508739	北太平庄	川菜	694	26	14	15	3.73	69	5
509334	北太平庄	西式简餐	19	20	19	19	3.44	37	2
509520	北太平庄	性纺菜	573	28	18	22	4.01	75	5
510126	北太平庄	火锅	231	21	15	18	3.45	40	1
507752	五道口	寿司/简餐	488	26	22	21	3.83	43	5
508240	五道口	咖啡厅	260	24	26	24	4.04	37	4
508272	五道口	咖啡厅	58	19	23	20	3.64	32	1
509126	五道口	川菜	374	16	14	14	3.25	46	3
509198	五道口	咖啡厅	456	21	25	21	3.63	40	5
509341	五道口	湘菜	25	22	17	14	3.40	41	2
509479	五道口	小吃	492	20	17	16	3.42	28	5
510151	五道口	湘菜	502	25	21	19	3.85	51	5
511029	五道口	川菜	112	20	16	16	3.24	47	3

（总体1标签　样本1　总体2标签　样本2）

图 6-1　来自两个总体的两个随机的独立样本示意图

再如，两个区域美食餐馆口味评分与就餐环境评分的均值是否存在差异？该问题的研究对象是口味评分和就餐环境评分，涉及两个数值型变量。同理，可以从两个层面分析这个问题：第一，基于样本层面进行基本分析，即计算两个区域美食餐馆口味评分和就餐环境评分的均值（样本均值，描述统计量），得到两个样本均值的差并做对比；第二，基于总体层面进行统计推断，即将口味评分和就餐环境评分视为分别来自两个评分总体的随机样本，利用两个样本均值的差，估计两个评分总体均值（参数）的差，判断两者之差是否具有统计显著性，其本质是两个总体均值的对比问题。与前述问题不同的是，这里的两个随机样本是配对样本。

两个配对样本往往是对同一批研究对象"前后"两时期或两个不同侧面的刻画描述。例如，同一批肥胖志愿者减肥前后的两组体重数据，同一批商品在打折季和非打折季的两组销售数据等。

对比口味评分和就餐环境评分的总体均值，应基于两个区域的同一批餐馆，收集同一批餐馆两个侧面的评分数据（配对样本），并基于这两个配对样本对比两个总体的均值。

6.1.2　北京市空气质量监测数据分析中的推断统计问题

北京市空气质量监测数据分析中同样涉及推断统计问题。

例如，对比不同类型监测点，如交通污染监控点和郊区环境评价点，PM2.5 浓度总体平均值是否存在显著差异。将两类监测点的 PM2.5 浓度数据视为来自交通污染监控点和郊区环境评价点 PM2.5 浓度两个总体的随机样本，且为两个独立样本。

再如，对比供暖季和非供暖季北京市 PM2.5 浓度的总体均值，也是一个涉及两个总体均值的对比研究问题。研究对象是 PM2.5 浓度（数值型变量）和是否供暖季（分类型变量）。将供暖季和非供暖季 PM2.5 浓度数据视为来自不同季 PM2.5 浓度总体的两个随机样本，且应采用配对样本才更具说服力。原因是，对比供暖季和非供暖季北京市 PM2.5 浓度的总体均值，应基于相同类型的监测点研究。例如，对均属交通污染监控点的同一批监测点，收集其在供暖季和非供暖季的两组 PM2.5 浓度数据(两个配对样本，分别来自供暖季 PM2.5 浓度总体和非供暖季 PM2.5 浓度总体)，并基于这两个配对样本对比两个总体的均值。

再有，估计供暖季北京市 PM2.5 浓度的总体均值，也是本案例关注的重点问题。其研究对象是 PM2.5 浓度(数值型变量)。其核心是基于 PM2.5 浓度样本数据，对北京市 PM2.5 浓度的总体均值进行估计，是单个总体的均值推断问题。

6.2　单个总体的均值推断

单个总体的均值推断的核心方法是假设检验。为有助于理解假设检验的基本思想，将以估计供暖季北京市 PM2.5 浓度的总体平均值为例进行说明。

6.2.1　以 PM2.5 总体均值推断为例看假设检验基本原理

单个总体的均值推断的核心方法是假设检验。假设检验是一种基于样本数据以小概率原理为指导的反证方法。小概率原理的核心思想是发生概率很小的小概率事件，在一次特定的观察中是不会出现或发生的。

假设检验的首要任务是提出原假设(记为 H_0)和备择假设(记为 H_1)。其中，原假设是基于样本数据希望推翻的假设，备择假设是希望证明成立的假设。

对于供暖季北京市 PM2.5 浓度总体均值推断问题，首要任务是根据以往经验，对供暖季 PM2.5 总体均值(记为 μ)提出一个假设(记为 μ_0)。例如，有人认为供暖季 PM2.5 的总体均值不低于 $95\mu g/m^3$，即 $H_0: \mu = \mu_0 \geq 95$，$H_1: \mu = \mu_0 < 95$。

接下来假设检验的研究思路是，基于样本均值(PM2.5 的样本均值 $\bar{X} = 88.9$，小于 95)在原假设成立的前提下($H_0: \mu = \mu_0 \geq 95$)，计算获得样本均值及更极端值($\bar{X} \leq 88.9$)的概率，也称为概率-P 值。若概率-P 值很小，即原假设成立前提下获得样本均值及更极端值的概率是一个小概率事件，依据小概率原理，这个小概率事件本应不发生，发生的原因是原假设是错误的，应推翻原假设($H_0: \mu = \mu_0 \geq 95$)，接受备择假设($H_1: \mu = \mu_0 < 95$)。因此，问题的关键有两个：第一，如何计算原假设成立前提下获得样本均值及更极端值的概率；第二，如何判断是否为小概率事件。

首先，对于第二个问题，统计学一般以显著性水平 α(通常取 0.05)为小概率的标准。显著性水平 α 是一个概率值，测度的是原假设为真却拒绝它而犯错误的概率，也称弃真错概率。如果概率-P 值小于显著性水平 α，则表明原假设成立前提下($H_0: \mu = \mu_0 \geq 95$)，获得样本均值及更极端值($\bar{X} \leq 88.9$)的概率是一个小概率，依小概率原理应拒绝原假设，接受备择假设，即 $\mu = \mu_0 < 95$，此时犯弃真错的概率较小且小于 α。反之，如果概率-P 值大于显著性水平 α，则表明原假设成立前提下($H_0: \mu = \mu_0 \geq 95$)，获得样本均值及更极端值($\bar{X} \leq 88.9$)的概率不是一个小概率，不能拒绝原假设，此时若拒绝原假设，犯弃真错的概率较大且大于 α。

其次，对于第一个问题，计算概率-P 值的前提是知道样本均值的分布。

1.　样本均值的抽样分布：正态分布

样本均值的分布，也称样本均值的抽样分布，其理论研究结论是：若样本均值记为 $\bar{X}$，样本量为 n，正态总体的均值记为 μ，方差记为 σ^2，则样本均值的抽样分布是一个正态分布，即 $\bar{X} \sim N\left(\mu, \dfrac{\sigma^2}{n}\right)$。

这里，通过数据模拟直观验证上述样本均值的抽样分布。具体代码如下，模拟结果如图 6-3 所示。

```
> set.seed(12345)                          #设置随机数种子使随机化结果能够重现
> Pop<-rnorm(100000,mean=4,sd=2)           #有包含 100000 个元素的均值为 4、标准差为
                                             2 的正态总体
> MeanX<-vector()
> for(i in 1:2000){                        #重复如下操作 2000 次
+  x<-sample(Pop,size=1000,replace=TRUE)   #在上述总体中做有放回的随机抽样，
                                             样本量为 1000
+  MeanX<-c(MeanX,mean(x))                  #计算样本均值
+ }
> plot(density(MeanX),xlab="样本均值",ylab="密度",main="样本均值的抽样分布",
      cex.main=0.8,cex.lab=0.8)
> points(mean(MeanX),sd(MeanX),pch=1,col=1)    #添加圆圈表示估计值
> points(4,sqrt(2^2/1000),pch=2,col=2)         #添加红色三角形表示理论值
```

说明:

① 从均值为 4、标准差为 2 的正态总体中，有放回地随机抽取样本量均为 1000 的 2000 个随机样本，计算 2000 个样本均值。

② 对 2000 个样本均值绘制核密度曲线图，刻画样本均值的分布特征。

③ 计算 2000 个样本均值的均值和标准差，分别作为图中圆圈的横、纵坐标，以总体均值（为 4）和总体标准差的函数（$\sqrt{\dfrac{\sigma^2}{n}} = \sigma/\sqrt{n}$）为图中三角形的横、纵坐标，对比发现，圆圈和三角形基本重合，说明模拟结果与上述理论研究结论一致。

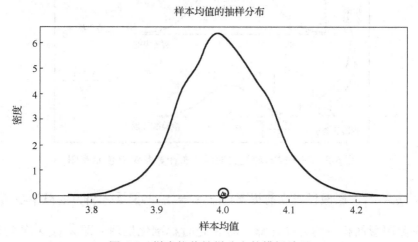

图 6-3   样本均值抽样分布的模拟结果

事实上，如果总体是一个非正态总体，只要从其中抽取的是大样本（通常样本量大于 30），则也有上述结论成立。如图 6-4 所示。

图 6-4 中的总体 I、总体 II 和总体 III 均为非正态总体，当样本量从 2 增大至 30 时，样本均值的抽样分布形状渐渐变为对称，拥有了正态分布的基本特征。

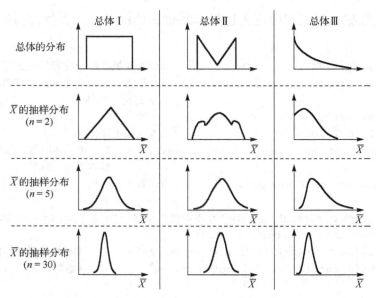

图 6-4　从各类总体中随机抽取样本得到的样本均值的抽样分布

2. 基于样本均值的抽样分布计算概率-P 值

图 6-5 说明了基于样本均值的抽样分布计算概率-P 值的过程。

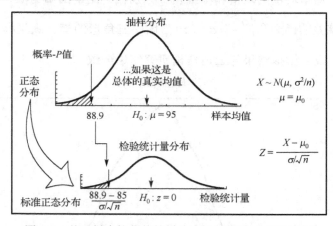

图 6-5　基于样本均值的抽样分布计算概率-P 值示意图

因 $\bar{X} \sim N\left(\mu, \dfrac{\sigma^2}{n}\right)$，原假设成立前提下 $(H_0: \ \mu = \mu_0 \geqslant 95)$ $\bar{X} \leqslant 88.9$ 的概率-P 值，为图 6-5 上方分布中左侧阴影面积。为方便计算，对 $\bar{X}$ 进行标准化处理，即 $\bar{X}$ 减 $\bar{X}$ 的均值除以 $\bar{X}$ 的标准差：$Z = \dfrac{\bar{X} - \mu_0}{\sigma / \sqrt{n}}$，从而将样本均值的抽样分布转换为下方所示的标准正态分布。此时概率-P 值为图 6-5 下方分布中左侧阴影面积。这里，称 Z 为检验统计量，$Z = \dfrac{88.9 - 95}{\sigma / \sqrt{n}}$ 为检验统计量的观测值（n 已知，σ 也已知时，可计算出一个具体值）。下方分布的横坐标为检验统计量。

通常总体方差 σ^2 未知，一般用样本方差 S^2 进行估计，于是有 $t = \dfrac{\overline{X} - \mu_0}{S/\sqrt{n}}$。因为该统计量服从 $n-1$ 个自由度的 t 分布，所以称其为 t 检验统计量，$t = \dfrac{88.9 - 95}{S/\sqrt{n}}$ 为检验统计量的观测值（S 和 n 已知）。概率-P 值为图 6-6 下方分布中左侧阴影面积。

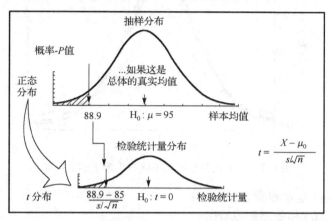

图 6-6　基于 t 分布计算概率-P 值示意图

可绘制标准正态分布和不同自由度下的 t 分布密度函数曲线（如图 6-7 所示），直观了解 t 分布的特点。

```
> set.seed(12345)              #设置随机数种子
> x<-rnorm(1000,0,1)           #1000 个服从标准正态分布的随机数
> Ord<-order(x,decreasing=FALSE)
> x<-x[Ord]
> y<-dnorm(x,0,1)
> plot(x,y,type="l",ylab="密度",main="标准正态分布与不同自由度下的 t 分布密度
        函数",lwd=1.5)
> df<-c(1,5,10,30)             #t 分布中的 4 个自由度
> for(i in 1:4){
+   x<-rt(1000,df[i])          #生成服从 df 个自由度的 t 分布随机变量
+   Ord<-order(x,decreasing=FALSE)
+   x<-x[Ord]
+   y<-dt(x,df[i])
+   lines(x,y,lty=i+1)
+ }
> legend("topright",title="自由度",c("标准正态分布",df),lty=1:5)
```

图 6-7 中，实线为标准正态分布，各种虚线为不同自由度下的 t 分布。可见，t 分布为对称分布。随着 t 分布自由度的增大，t 分布逐渐接近标准正态分布。

实现单个总体均值推断的 R 函数为 t.test，基本书写格式：

t.test(数值域名, data=数据框名, mu=检验值, alternative=检验方向)

其中，数据组织在 data 指定的数据框中。参数 mu 用于设置 μ_0，省略时默认为 0。参数

alternative 用于指定检验方向，取值：two.sided 表示双侧检验；less 或 greater 表示单侧检验；省略该参数，默认为双侧检验。

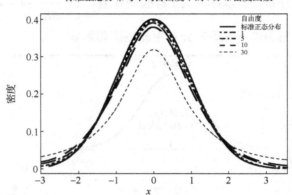
标准正态分布与不同自由度下的 t 分布密度函数

图 6-7   标准正态分布和不同自由度下的 t 分布

综上，假设检验的基本步骤总结如下：

① 提出原假设(H_0)和备择假设(H_1)。

② 选择检验统计量（如 Z 统计量或 t 统计量等）。该检验统计量在原假设成立条件下，服从某个已知的理论分布（如标准正态分布或 t 分布等）。

③ 依据样本数据计算原假设成立条件下，检验统计量的观测值和概率-P 值。检验统计量的观测值反映了样本数据与原假设之间的差距。概率-P 值反映了在原假设成立条件下，检验统计量取当前观测值或更极端值的可能性。

④ 指定显著性水平α，通常为 0.05。检验统计量的概率-P 值小于α时，应拒绝原假设；反之，检验统计量的概率-P 值不小于α时，不能拒绝原假设。

假设检验的基本步骤不仅适用于单个总体的均值推断，也适用于两个总体的均值对比等一系列统计推断问题。对此以后将不再赘述。

6.2.2   大数据案例分析：估计供暖季北京市 PM2.5 浓度的总体均值

供暖季北京市 PM2.5 浓度总体均值的估计问题是典型的单个总体均值的推断问题。

如前所述，有人认为 2016 年北京市供暖季 PM2.5 浓度的总体均值不低于 $95\mu g/m^3$，原假设 H_0: $\mu = \mu_0 \geq 95$，备择假设 H_1: $\mu = \mu_0 < 95$。因无从得知 PM2.5 浓度的总体方差σ^2，所以检验统计量为 t 统计量。设显著性水平$\alpha = 0.05$。具体代码和部分执行结果如下。

```
> MyData<-read.table(file="空气质量.txt",header=TRUE,sep=" ",stringsAs
    Factors=FALSE)
> Data<-subset(MyData,(MyData$date<=20160315|MyData$date>=20161115))
                                                   #仅分析供暖季
> Data<-na.omit(Data)                              #获得完整观测
> t.test(Data$PM2.5,mu=95,alternative="less")  #PM2.5 总体均值的假设检验
    One Sample t-test
data: Data$PM2.5
t = -4.4007, df = 4111, p-value = 5.532e-06
```

```
alternative hypothesis: true mean is less than 95
95 percent confidence interval:
    -Inf 91.21721
sample estimates:
mean of x
 88.9586
```

说明：

① 本例是单侧检验问题，即判断能否推翻原假设 H_0: $\mu = \mu_0 \geqslant 95$。因为只有样本均值小于且远远小于 95 时才可能推翻原假设，拒绝区域在图 6-6 所示分布的左侧，所以是左侧（单侧）检验，通过 alternative="less" 表述。

② 本例 t 检验统计量的观测值为–4.4，概率-P 值为 5.5e-06（5.5×10^{-6}），小于显著性水平 α，应拒绝原假设，接受备择假设，即认为北京市供暖季 PM2.5 的总体均值小于 $95 \mu g/m^3$。

③ 进一步，（–Inf，91.2）为 PM2.5 总体均值，置信度（$1-\alpha$）为 95%的单侧置信区间。–Inf 表示–∞，可知 2016 年北京市供暖季 PM2.5 浓度的总体均值在 $91.2 \mu g/m^3$ 以下。这里，总体均值的单侧置信区间为 $-\infty \sim \bar{X} + t_{\alpha(n-1)} S/\sqrt{n}$。其中，$t_{\alpha(n-1)}$ 为自由度为 $n–1$ 的 t 分布中小于等于 α 的分位值的绝对值，称为 t 统计量的临界值。

6.3　两个总体均值的对比：基于独立样本的常规 t 检验

两个总体均值的对比可基于两个独立样本，也可基于两个配对样本研究。本节讨论基于独立样本的情况。

6.3.1　两个独立样本均值 t 检验的原理和 R 实现

检验的适用数据：来自两个总体的两个独立样本，即在两个总体（设总体 1 和总体 2）中分别独立抽样，所得的两个样本在抽样过程中互不影响。

记两个样本的样本均值分别为 $\bar{X}_1$ 和 $\bar{X}_2$，样本方差分别为 S_1^2 和 S_2^2，样本量分别为 n_1 和 n_2。记 μ_1、μ_2 分别为总体 1 和总体 2 的均值，σ_1^2、σ_2^2 分别为总体 1 和总体 2 的方差。

检验目的：对两个样本来自的两个总体的均值差进行估计。通常，原假设 H_0: $\mu_1-\mu_2=0$，表示两个总体的均值差 $\mu_1 - \mu_2$ 与 0 无显著差异。备择假设 H_1: $\mu_1-\mu_2 \neq 0$。

与 6.2 节讨论的基本原理类似，这里的研究思路是，在原假设成立下（H_0: $\mu_1-\mu_2=0$），计算获得两个样本均值差 $\bar{X}_1 - \bar{X}_2$ 特定值及更极端值的概率，即概率-P 值。显然，在没有关于 $\bar{X}_1 - \bar{X}_2$ 理论分布的前提下无法计算概率-P 值，须关注两个独立样本均值差的分布（抽样分布）。

1. 两个独立样本均值差的抽样分布

两个独立样本均值差的抽样分布是检验的理论基础。理论研究证明，两个独立样本均值差服从正态分布，即 $\bar{X}_1 - \bar{X}_2 \sim N(\mu_1 - \mu_2, \sigma_{\bar{x}_1-\bar{x}_2}^2)$。$\sigma_{\bar{x}_1-\bar{x}_2}^2 = \dfrac{\sigma_1^2}{n_1} + \dfrac{\sigma_2^2}{n_2}$，$\sigma_1^2$、$\sigma_2^2$ 分别为总体 1 和总体 2 的方差。抽样分布示意如图 6-8 所示。

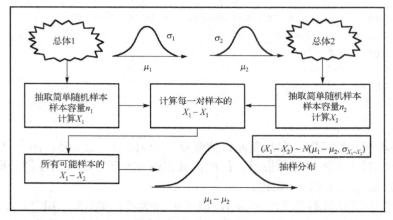

图 6-8　两个样本均值差的抽样分布示意图

通常，两个总体方差σ_1^2 和 σ_2^2 未知。若根据经验得知它们相等时，$\sigma_{\bar{x}_1-\bar{x}_2}^2$ 的理论估计为

$$\sigma_{\bar{x}_1-\bar{x}_2}^2 = \frac{S_p}{n_1} + \frac{S_p}{n_2}, S_p = \frac{(n_1-1)S_1^2 + (n_2-1)S_2^2}{n_1+n_2-2}，S_p 称为合并的方差；当无法确定两个总体方差$$

σ_1^2 和 σ_2^2 是否相等时，$\sigma_{\bar{x}_1-\bar{x}_2}^2$ 的理论估计为 $\sigma_{\bar{x}_1-\bar{x}_2}^2 = \frac{S_1^2}{n_1} + \frac{S_2^2}{n_2}$ 。

利用数据模拟直观验证上述分布是否成立。分两种情况：第一，两个总体方差（σ_1^2 和 σ_2^2）未知且不相等；第二，两个总体方差（σ_1^2 和 σ_2^2）未知且相等。模拟的基本思路是：

① 首先，在两个已知参数的总体中分别进行有放回的随机抽样，得到样本量分别为 n_1 和 n_2 的两个独立样本 X_1 和 X_2。计算两个样本的均值差。这个过程重复 M（这里为 2000）次，可得到 M 个样本均值差。

② 绘制 M 个样本均值差的核密度估计曲线图，并计算 M 个样本均值差的均值 DiffMean，以及均值差的标准差 DiffSd。将 DiffMean 和 DiffSd 作为样本均值差抽样分布中的均值和标准差的估计值。

具体代码如下，模拟结果如图 6-9 所示。

```
> par(mfrow=c(2,1),mar=c(4,4,4,4))
> set.seed(12345)
> Pop1<-rnorm(10000,mean=2,sd=2)      #两个总体方差 σ₁² 和 σ₂² 相等
> Pop2<-rnorm(10000,mean=10,sd=2)
> Diff<-vector()
> Sdx1<-vector()
> Sdx2<-vector()
> for(i in 1:2000){
+   x1<-sample(Pop1,size=100,replace=TRUE)
                               #在总体 1 中做有放回的随机抽样，样本量 100
+   x2<-sample(Pop2,size=120,replace=TRUE)
                               #在总体 2 中做有放回的随机抽样，样本量 120
+   Diff<-c(Diff,(mean(x1)-mean(x2)))   #计算两个样本均值的差
+   Sdx1<-c(Sdx1,sd(x1))
+   Sdx2<-c(Sdx2,sd(x2))
+ }
```

```
> plot(density(Diff),xlab="mean(x1)-mean(x2)",ylab="密度",main="均值差的
    抽样分布(等方差)",cex.main=0.8,cex.lab=0.8)
> points(mean(Diff),sd(Diff),pch=1,col=1)     #添加圆圈表示估计值
> S1<-mean(Sdx1)
> S2<-mean(Sdx2)
> Sp<-((100-1)*S1^2+(120-1)*S2^2)/(100+120-2)
> points((2-10),sqrt(Sp/100+Sp/120),pch=2,col=2)
                                        #添加红色三角形表示理论值
> set.seed(12345)
> Pop1<-rnorm(10000,mean=2,sd=2)        #两个总体方差σ²₁和σ²₂不相等
> Pop2<-rnorm(10000,mean=10,sd=4)
> Diff<-vector()
> Sdx1<-vector()
> Sdx2<-vector()
> for(i in 1:2000){
+  x1<-sample(Pop1,size=100,replace=TRUE)
+  x2<-sample(Pop2,size=120,replace=TRUE)
+  Diff<-c(Diff,(mean(x1)-mean(x2)))
+  Sdx1<-c(Sdx1,sd(x1))
+  Sdx2<-c(Sdx2,sd(x2))
+  }
> plot(density(Diff),xlab="mean(x1)-mean(x2)",ylab="密度",main="均值差的
    抽样分布(不等方差)",cex.main=0.8,cex.lab=0.8)
> points(mean(Diff),sd(Diff),pch=1,col=1)     #添加圆圈表示估计值
> S1<-mean(Sdx1)
> S2<-mean(Sdx2)
> points((2-10),sqrt(S1^2/100+S2^2/120),pch=2,col=2)  #添加红色三角形表示理论值
```

说明：为对比抽样分布中均值和标准差的实际估计和理论估计的差异，在核密度图上添加圆圈，其横纵坐标分别为实际估计的均值和标准差；在核密度图上添加(红色)三角形，其横纵坐标为理论的均值和标准差。若实际估计值和理论值没有差异，则圆圈和三角形应重叠。

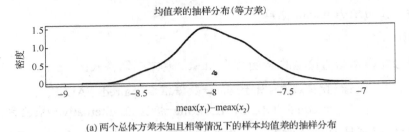

(a) 两个总体方差未知且相等情况下的样本均值差的抽样分布

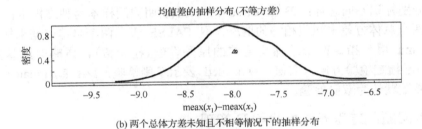

(b) 两个总体方差未知且不相等情况下的抽样分布

图 6-9　样本均值差抽样分布的模拟结果

图 6-9(a) 为两个总体方差未知且相等情况下样本均值差的抽样分布，图 6-9(b) 为两个总体方差未知且不相等情况下的抽样分布。由于两个模拟中的核密度曲线均为对称曲线，因此可直观视为正态分布。同时，两组圆圈和三角形均重合，表明实际估计值与理论值吻合。可见，通过模拟可以直观证明理论成立。

2. 基于两个独立样本均值差的抽样分布计算概率-*P* 值

与单个总体的均值推断类似，这里也须依据抽样分布，计算原假设成立前提下，得到特定的样本均值差及更极端值的概率，即概率-*P* 值。为计算方便，仍须转换到正态分布或 *t* 分布中计算。

转换到正态分布中计算的前提是两个总体方差 σ_1^2 和 σ_2^2 已知，采用 *Z* 统计量：

$$z = \frac{\bar{x}_1 - \bar{x}_2}{\sigma_{\bar{x}_1 - \bar{x}_2}}, \qquad \sigma_{\bar{x}_1 - \bar{x}_2}^2 = \frac{\sigma_1^2}{n_1} + \frac{\sigma_2^2}{n_2}$$

通常，两个总体方差 σ_1^2 和 σ_2^2 未知，应采用 *t* 统计量：$t = \dfrac{\bar{x}_1 - \bar{x}_2}{\sigma_{\bar{x}_1 - \bar{x}_2}}$。在两个总体方差未知且相等情况下，$\sigma_{\bar{x}_1 - \bar{x}_2}^2 = \dfrac{S_p}{n_1} + \dfrac{S_p}{n_2}$, $S_p = \dfrac{(n_1 - 1)S_1^2 + (n_2 - 1)S_2^2}{n_1 + n_2 - 2}$，*t* 统计量服从 $n_1 + n_2 - 2$ 个自由度的 *t* 分布；在两个总体方差未知且不相等情况下，Welch 提出仍可采用 $\dfrac{\bar{x}_1 - \bar{x}_2}{\sigma_{\bar{x}_1 - \bar{x}_2}}$ 作为检验统计量，其中 $\sigma_{\bar{x}_1 - \bar{x}_2} = \sqrt{\dfrac{S_1^2}{n_1} + \dfrac{S_2^2}{n_2}}$。通常称其为 *t* 化统计量（形式类似 *t* 统计量）。Welch 的研究表明，*t* 化统计量是服从 $df = \dfrac{\left(\dfrac{S_1^2}{n_1} + \dfrac{S_2^2}{n_2}\right)^2}{\left(\dfrac{S_1^2}{n_1}\right)^2 \Big/ (n_1 - 1) + \left(\dfrac{S_2^2}{n_2}\right)^2 \Big/ (n_2 - 1)}$ 个自由度的 *t* 分布，可依据 *t* 分布进行决策，这也称为 Welch 调整。

3. R 实现

实现两个独立样本均值检验的 R 函数为 t.test，基本书写格式：

t.test(数值域名~因子, data=数据框名, paired=FALSE,
var.equal=TRUE/FALSE, mu=检验值, alternative=检验方向)

其中，数值域名~因子是 R 公式的表示，数据组织在 data 指定的数据框中。因子只有两个因子水平值，分别标识不同总体；参数 paired=FALSE 表明观测样本为独立样本；var.equal 取 TRUE 表示两个总体方差未知但相等的情况，取 FALSE 表示两个总体方差未知且不相等的情况；参数 mu 用于指定两个总体均值差的原假设值（检验值），省略时默认为 0。参数 alternative 用于指定检验方向，取值：two.sided 表示双侧检验，less 或 greater 表示单侧检验。省略该参数默认为双侧检验。

6.3.2　深入问题：方差齐性检验和 R 实现

应采纳 *t* 统计量还是 *t* 化统计量，取决于两个总体方差是否相等，也称两个总体方差是否齐性。对此，可采用稳健且不依赖总体分布具体形式的 levene's 方差同质性检验。

levene's 方差同质性检验的原假设 H_0：$\sigma_1^2 = \sigma_2^2$，表示两个总体方差无显著差异。备择假设 H_1：$\sigma_1^2 \neq \sigma_2^2$。levene's 方法借助单因素方差分析方法（详见第 7 章）实现，其主要思路如下：

① 对来自两个不同总体的两个样本分别计算样本均值。

② 计算各观测与本组样本均值差的绝对值，得到两个绝对离差样本。

③ 利用单因素方差分析方法，依据 F 统计量的观测值和概率-P 值判断两组绝对离差的均值是否存在显著差异，即判断两组的平均绝对离差是否存在显著差异。如果概率-P 值小于显著性水平 α，应拒绝方差同质性检验的原假设，接受备择假设，认为两个总体方差齐性。反之，如果概率-P 值大于显著性水平 α，则不能拒绝原假设。

R 实现 levene's 方差同质性检验的函数是 car 包中的 leveneTest 函数，基本书写格式：

$$\text{leveneTest（数值型向量, 因子, center=mean）}$$

其中，因子有两个因子水平值，分别标识两个总体；参数 center=mean 表示依据上述基本思路，计算各观测与本组样本均值的绝对离差。事实上，center 还可以取 median，表示计算各观测与本组样本中位数的绝对离差。

6.3.3　大数据分析案例：两个区域美食餐馆人均消费金额是否存在差异

基于五道口和北太平庄区域经营最受欢迎的 10 种主打菜的餐馆评分数据，研究两个区域美食餐馆的人均消费金额是否存在差异。该问题的研究对象是区域和人均消费金额，涉及分类型与数值型两个变量。可以从两个层面分析这个问题：

第一，基于样本层面进行基本分析。即计算两个区域（北太平庄区域和五道口区域）美食餐馆人均消费金额的均值（样本均值，描述统计量），得到两个样本均值的差并做对比。

第二，基于总体层面进行统计推断。即将人均消费金额数据视为来自两个总体（北太平庄区域人均消费总体和五道口区域人均消费总体）的两个随机的独立样本，利用两个样本均值的差，估计两个人均消费金额总体的均值（参数）之差，判断两者之差是否具有统计显著性，本质是一个两个总体均值的对比问题。

原假设 H_0：$\mu_1 - \mu_2 = 0$，备择假设 H_1：$\mu_1 - \mu_2 \neq 0$。设显著性水平 $\alpha = 0.05$。具体代码和执行结果如下。

```
> MyData<-read.table(file="美食餐馆食客评分数据.txt",header=TRUE,sep=" ",
    stringsAsFactors=FALSE)
> barplot(tapply(MyData$cost_avg,INDEX=MyData$region,FUN=mean),
+ ylab="人均消费金额",xlab="区域",ylim=c(0,40),main="两个区域餐馆人均消费的均值")
> box()
> text(1:2,4,round(tapply(MyData$cost_avg,INDEX=MyData$region,FUN=mean),1))
> library("car")
> leveneTest(MyData$cost_avg,factor(MyData$region), center=mean)
Levene's Test for Homogeneity of Variance (center = mean)
      Df F value Pr(>F)
group  1 1.0592  0.304
     415
> t.test(MyData$cost_avg~factor(MyData$region),var.equal=TRUE)
```

```
        Two Sample t-test
data: MyData$cost_avg by factor(MyData$region)
t = 1.2288, df = 415, p-value = 0.2198
alternative hypothesis: true difference in means is not equal to 0
95 percent confidence interval:
 -1.553263  6.734019
sample estimates:
mean in group 北太平庄    mean in group 五道口
           38.78421                 36.19383
```

说明：

① 首先利用表 3-6 的 tapply 分别计算两个区域餐馆人均消费金额的样本平均值，绘制柱形图并在图中标出均值。如图 6-10 所示。

② 北太平庄区域餐馆人均消费金额的样本平均值是 38.8 元，五道口为 36.2 元，两个样本均值差为 2.6 元。

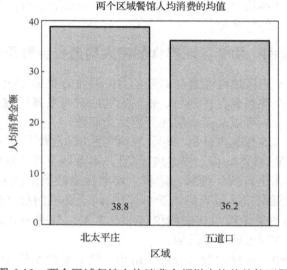

图 6-10　两个区域餐馆人均消费金额样本均值的柱形图

③ 利用两个样本均值之差对两个区域餐馆人均消费金额总体均值之差进行推断。首先进行 levene's 方差同质性检验。检验结果表明：因概率-P 值等于 0.304，大于显著性水平 α，不能拒绝 levene's 方差同质性检验的原假设，即两个总体方差齐性。

④ 利用 t.test 函数设置 var.equal 参数为 TRUE，即在两个总体方差齐性下选择 t 检验统计量。t 统计量的观测值为 1.2，概率-P 值为 0.22。因概率-P 值大于显著性水平 α，不能拒绝原假设，即两个总体均值之差与 0 无显著差异，两个区域餐馆人均消费金额的总体均值没有显著不同，两个样本均值差 2.6 元由抽样误差导致。

⑤ 进一步，两个区域餐馆人均消费金额总体均值差的置信度 $(1-\alpha)$ 为 95%的置信区间为（−1.5，6.7），表示北太平庄与五道口区域餐馆的人均消费金额，最小相差−1.5 元，最大相差 6.7 元。因存在 0 元差的情况，即置信区间跨 0，也印证了两个区域餐馆人均消费金额的总体均值没有显著性差异的结论。

6.4　两个总体均值的对比：置换检验

当样本量较少或者样本中存在极端值时，两个样本均值差的抽样分布可能不再服从前述的正态分布，检验统计量的概率分布也不得而知，无法利用 Z 统计量、t 统计量或 t 化统计量对样本来自的两个总体的均值差进行检验。此时，更为有效的检验方法是以随机化原则为基础的更具稳健性的两个样本均值差的置换检验。

6.4.1　两个独立样本均值差的置换检验原理和 R 实现

1. 基本原理

置换检验(Permutation Test)是基于 Fisher 的"随机化原则"的一种统计检验方法。相对于传统的统计检验方法有明显的优点。它无须分布的前提假设，完全基于样本所包含的信息进行检验。

两个样本均值差的置换检验需要解决的核心问题是，如何在未知抽样分布的条件下，得到检验统计量在原假设成立时的概率分布的估计。其基本思想是，如果两个样本来自的两个总体的均值不存在显著差异(原假设)成立，那么基于观测到的两个独立样本，计算检验统计量的观测值(记为 t_0)并做检验，便无法推翻原假设。此时，如果将两个样本混合起来，然后再随机分开，并基于这两个新样本，也称置换样本，再次计算检验统计量的观测值并做检验，也将得到一致的推断结论。

如果两个样本量分别为 n_1, n_2，从混合样本(样本量为 n_1+n_2)中随机抽取 n_1 个观测组成第一个置换样本，剩余 n_2 个观测组成第二个置换样本，所有可能情况有 $C_{n_1+n_2}^{n_1}$ 种。对每对置换样本都能计算出一个检验统计量的观测值，于是可得到 $C_{n_1+n_2}^{n_1}$ 个检验统计量的观测值 $t_i(i=1,2,\cdots,C_{n_1+n_2}^{n_1})$。这些观测值所形成的分布即原假设成立条件下检验统计量的经验分布，可作为检验统计量概率分布的估计。

于是，依据经验分布可计算在所有检验统计量观测值的绝对值中，大于等于 t_0 绝对值的概率，该概率值称为置换检验 P 值，并根据置换检验 P 值进行统计决策。若置换检验 P 值小于显著性水平 α，则应拒绝原假设，否则无法拒绝原假设。注意，此时的置换检验 P 值是个精确值，所进行的检验为精确置换检验。

当样本量较大时，因 $C_{n_1+n_2}^{n_1}$ 很大，得到 $C_{n_1+n_2}^{n_1}$ 个检验统计量的观测值需要占用大量的计算资源。为提高效率，可根据其渐近分布计算置换检验 P 值。或者，采用蒙特卡洛随机模拟，从所有可能的置换样本对中随机抽取 M 对置换样本。Marozzi 研究表明，当 $C_{n_1+n_2}^{n_1}$ 很大时，M 取 500～1000 即可。显然，这种情况下置换检验 P 值会随置换样本的不同而不同，是一个服从均匀分布 $U(0,1)$ 的随机变量，是 $M=C_{n_1+n_2}^{n_1}$ 时置换检验 P 值的估计值。此时进行的检验是个近似检验。

置换检验不仅适用于两个总体，还可应用于多个总体。

2. R 实现

两个样本均值差的置换检验 R 函数是 coin 包中的 oneway_test 函数。首次使用时应下载安装 coin 包，并将其加载到 R 的工作空间中。oneway_test 的基本书写格式：

oneway_test（数值型域名~因子, data=数据框名, distribution=分布形式）

其中，数据组织在 data 指定的数据框中；distribution 取值：distribution="exact"表示进行精确置换检验，适合样本量较小时；distribution="asymptotic"表示采用渐近分布计算置换检验 P 值；distribution=approximate（B=1000）表示采用蒙特卡洛随机模拟做近似检验，其中 B=1000 表示随机模拟过程重复 1000 次，这个值可以调整。若希望使随机模拟结果能够再现，可利用 set.seed 函数设置随机数种子。

6.4.2　大数据分析案例：利用置换检验对比两个区域美食餐馆人均消费金额的总体均值

原假设 H_0：$\mu_1-\mu_2$=0，表示两个区域美食餐馆人均消费金额的总体均值无显著差异。备择假设 H_1：$\mu_1-\mu_2\neq0$。设显著性水平 α=0.05。具体代码和执行结果如下。

```
> set.seed(12345)
> oneway_test(cost_avg~factor(region),data=MyData,distribution="exact")
        Exact 2-Sample Permutation Test
data:  cost_avg by factor(region) （北太平庄，五道口）
Z = 1.2281, p-value = 0.2222
alternative hypothesis: true mu is not equal to 0
> oneway_test(cost_avg~factor(region),data=MyData,distribution=approximate
  (B=1000))
        Approximative 2-Sample Permutation Test
data:  cost_avg by factor(region) （北太平庄，五道口）
Z = 1.2281, p-value = 0.235
alternative hypothesis: true mu is not equal to 0
```

说明：首先，采用置换的精确检验。置换检验 P 值为 0.22，大于显著性水平 α，不能拒绝原假设，即两个总体均值之差与 0 无显著差异，两个区域餐馆人均消费金额的总体均值没有显著不同。之后，采用蒙特卡洛随机模拟做近似检验，随机模拟过程重复 1000 次。基于 1000 个检验统计量的观测值计算近似的置换检验 P 值，为 0.235，大于显著性水平 α，不能拒绝原假设，即两个区域美食餐馆人均消费金额的总体均值无显著差异。

6.5　两个总体的均值对比：自举法检验

6.5.1　两个独立样本均值差的自举法检验原理和 R 实现

两个样本均值差的置换检验便于检验两个总体均值是否存在显著差异，但对总体均值差的置信区间估计比较困难。通常，置信区间的估计是以样本均值差的抽样分布已知并具对称性为前提的。若无法确保前提成立，就可采用基于重抽样的两个样本均值差的自举法（Bootstrap）检验。

两个样本均值差的自举法检验基于自举样本。首先，在两个样本（伪总体）中分别进行有放回的随机抽样，得到样本量分别为 n_1 和 n_2 的两个独立样本 X_1 和 X_2，称为自举样本；计算两个自举样本的均值差。上述过程重复 M 次，可得到 M 个样本均值差，记为 $D_i(i=1,$ $2, \cdots, M)$；最后，将 M 个 D_i 按升序排序，找到位于 2.5% 和 97.5% 处的分位值，组成的区间即置信度 $(1-\alpha)$ 为 95% 的样本均值差的置信区间。如果 0 未落入该区间内，则应以 5% 的显著性水平拒绝原假设，认为两个总体均值存在显著差异。否则，不能拒绝原假设。

R 实现自举法的函数在 boot 包中，首次使用时应下载安装 boot 包，并加载到 R 的工作空间中。为完成自举法须进行以下几个步骤。

1．编写一个用户自定义函数

该函数的功能依分析目的不同而不同。

例如，对于两个样本均值差的自举法检验，该函数应实现分别计算并返回两个样本的均值差。具体代码：

```
> DiffMean<-function(DataSet,indices){
+ ReSample<-DataSet[indices,]
+ diff<-tapply(ReSample[,1],INDEX=as.factor(ReSample[,2]),FUN=mean)
+ return(diff[1]-diff[2])
+ }
```

说明：

① 本例的用户自定义函数名为 DiffMean。形式参数中的 DataSet 为包含 n 个观测的矩阵，第 1 列为待检验变量（如人均消费金额），第 2 列为观测来自的总体标识（如餐馆区域）。indices 是包含 n 个元素的随机数位置向量，具体取值由 R 决定，它决定了从 DataSet 中随机抽取哪些观测以形成自举样本。

② 函数体中，ReSample<-DataSet[indices,]表示从数据集 DataSet 中抽取由 indices 决定的观测形成自举样本。通常，用户自定义函数中都应有该行语句。

③ 函数体中，diff<-tapply(ReSample[,1], INDEX=as.factor(ReSample[,2]), FUN=mean) 表示以自举样本第 2 列为分组标志，分别计算自举样本第 1 列的均值。

④ 该函数的返回值为两个样本均值之差。

2．调用 boot 函数实现自举法

实现自举法的 R 函数是 boot，基本书写格式：

boot(data=数据集, statistics=用户自定义函数名, R=自举重复次数 M)

其中，数据集的组织形式是 R 的向量、矩阵或者数据框。

3．获得自举法的计算结果

自举法的计算结果存放在一个指定的自举对象中。自举对象为列表，其中较为重要的两个成分名为 t_0 和 t。t_0 是基于原样本计算得到的统计量（这里为样本均值差）。t 是基于自举样本计算得到的 M 个统计量（这里为样本均值差）。

此外，还须调用 boot.ci 函数，获得指定置信度的置信区间，基本书写格式：

boot.ci(自举对象名, conf=置信度, type=置信区间类型)

其中，参数 conf 一般取 0.95；type 取值：perc 表示根据分位值确定置信区间，norm 表示根据正态分布确定置信区间。

6.5.2　大数据分析案例：利用自举法对比两个区域美食餐馆人均消费金额的总体均值

原假设 H_0：$\mu_1-\mu_2=0$，表示两个区域美食餐馆人均消费金额的总体均值无显著差异。备择假设 H_1：$\mu_1-\mu_2\neq0$。设显著性水平 $\alpha=0.05$。具体代码和执行结果如下。

```
> library("boot")
> MyData<-read.table(file="美食餐馆食客评分数据.txt",header=TRUE,sep=" ",
      stringsAsFactors=FALSE)
> Data<-MyData[,c("cost_avg","region")]
> set.seed(12345)
> BootObject<-boot(data=Data,statistic=DiffMean,R=20)
> BootObject$t0                        #原两个样本的均值差
北太平庄
2.590378
> mean(BootObject$t,na.rm=TRUE)        #20 对自举样本均值差的均值
[1] 2.824958
> print(BootObject)
ORDINARY NONPARAMETRIC BOOTSTRAP
Call:
boot(data = Data, statistic = DiffMean, R = 20)
Bootstrap Statistics :
    original   bias    std. error
t1* 2.590378 0.23458    2.549578
> plot(BootObject)                     #绘制自举样本均值差的直方图和 Q-Q 图
> boot.ci(BootObject,conf=0.95,type=c("norm","perc"))
BOOTSTRAP CONFIDENCE INTERVAL CALCULATIONS
Based on 20 bootstrap replicates
CALL :
boot.ci(boot.out = BootObject, conf = 0.95, type = c("norm",
    "perc"))
Intervals :
Level    Normal             Percentile
95%   (-2.641,  7.353 )   (-1.907,  7.758 )
Calculations and Intervals on Original Scale
```

说明：

① 抽取 20 对自举样本，计算得到 20 个自举样本的均值差。

② print(BootObject)表明，原两个样本的均值差为 2.59。基于 20 个自举样本计算的 20 个样本均值差的均值为 mean(BootObject$t, na.rm=TRUE) =2.82，两者相差 0.23。20 个样本均值差的标准差为 2.55。

③ 均值差的 95%的置信区间：基于分位值确定的置信区间为(−1.9, 7.76)，基于正态分布确定的置信区间为(−2.6, 7.35)。因 0 落入置信区间，所以无法拒绝原假设，即两个区域美食餐馆人均消费金额的总体均值无显著差异。

④ plot（BootObject）的图形如图 6-11 所示。

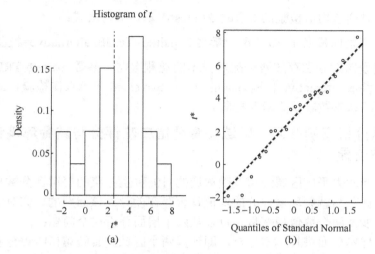

图 6-11　基于自举样本的样本均值差的直方图和正态 Q-Q 图

图 6-11（b）中，中间虚线位置为原两个样本的均值差。基于 20 个自举样本计算得到的样本均值差的直方图显示，均值差并不完全服从正态分布，这点从其 Q-Q 图中也能得到印证。所以不适于采纳根据正态分布确定的置信区间。

6.6　两个总体的均值对比：基于配对样本的常规 t 检验

两个总体均值的对比可基于两个独立样本，也可基于两个配对样本研究。本节讨论基于配对样本的情况。

6.6.1　两个配对样本均值 t 检验的原理和 R 实现

1. 基本原理

检验的适用数据：来自两个总体的两个配对样本，即在两个总体（设总体 1 和总体 2）中配对抽样，所得的两个样本在观测个体上具有一一对应的关系。记两个样本的样本均值分别为 $\bar{X}_1$ 和 $\bar{X}_2$，两个样本的样本量均为 n，S_1^2 和 S_2^2 分别为两个样本的样本方差。

检验目的：对两个配对样本来自的两个总体的均值差进行估计。通常，原假设 H_0：$\mu_1 - \mu_2 = 0$，备择假设 H_1：$\mu_1 - \mu_2 \neq 0$。μ_1、μ_2 分别为总体 1 和总体 2 的总体均值。

两个配对样本均值检验的理论依据是样本均值的抽样分布。由于配对样本中各观测的两个变量值具有一一对应关系，对此，可首先将两个样本以观测为单位做差，得到差值样本；然后，检验差值样本的总体均值与零是否有显著差异。若差值样本的总体均值与零有显著差异，应拒绝原假设，则认为配对样本来自的两个总体的均值存在显著差异；反之，若差值样本的总体均值与 0 无显著差异，则无法拒绝原假设，认为配对样本来自的两个总体的均值没有显著差异。

可见，两个配对样本的均值检验问题，本质是一个差值总体的均值检验问题。所以，与单个总体的均值推断类似，应关注样本（这里是差值样本）均值的抽样分布并采用 t 检验统计量计算概率-P 值。

2．R 实现

实现两个配对样本均值检验的 R 函数为 t.test，基本书写格式：

t.test（数值型向量名 1，数值型向量名 2，paired=TRUE，alternative=检验方向）

其中，两个数值型向量分别存放两个配对样本的观测数据；参数 paired=TRUE 表明观测样本为配对样本。参数 alternative 检验方向的取值：two.sided 表示双侧检验，less 或 greater 表示单侧检验。省略该参数默认为双侧检验。

6.6.2　大数据分析案例：两个区域美食餐馆口味评分与就餐环境评分的均值是否存在差异

基于五道口和北太平庄区域经营最受欢迎的 10 种主打菜的餐馆评分数据，研究两个区域美食餐馆口味评分与就餐环境评分的均值是否存在差异。该问题的研究对象是口味评分和就餐环境评分，涉及两个数值型变量。可以从两个层面分析这个问题：

第一，基于样本层面进行基本分析。即计算两个区域美食餐馆口味评分和就餐环境评分的均值（样本均值，描述统计量），得到两个样本均值的差并做对比。

第二，基于总体层面进行统计推断。即将口味评分和就餐环境评分视为分别来自两个评分总体的随机样本，利用两个样本均值的差，估计两个评分总体均值（参数）的差，判断两者之差是否具有统计显著性，本质是一个基于配对样本的两个总体均值的对比问题。

原假设 H_0：$\mu_1-\mu_2=0$，备择假设 H_1：$\mu_1-\mu_2\neq0$。设显著性水平 $\alpha=0.05$。具体代码和执行结果如下。

```
> MyData<-read.table(file="美食餐馆食客评分数据.txt",header=TRUE,sep=" ",
    stringsAsFactors=FALSE)
> barplot(c(mean(MyData$taste),mean(MyData$environment)),
+ ylab="食客评分",ylim=c(0,25),main="餐馆口味评分和就餐环境评分的均值对比")
> box()
> text(1:2,4,round(c(mean(MyData$taste),mean(MyData$environment)),1))
> axis(1,1:2,c("口味评分","就餐环境评分"))
> t.test(MyData$taste,MyData$environment,paired=TRUE,mu=0)
    Paired t-test
data: MyData$taste and MyData$environment
t = 23.109, df = 416, p-value < 2.2e-16
alternative hypothesis: true difference in means is not equal to 0
95 percent confidence interval:
 2.926921 3.471161
sample estimates:
mean of the differences
          3.199041
```

说明：

① 首先，分别计算两个区域同一批餐馆的口味评分均值和就餐环境评分均值，反映在柱形图中，如图 6-12 所示。其中口味平均得分 22.1 分，就餐环境平均得分 18.9 分，两个样本均值之差为 3.2 分。

② 利用两个配对样本对两个评分总体的均值之差进行推断。利用 t.test 函数设置 paired 参数为 TRUE。t 统计量的观测值为 23.1，概率-P 值小于 2.2e–16($2.2×10^{-16}$)。因概率-P 值小于显著性水平 α，应拒绝原假设，即两个总体均值之差与 0 有显著差异，餐馆口味评分和就餐环境评分的总体均值有显著不同，两个样本均值差 3.2 分，并非抽样误差所致。

③ 进一步，口味评分和就餐环境评分总体均值差的 95% 的置信区间为 (2.9，3.5)，表示口味评分均值大于就餐环境评分，最小相差 2.9 分，最大相差 3.5 分。因置信区间没有跨 0，也印证了餐馆口味评分和就餐环境评分的总体均值有显著差异的结论。

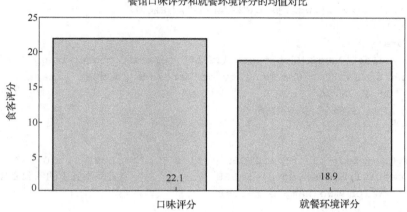

图 6-12　美食餐馆口味评分和就餐环境评分的样本均值

6.7　大数据分析案例综合：北京市空气质量监测数据的均值研究

北京市空气质量监测数据的均值研究问题，主要聚焦在以下三个方面：

第一，估计供暖季北京市 PM2.5 浓度的总体均值，是单个总体的均值推断问题。

第二，研究交通污染监控点和郊区环境评价点，其 PM2.5 浓度总体均值是否存在显著差异，是基于独立样本的两个总体均值的对比问题。其中，交通污染监控点以西直门北为典型代表，定陵作为郊区环境评价点的代表。

第三，研究供暖季和非供暖季北京市 PM2.5 浓度的总体均值是否存在显著差异，是基于配对样本的两个总体均值的对比问题。

6.2 节已经讲解了第一个方面的问题，这里讨论后两个方面。原假设 H_0: $\mu_1-\mu_2=0$，备择假设 H_1: $\mu_1-\mu_2 \neq 0$。设显著性水平 $\alpha=0.05$。具体代码和执行结果如下。

```
> MyData<-read.table(file="空气质量.txt",header=TRUE,sep=" ",stringsAsFactors =
    FALSE)
> Data<-subset(MyData,(MyData$date<=20160315|MyData$date>=20161115))
                                          #仅分析供暖季
> Data<-na.omit(Data)
> Data<-subset(Data,Data$SiteName=="定陵" | Data$SiteName=="西直门北")
> par(mfrow=c(1,2))
> plot(density(Data[Data$SiteName=="西直门北","PM2.5"],na.rm=TRUE), main=
    "两类监测点 PM2.5 浓度分布对比",ylim=c(0,0.01))
```

```
> lines(density(Data[Data$SiteName=="定陵","PM2.5"],na.rm=TRUE),col=2)
> legend("topright",title="监测点",c("西直门北","定陵"),lty=c(1,2), col=
    c(1,2),cex=0.7)
> D1<-Data$PM2.5[Data$SiteName=="西直门北"]
> D2<-Data$PM2.5[Data$SiteName=="定陵"]
> wz<-barplot(c(mean(D1),mean(D2)),main="两类监测点 PM2.5 浓度样本均值对比",
    ylim=c(0,92))
> text(wz[1],5,round(mean(D1),2))
> text(wz[2],5,round(mean(D2),2))
> axis(1,c(wz[1],wz[2]),c("西直门北","定陵"))
> box()
> library("car")
> leveneTest(Data$PM2.5,factor(Data$SiteName), center=mean)     #方差齐性检验
Levene's Test for Homogeneity of Variance (center = mean)
      Df F value  Pr(>F)
group  1 3.8929 0.04966 *
     236
---
Signif. codes:  0 '***' 0.001 '**' 0.01 '*' 0.05 '.' 0.1 ' ' 1
> t.test(D1,D2,var.equal=FALSE)            #方差不齐下的两独立样本 t 检验
        Welch Two Sample t-test
data:  D1 and D2
t = 2.4999, df = 230.169, p-value = 0.01312
alternative hypothesis: true difference in means is not equal to 0
95 percent confidence interval:
  5.51786 46.57953
sample estimates:
mean of x mean of y
 90.87561  64.82691
> MyData<-read.table(file="空气质量.txt",header=TRUE,sep=" ",stringsAs
        Factors=FALSE)
> MyData$flag<-na.omit((MyData$date<=20160315|MyData$date>=20161115))
                               #供暖季和非供暖季标签
> Data<-aggregate(MyData$PM2.5,by=list(MyData$SiteName,MyData$flag), FUN=mean)
                             #对各监测点计算各季的 PM2.5 样本均值
> t.test(Data[Data$Group.2==TRUE,"x"],Data[Data$Group.2==FALSE,"x"], mu=0,
        paired=TRUE)                #配对样本 t 检验
        Paired t-test
data:  Data[Data$Group.2 == TRUE, "x"] and Data[Data$Group.2 == FALSE, "x"]
t = 4.22, df = 14, p-value = 0.0008566
alternative hypothesis: true difference in means is not equal to 0
95 percent confidence interval:
  9.821514 30.123040
sample estimates:
mean of the differences
         19.97228
```

说明：

① 读取空气质量监测数据，利用 subset 函数选取西直门北和定陵两个区域作为交通污染监控点和郊区环境评价点的代表，得到相应的供暖季 PM2.5 浓度监测数据。

② 首先进行描述统计，绘制两类监测点 PM2.5 浓度的核密度图，如图 6-13(a)所示。结果表明，定陵的 PM2.5 浓度整体上低于西直门北。进一步，分别计算两类监测点 PM2.5 浓度的样本均值，反映在柱形图中，如图 6-13(b)所示。结果表明，西直门北供暖季 PM2.5 浓度的平均值为 $90.9\mu g/m^3$，定陵为 $64.8\mu g/m^3$，两个样本均值的差为 26.1。

③ 利用独立样本进行两个总体(交通污染监控点和郊区环境评价点 PM2.5 浓度)的均值对比。方差齐性检验结果表示，因概率-P 值小于显著性水平 α，拒绝方差齐性检验的原假设，认为两个总体方差不齐，应采用 welch 调整的 t 化统计量。t 化统计量的观测值为 $t = 2.45$，概率-P 值=0.01，小于显著性水平 α，拒绝两个区域供暖季 PM2.5 总体均值没有显著差异的原假设。进一步，由 95%的置信区间(5.5，46.6)可知，交通污染检测点 PM2.5 的总体均值高于郊区环境评测点，最小高出 $5.5\mu g/m^3$，最大高出 $46.6\mu g/m^3$，交通污染对 PM2.5 的影响较大。

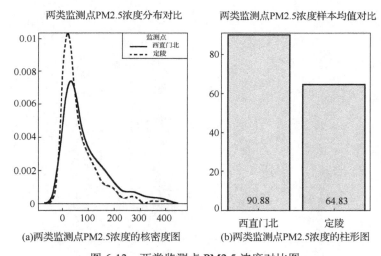

图 6-13　两类监测点 PM2.5 浓度对比图

④ 再次读取空气监测数据并打出供暖季(TRUE)和非供暖季标签(FALSE)。利用 aggregate 函数分别计算各监测点供暖季和非供暖季 PM2.5 的样本均值，得到关于各监测点的两个配对样本。利用配对样本 t 检验，检验两个总体均值是否存在显著差异。结果表明：供暖季的 PM2.5 浓度的均值比非供暖季高出 $19.9\mu g/m^3$，t 检验统计量的观测值= 4.22，概率-P 值近似为 0，小于显著性水平 α，拒绝两个总体均值无显著差异的原假设。由两个总体均值差的 95%的置信区间(9.8，30.1)可知，供暖季 PM2.5 的总体均值显著高于非供暖季，最小高出 $9.8\mu g/m^3$，最大高出 $30.1\mu g/m^3$，冬季供暖燃煤污染对 PM2.5 的影响较大。

6.8　本章涉及的 R 函数

本章涉及的 R 函数如表 6-1 所示。

表 6-1　本章涉及的 R 函数列表

函 数 名	功　　能
t.test（数值域名~因子, data=数据框名, paired=FALSE, var.equal=TRUE/FALSE, mu=检验值, alternative=检验方向）	两个独立样本的均值检验
leveneTest（数值型向量，因子, center=mean）	方差齐性检验
t.test（数值型向量名 1，数值型向量名 2, paired=TRUE，alternative=检验方向）	两个配对样本的均值检验
t.test（数值型向量名, mu=检验值, alternative=检验方向）	单个样本的均值检验
oneway_test（数值型域名~因子, data=数据框名, distribution=分布形式）	两个样本均值差的置换检验
boot（data=数据集, statistics=用户自定义函数名, R=自举重复次数 M）	自举法

第7章 R的方差分析：多个总体均值的对比

本章将在第 6 章的基础上延伸讨论多个总体的均值对比问题。方差分析是解决多个总体均值对比问题的最直接和最有效的方法，属于推断统计的范畴。在讲解方差分析之前，为有助于理解，将首先对第 4 章列出的两个大数据分析案例，围绕其研究问题和目标，讨论多个总体均值对比的应用场景，总结研究出问题的共性和特点，提出方差分析的解决途径。然后，分章节对方差分析的相关理论和案例进行讲解。

7.1 从大数据分析案例看方差分析

7.1.1 美食餐馆食客点评数据分析中的方差分析问题

正如第 4 章所述，基于五道口和北太平庄区域经营最受欢迎的 10 种主打菜的餐馆评分数据，涉及许多分析问题。通过数据基本分析、单个总体均值推断以及两个总体均值对比检验等，已解决了很多问题，但仍有如下尚未探讨解决的若干方面。

第一，不同主打菜餐馆人均消费是否存在显著差异？

该问题的研究对象是人均消费金额和主打菜，核心是分析人均消费金额（数值型变量）是否因主打菜（分类型变量）的不同而不同。解决该问题的思路：首先，将数据按主打菜分组；然后，计算各分组下人均消费金额的样本平均值；进一步，如果将各分组下的数据（人均消费金额）视为来自各自总体（不同主打菜下的人均消费金额总体）的随机样本，则可基于样本均值以对样本来自的各总体的均值进行对比。若各总体均值均不存在显著差异，则意味着美食餐馆的人均消费金额不受多种不同主打菜的影响；否则反之。

所以，该研究涉及一个数值型变量（人均消费金额）和一个多分类型变量（多种主打菜），是一种相关性分析，可采用单因素方差分析法研究。

第二，美食餐馆的人均消费金额是否受区域和主打菜的共同影响？

该问题的研究对象是人均消费金额、区域和主打菜，核心是分析人均消费金额（数值型变量）是否因区域（分类型变量）和主打菜（分类型变量）的不同而不同。解决该问题的思路：首先，将数据按区域和主打菜做交叉分组；然后，计算各交叉分组下人均消费金额的样本平均值；进一步，如果将各交叉分组下的数据（人均消费金额）视为来自各自总体（不同区域和主打菜下的人均消费金额总体）的随机样本，则可基于样本均值对样本来自的各总体的均值进行对比。若各总体均值均不存在显著差异，则意味着美食餐馆的人均消费金额不受不同区域和多种主打菜的影响。否则反之。

所以，该研究涉及一个数值型变量（人均消费金额）和两个多分类型变量（多区域和多种主打菜），是一种相关性分析，可采用多因素方差分析法研究。

7.1.2　北京市空气质量监测数据分析中的方差分析问题

北京市空气质量监测数据分析中同样涉及上述类似的方差分析问题。例如，对比不同类型监测点 PM2.5 浓度总体平均值是否存在显著差异。该问题的研究对象是 PM2.5 浓度（数值型变量）和监测点类型（分类型变量），共有 4 类监测点。解决该问题的思路：首先，将数据按监测点类型分成 4 组；然后，分别计算各组下 PM2.5 浓度的样本平均值；进一步，如果将 4 组数据（PM2.5 浓度）视为来自 4 个总体（4 类监测点）的随机样本，则可基于样本均值对样本来自的各总体的均值进行对比，进而分析不同类型监测点 PM2.5 浓度总体平均值是否存在显著差异。

所以，该研究涉及一个数值型变量（PM2.5 浓度）和一个多分类型变量（4 类监测点），是一种相关性分析，可采用单因素方差分析法研究。

进一步，由于理论上供暖季和非供暖季的 PM2.5 浓度存在差异，PM2.5 浓度与是否供暖有关，所以应在排除是否供暖的影响下，对比 PM2.5 浓度是否在不同监测点有不同，进而分析地理方位或交通环境（体现为不同类型的监测点）等，是否影响 PM2.5 浓度的重要因素。所以，该研究涉及一个数值型变量（PM2.5 浓度）和两个分类型变量（是否供暖季，4 类监测点），是一种相关性分析，可采用双因素方差分析法研究。

综上，方差分析可用于分析一个数值型变量和一个或多个分类型变量的相关性。方差分析中称数值型变量（如人均消费金额、PM2.5 浓度等）为观测变量，分类型变量为控制变量（如餐馆区域、主打菜、空气监测点类型、是否供暖季等），分类型变量的类别或水平值称为控制变量的水平。

方差分析的研究对象是来自控制变量不同水平下，各观测变量总体的多组独立的随机样本。它以观测变量的变差分解入手，通过随机样本，检验控制变量不同水平下观测变量各总体分布是否有显著差异，属假设检验范畴。

进一步，方差分析有两个重要的前提假设：第一，控制变量不同水平下观测变量的总体分布为正态分布；第二，控制变量不同水平下观测变量的总体具有相同的方差（方差齐性）。基于这个假设，方差分析最终的研究即分析控制变量不同水平下，观测变量的总体均值是否存在显著差异，可用于多个独立样本的均值对比。若存在显著差异，则认为控制变量与观测变量有相关性。

只有一个控制变量时的方差分析称为单因素方差分析。有多个控制变量时的方差分析称为多因素方差分析。还有一类称为协方差分析，因与回归分析密切相关，将在第 8 章中讲解。

7.2　多个总体均值的对比：单因素方差分析

7.2.1　单因素方差分析原理和 R 实现

1. 基本原理

单因素方差分析用来研究一个控制变量的不同水平是否对观测变量产生了显著影响。这里，由于仅研究单个因素对观测变量的影响，因此称为单因素方差分析。

例如：分析不同施肥量是否给农作物产量带来显著影响；考察地区差异是否会影响多孩生育率；研究学历对工资收入的影响等。这些问题都可以通过单因素方差分析得到答案。其中，观测变量分别为农作物产量、多孩生育率、工资收入；控制变量分别为施肥量、地区、学历。

若控制变量有 k 个水平，不同水平下各观测变量的总体均值记为 $\mu_1, \mu_2, \cdots, \mu_k$，单因素方差分析的原假设 $H_0: \mu_1 = \mu_2 = \cdots = \mu_k$，即各总体均值同时相等。

单因素方差分析认为：观测变量值的变动（变差）受到控制变量和随机因素两方面的影响。据此，可将观测变量总的离差平方和（用于测度变差）分解为组间离差平方和（Between Groups）与组内离差平方和两部分。数学表述：$SST = SSA + SSE$。SST（Sum Square of Total）为观测变量的离差平方和；SSA（Sum Square of factor A）为组间差离差平方和，是控制变量 A 的不同水平造成变差的测度；SSE（Sum Square of Error）为组内离差平方和，是抽样随机性引起变差的测度。

SST 的数学定义：$SST = \sum_{i=1}^{k} \sum_{j=1}^{n_i} (x_{ij} - \overline{x})^2$。其中，$k$ 为控制变量的水平数；x_{ij} 为控制变量第 i 水平下第 j 个观测值；n_i 为控制变量第 i 水平下的样本量；$\overline{x}$ 为观测变量总的样本均值。SSA 的数学定义：$SSA = \sum_{i=1}^{k} n_i (\overline{x}_i - \overline{x})^2$。其中，$\overline{x}_i$ 为控制变量第 i 水平下观测变量的样本均值。可见，组间离差平方和是各水平均值与总均值离差的平方和，反映了控制变量不同水平对观测变量的影响。SSE 的数学定义：$SSE = \sum_{i=1}^{k} \sum_{j=1}^{n_i} (x_{ij} - \overline{x}_i)^2$。可见，组内离差平方和是每个观测数据与本水平均值离差的平方和，反映了随机抽样导致的观测变量影响。

进一步，单因素方差分析研究 SST 与 SSA 和 SSE 的大小比例关系。容易理解：在观测变量总离差平方和中，如果组间离差平方和相对于组内离差平方和较大，则说明观测变量的变动主要由控制变量引起，可主要由控制变量来解释，控制变量给观测变量带来了显著影响，与观测变量相关；反之，如果组间离差平方和相对于组内离差平方和较小，则说明观测变量的变动不是主要由控制变量引起，不可主要由控制变量来解释，控制变量没有给观测变量带来显著影响，与观测变量无关。

基于上述考虑，可计算 SSA 与 SSE 的比值。但由于总样本量 n 和控制变量水平数 k 都会影响计算结果，为此计算 $F = \dfrac{SSA / (k-1)}{SSE / (n-k)} = \dfrac{MSA}{MSE}$ 以消除影响。其中，MSA 是平均的组间离差平方和，称为组间方差；MSE 是平均的组内离差平方和，称为组内方差。

进一步，可以证明这里的 F，在原假设成立条件下服从 $k-1$ 和 $n-k$ 个自由度的 F 分布，因而称为 F 统计量。可绘制标准正态分布和不同自由度下的 F 分布密度函数曲线，直观了解 F 分布的特点。

```
> set.seed(12345)
> x<-rnorm(1000,0,1)              #1000 个服从标准正态分布的随机数
> Ord<-order(x,decreasing=FALSE)
> x<-x[Ord]
> y<-dnorm(x,0,1)                 #计算在标准正态分布中的概率密度
```

```
> plot(x,y,xlim=c(-1,5),ylim=c(0,2),type="l",ylab="密度",
        main="标准正态分布与不同自由度下的 F 分布密度函数",lwd=1.5)
> df1<-c(10,15,30,100)              #设 F 分布的第 1 个自由度的 4 个可选值
> df2<-c(10,20,25,110)              #设 F 分布的第 2 个自由度的 4 个可选值
> for(i in 1:4){
+   x<-rf(1000,df1[i],df2[i])       #生成服从(df1[i],df2[i])个自由度的 F 分布随机变量
+   Ord<-order(x,decreasing=FALSE)
+   x<-x[Ord]
+   y<-df(x,df1[i],df2[i])          #计算不同自由度的 F 分布中的概率密度
+   lines(x,y,lty=i+1)
+ }
> legend("topright",title="自由度",c("标准正态分布",paste(df1,df2,sep="-")),
         lty=1:5)
```

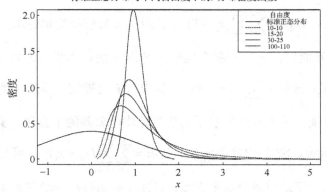

图 7-1   标准正态分布与不同自由度的 F 分布

图 7-1 显示，随着两个自由度的不断增大，F 分布逐渐趋于对称分布。

将数据代入后可计算出 F 统计量的观测值和概率-P 值。不难理解，如果控制变量对观测变量造成了显著影响，则观测变量总的变差中控制变量影响所占的比例相对于随机因素必然较大，F 值显著大于 1；反之，如果控制变量没有对观测变量造成显著影响，则观测变量的变差可归结为随机因素造成的，F 值接近 1。当给定显著性水平 α 后，如果概率-P 值小于显著性水平 α，则应拒绝原假设，认为控制变量不同水平下观测变量各总体的均值存在显著差异，控制变量的不同水平对观测变量产生了显著影响，与观测变量相关；反之，如果概率-P 值大于显著性水平 α，则不应拒绝原假设，认为控制变量不同水平下观测变量各总体的均值无显著差异，控制变量的不同水平对观测变量没有产生显著影响，与观测变量不相关。

2．R 实现

实现单因素方差分析的 R 函数为 aov，基本书写格式：

$$aov（观测变量域名 \sim 控制变量域名, data=数据框名）$$

其中，数据组织在 data 指定的数据框中；控制变量应为因子。aov 函数默认输出组间离差平方和与组内离差平方和及各自的自由度。若要得到包含检验统计量 F 的观测值、概率-P 值

等更多信息的方差分析表，须进一步调用 summary 函数或 anova 函数。anova 函数的基本书写格式：

$$\text{anova}(方差分析结果对象名)$$

7.2.2　深入问题：方差齐性检验和多重比较检验

上述谈及单因素方差分析有两个前提假设：第一，控制变量不同水平下观测变量总体服从正态分布；第二，控制变量不同水平下观测变量总体方差齐性。第一个假设前提一般可以满足，应主要对第二个假设进行方差齐性检验。仍可采用两个独立样本 t 检验中的 levene's 方差同质性检验方法，对控制变量不同水平下观测变量各总体的方差是否方差齐性进行检验。

单因素方差分析的基本分析只能判断控制变量的不同水平是否对观测变量产生了显著影响。如果控制变量确实对观测变量产生了显著影响，进一步还应确定：控制变量的不同水平对观测变量的影响程度有何差异，哪个水平的作用明显有别于其他水平，哪个水平的作用不显著，等等。

尽管该问题可通过两个独立样本 t 检验解决，但由于须进行多次比较（k 个水平两两均值比较须进行 $N = \dfrac{k!}{2!(k-2)!}$ 次比较），会使犯弃真错的概率明显增大。若两个独立样本 t 检验的显著性水平为 α，则做 N 次独立比较后犯弃真错的概率会变为 $1-(1-\alpha)^N$，比 α 大得多。对此可通过多重比较检验解决。最常用的多重比较检验是 LSD 检验。

LSD（Least Significant Difference）检验，称为最小显著性差异法检验。字面体现了其检验敏感性高的特点，即控制变量不同水平间观测变量的均值，仅存在较小差异就能够被检验出来。

LSD 检验将控制变量 k 个水平下观测变量的总体均值做两两对比检验。原假设 $H_0: \mu_i - \mu_j = 0$，即第 i 个总体和第 j 个总体的均值无显著差异。检验统计量为 t 统计量，定义为 $t = \dfrac{(\bar{x}_i - \bar{x}_j) - (\mu_i - \mu_j)}{\sqrt{\text{MSE}\left(\dfrac{1}{n_i} + \dfrac{1}{n_j}\right)}} = \dfrac{\bar{x}_i - \bar{x}_j}{\sqrt{\text{MSE}\left(\dfrac{1}{n_i} + \dfrac{1}{n_j}\right)}}$。其中，MSE 为观测变量的组内方差，$n_i$ 和 n_j 分别为第 i 个和第 j 个水平下的样本量。LSD 检验利用了全部观测数据，不同于两个独立样本的 t 检验。这里，t 统计量服从 n–k 个自由度的 t 分布。

LSD 检验结果可利用 aov 函数获得。aov 函数仅给出了控制变量第二个水平及后续水平下的观测变量均值，与控制变量第一个水平下的观测变量均值的差，即上述 t 统计量的分子部分，结果存储在名为 coefficients 的成分中。

7.2.3　大数据分析案例：利用单因素方差分析对比不同主打菜餐馆人均消费金额的总体均值

该问题的研究对象是人均消费金额和主打菜，核心是分析人均消费金额（数值型变量）是否因主打菜（分类型变量）的不同而不同。可从两个层面研究。

第一，基于样本层面。首先将数据按主打菜做分组，然后计算各分组下人均消费金额的样本平均值。

第二，基于总体层面。如果将各分组下的数据（人均消费金额）视为来自各自总体（不同主打菜人均消费金额总体）的随机样本，则可基于样本均值以对样本来自的各总体的均值进行对比。若各总体均值均不存在显著差异，则意味着美食餐馆的人均消费金额不受不同主打菜的影响。否则反之。

所以，该研究涉及一个数值型变量（人均消费金额）和一个分类型变量（主打菜），是一种相关性分析，可采用单因素方差分析法研究。其中，观测变量为人均消费金额，控制变量为主打菜。原假设 $H_0: \mu_1 = \mu_2 = \cdots = \mu_k$（有 8 种主打菜 $k=8$），表示 8 种主打菜餐馆的人均消费金额的总体均值没有显著差异。显著性水平 $\alpha=0.05$。具体代码和执行结果如下。

```
> MyData<-read.table(file="美食餐馆食客评分数据.txt",header=TRUE,sep=
    " ",stringsAsFactors=FALSE)
> library("gplots")
> tapply(MyData$cost_avg,INDEX=MyData$food_type,FUN=mean)
                            #计算各组的样本均值
      川菜      淮扬菜      火锅     咖啡厅    寿司/简餐    西式简餐      湘菜       小吃
 44.80263 75.66667 47.96875 42.28261 29.25000 40.00000 55.77419 24.21118
> plotmeans(cost_avg~factor(food_type),data=MyData,p=0.95,cex=0.8,
    mean.label=TRUE,use.t=TRUE,xlab="主打菜类型",ylab="人均消费金额的均值",
    main="不同主打菜餐馆人均消费样本均值变化折线图-带 95%置信区间")
> OneWay<-aov(cost_avg~factor(food_type),data=MyData) #单因素方差分析
> anova(OneWay)                              #浏览方差分析表
Analysis of Variance Table
Response: cost_avg
                Df Sum Sq Mean Sq F value    Pr(>F)
factor(food_type)  7  56233  8033.3  24.303 < 2.2e-16 ***
Residuals         409 135192   330.5
---
Signif. codes: 0 '***' 0.001 '**' 0.01 '*' 0.05 '.' 0.1 ' ' 1
> tapply(MyData$cost_avg,INDEX=MyData$food_type,FUN=sd)
                        #计算各组的样本标准差
      川菜      淮扬菜        火锅       咖啡厅    寿司/简餐    西式简餐
18.605390  18.009257  13.042018  24.829788   7.496969  22.098593
      湘菜        小吃
31.295058  13.437545
> library("car")
> leveneTest(MyData$cost_avg,factor(MyData$food_type), center=mean)
                        #各总体方差齐性检验
Levene's Test for Homogeneity of Variance (center = mean)
      Df F value  Pr(>F)
group  7  3.2598 0.00222 **
     409
---
Signif. codes: 0 '***' 0.001 '**' 0.01 '*' 0.05 '.' 0.1 ' ' 1
> par(mfrow=c(2,4),mar=c(4,4,4,4))
> for(i in unique(MyData$food_type)){           #各总体正态性检验
    +T<-subset(MyData,MyData$food_type==i)
 +qqnorm(T$cost_avg,main=paste(i,"人均消费 Q-Q 图"),cex=0.7)
```

```
+qqline(T$cost_avg,distribution = qnorm)
+}
> OneWay$coefficients                          #LSD 检验中 t 统计量的分子
               (Intercept)      factor(food_type)淮扬菜   actor(food_type)火锅
                 44.802632              30.864035                   3.166118
    factor(food_type)咖啡厅 factor(food_type)寿司/简餐  factor(food_type)西式简餐
              -2.520023              -15.552632                   -4.802632
       factor(food_type)湘菜       factor(food_type)小吃
              10.971562               -20.591451
> summary(lm(cost_avg~factor(food_type),data=MyData)) #多重比较检验
Call:
lm(formula = cost_avg ~ factor(food_type), data = MyData)
Residuals:
    Min      1Q   Median      3Q      Max
-37.803 -10.211  -2.211   5.789  149.717
Coefficients:
                           Estimate  Std. Error   t value   Pr(>|t|)
(Intercept)                  44.803       2.085    21.483   < 2e-16***
factor(food_type)淮扬菜       30.864      10.702     2.884   0.00413**
factor(food_type)火锅          3.166       3.084     1.026   0.30528
factor(food_type)咖啡厅       -2.520       3.396    -0.742   0.45852
factor(food_type)寿司/简餐   -15.553       5.648    -2.754   0.00615**
factor(food_type)西式简餐     -4.803       4.257    -1.128   0.25991
factor(food_type)湘菜         10.972       3.875     2.832   0.00486**
factor(food_type)小吃        -20.591       2.530    -8.138   4.88e-15***
---
Signif. codes:  0 '***' 0.001 '**' 0.01 '*' 0.05 '.' 0.1 ' ' 1
Residual standard error: 18.18 on 409 degrees of freedom
Multiple R-squared: 0.2938,   Adjusted R-squared: 0.2817
F-statistic:  24.3 on 7 and 409 DF,  p-value: < 2.2e-16
```

说明：

① 对不同主打菜餐馆的人均消费金额计算样本均值，并绘制均值折线图，如图 7-2 所示。

图中各线段长度表示各总体人均消费金额，置信度 $(1-\alpha)$ 为 95%的置信区间。小吃的置信区间很小，未在图中显示。从样本均值可知，不同主打菜餐馆的人均消费金额的样本均值存在较大差异，淮扬菜的人均消费金额最高(大约 75 元)，小吃最低(大约 24 元)。

绘制附带各总体均值置信区间的样本均值折线图的函数，是 gplots 包中的 plotmeans 函数。首次使用时应下载安装 gplots 包，并将其加载到 R 的工作空间中。plotmeans 函数的基本书写形式：

plotmeans(观测变量域名~控制变量域名, data=数据框名, p=置信度, use.t=TRUE,
　　　　　maxbar=上限最大值, minbar=下限最小值)

其中，数据组织在 data 指定的数据框中；参数 p 用于指定置信度 $(1-\alpha)$，默认为 0.95；use.t=TRUE 表示各总体均值置信区间估计时采用 t 统计量，适用于各总体方差未知的情况；若给定 maxbar 和 minbar 两个参数，在绘制各总体均值的置信区间图时，置信上限大于

指定上限最大值的，替换为上限最大值；置信下限小于下限最小值的，替换为下限最小值。目的是便于在一幅图中更好地展示各个总体均值的置信区间。

② 指定观测变量为人均消费金额，控制变量为主打菜，进行单因素方差分析。

结果表明：人均消费金额总的离差平方和中，能够被主打菜解释的有 56233（组间离差平方和），其余 135192（组内离差平方和）是主打菜无法解释的。组间方差和组内方差分别为 8033.3 和 330.5，两者之比得到 F 检验统计量的观测值为 24.303，相应的概率-P 值小于 $2.2\mathrm{e}{-}16（2.2\times10^{-16}）$。因小于显著性水平 α，应拒绝原假设，认为不同主打菜餐馆的人均消费金额的总体均值不完全相等，人均消费金额的多少与主打菜类型有关。

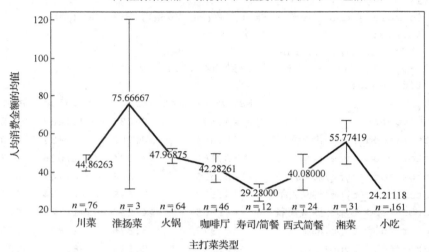

图 7-2   不同主打菜餐馆人均消费金额的样本均值折线图

③ 检验方差分析的前提假设是否成立。

计算各主打菜餐馆人均消费金额的标准差（样本统计量），寿司/简餐馆的人均消费金额标准差最小（7.5 元），湘菜最大（31.3 元）。进一步，利用 levene 检验各总体的方差是否齐性，结果表明各总体方差不齐，方差分析的前提假设不满足。

同时，利用 Q-Q 图对各主打菜餐馆人均消费金额分布的正态性做直观观察，如图 7-3 所示。

图 7-3 表明：并非均近似服从正态分布。与正态分布有较大差异的是寿司/简餐馆的人均消费金额的分布。总之，单因素方差分析的前提假设并不满足。

最终的结论：各主打菜餐馆的人均消费金额的总体分布存在显著差异，不仅均值存在差异，标准差和分布形态均存在差异。

④ 尽管不同主打菜餐馆人均消费金额的总体分布存在显著差异，但并不意味着不存在无分布差异的情况，可进行多重比较检验。

首先，以川菜馆的人均消费金额的均值（44.8 元）为标准，计算其他主打菜餐馆人均消费金额与川菜馆的样本均值之差。结果表明：淮扬菜、火锅、湘菜的人均消费均高于川菜，依次高出 30.9 元、3.2 元和 10.9 元。其余的都低于川菜，如寿司/简餐的人均消费均值，较川菜低了 15.6 元。

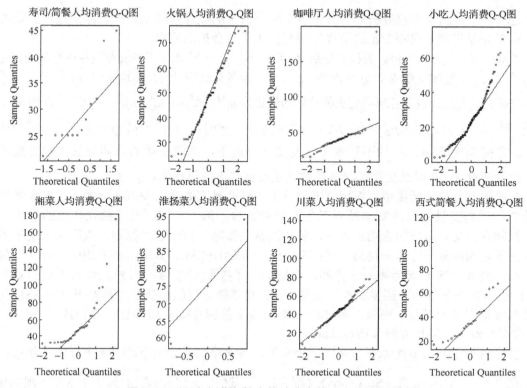

图 7-3　不同主打菜餐馆人均消费金额分布的 Q-Q 图

　　为研究样本均值之差是否具有统计显著性，两两总体均值之间是否存在显著差异，利用 lm 函数得到 LSD 检验的概率-P 值。结果表明：除火锅外，淮扬菜、湘菜人均消费的总体均值显著高于川菜，具有统计显著性。此外，除西式简餐外，寿司/简餐和小吃人均消费的总体均值显著低于川菜，具有统计显著性。火锅和西式简餐的人均消费总体均值与川菜没有显著差异。

7.3　多个总体均值的对比：多因素方差分析

7.3.1　多因素方差分析原理和 R 实现

1. 基本原理

　　考察某个控制变量对观测变量的影响时，控制住其他因素的影响是必要的。例如，前例中，在研究主打菜不同是否对人均消费金额产生影响时，并没有考虑同样也影响着人均消费的其他因素。换言之，人均消费金额可能受到其他因素（控制变量）的影响（如餐馆所在区域等），在不剔除其他因素的情况下，将人均消费的差异仅归结到主打菜上，显然是不合理的。

　　如何对其他影响因素（分类型变量）加以控制，是多因素方差分析所要解决的问题。不仅如此，多因素方差分析还可用于研究多个控制变量的不同水平是否对观测变量产生了显著影响。如果结论表明，多个控制变量的不同水平确实对观测变量产生了显著影响，则可认为观测变量与多个控制变量存在相关性。

　　进一步，多因素方差分析还可分析多个控制变量的交互效应是否对观测变量产生显著影响，从而为寻找利于观测变量的最优控制变量水平组合提供依据。

　　以双因素方差分析为例。若控制变量 A 有 p 个水平，p 个水平下各观测变量的总体均值记为 $\mu_1^A, \mu_2^A, \cdots, \mu_p^A$。控制变量 B 有 q 个水平，q 个水平下各观测变量的总体均值记为 $\mu_1^B, \mu_2^B, \cdots, \mu_q^B$。两个控制变量交叉分组下各观测变量的总体均值记为 $\mu_{11}^{AB}, \mu_{12}^{AB}, \cdots, \mu_{1q}^{AB}, \mu_{21}^{AB}, \cdots, \mu_{pq}^{AB}$。双因素方差分析的原假设 H_0: $\mu_1^A = \mu_2^A = \cdots = \mu_p^A$，$\mu_1^B = \mu_2^B = \cdots = \mu_q^B$，$\mu_{11}^{AB} = \mu_{12}^{AB} = \cdots = \mu_{1q}^{AB} = \mu_{21}^{AB} = \cdots = \mu_{pq}^{AB}$。即控制变量 A、B 的不同水平以及交叉分组下，观测变量的总体均值均没有显著差异，控制变量 A、B 以及交互效应对观测变量没有产生显著影响。

　　与单因素方差分析类似，多因素方差分析的核心是观测变量变差的分解。在多因素方差分析中，观测变量的取值变动受到三个方面的影响：第一，控制变量独立作用的影响；第二，控制变量交互效应的影响；第三，随机因素的影响。基于这个原则，双因素方差分析将观测变量总的离差平方和分解为 SST=SSA+SSB+SSAB+SSE。其中，SST 测度了观测变量总的变差；SSA、SSB 均为离差平方和，分别测度了控制变量 A、B 独立作用引起的变差；SSAB 也为离差平方和，测度了控制变量 A、B 交互效应引起的变差；离差平方和 SSE 测度了随机因素引起的变差。通常，称 SSA+SSB 为主效应(Main Effects)，SSAB 为 N 阶(N-WAY)交互效应，SSE 为剩余(Residual)。

　　设控制变量 A 有 p 个水平，B 有 q 个水平，各水平交叉分组下均有 r 个样本观测值，即样本量均为 r。SSA 定义：$SSA = qr \sum_{i=1}^{p} (\bar{x}_i^A - \bar{x})^2$。其中，$\bar{x}_i^A$ 为因素 A 第 i 个水平下观测变量的样本均值；SSB 定义：$SSB = pr \sum_{i=1}^{q} (\bar{x}_i^B - \bar{x})^2$。其中，$\bar{x}_i^B$ 为因素 B 第 i 个水平下观测变量的样本均值；SSE 定义：$SSE = \sum_{i=1}^{q} \sum_{j=1}^{p} \sum_{k=1}^{r} (x_{ijk} - \bar{x}_{ij}^{AB})^2$。其中，$\bar{x}_{ij}^{AB}$ 是因素 A、B 在水平 i、j 下的观测变量样本均值。于是，交互效应可解释的变差为 $SSAB = SST - SSA - SSB - SSE$。

　　双因素方差分析有三个检验统计量，分别用于检验因素 A、因素 B 及其交互效应是否对观测变量带来显著影响。三个检验统计量分别为：$F_A = \dfrac{SSA / (p-1)}{SSE / pq(r-1)} = \dfrac{MSA}{MSE}$，$F_B = \dfrac{SSB / (q-1)}{SSE / pq(r-1)} = \dfrac{MSB}{MSE}$，$F_{AB} = \dfrac{SSAB / (p-1)(q-1)}{SSE / pq(r-1)} = \dfrac{MSAB}{MSE}$。

　　同理，进行三因素方差分析时，观测变量的变差可分解为 SST=SSA+SSB+SSC+SSAB+SSAC+SSBC+SSABC+SSE。其中，SSAB、SSAC、SSBC 为 2 阶交互效应，SSABC 为 3 阶交互效应。

2. R 实现

　　多因素方差分析的 R 函数为 aov，基本书写格式：

aov(R 公式, data=数据框名)

式中，R 公式应根据多因素方差分析的具体要求而不同。若观测变量记为 y，控制变量记为 A、B、C 等，则常见的 R 公式有如下几种。

- $y \sim A+B$ 表示：忽略控制变量 A、B 的交互效应，仅分析控制变量 A、B 对观测变量的影响。其中，+作为分隔控制变量的分隔符。
- $y \sim A+B+A:B$ 表示：分析控制变量 A、B 对观测变量的影响，以及它们的 2 阶交互效应对观测变量的影响。其中，:表示交互效应。
- $y \sim A*B*C$ 表示：分析控制变量 A、B、C 对观测变量的影响，以及它们的 2 阶和 3 阶交互效应对观测变量的影响。其中，*表示所有可能的交互效用，等价于：$y \sim A+B+C+A:B+A:C+B:C+A:B:C$。
- $y \sim (A+B+C)\wedge 2$ 表示：分析控制变量 A、B、C 对观测变量的影响，以及它们的 2 阶交互效应对观测变量的影响。其中，$\wedge 2$ 表示交互效应为 2 阶，等价于：$y \sim A+B+C+A:B+A:C+B:C$。
- $y \sim .$ 表示：分析除 y 之外的其他全部因素对观测变量的影响。若数据框中包含 y、A、B、C 四个域，$y \sim .$ 等价于：$y \sim A+B+C$。

注意：R 公式~右边控制变量名的排列顺序非常关键。

例如，$y \sim A+B$ 与 $y \sim B+A$ 的建模结果是不同的。原因是，R 默认将列在公式前面的控制变量视为"控制角色"。公式 $y \sim A+B$ 中因素 A 为"控制角色"。此时，R 将首先给出 SSA。因一般认为控制变量（因素 A 和因素 B）之间存在相关性，即 SSA 和 SSB 存在"交集"，后续给出的 SSB 是在原本的 SSB 中扣除了与 SSA"交集"部分后的值，它测度了 SST 中因素 A 无法解释且仅能由因素 B 解释的变差。此时因素 A 作为"控制角色"存在于模型中。后续给出的 SSB 测度了因素 B 对观测变量 y 的"净解释"能力。

7.3.2　大数据分析案例：利用多因素方差分析对比不同主打菜餐馆人均消费金额的总体均值

为更准确地研究经营不同主打菜的餐馆，其人均消费金额是否存在显著不同，应控制区域对价格的影响，采用多因素方差分析。

设显著性水平 α=0.05。代码和执行结果如下。

```
> MyData<-read.table(file="美食餐馆食客评分数据.txt",header=TRUE,sep=
    " ",stringsAsFactors=FALSE)
> Result<-aov(cost_avg~factor(region)+factor(food_type)+factor(region):
    factor(food_type),data=MyData)
> anova(Result)                    #浏览第一张方差分析表
Analysis of Variance Table
Response: cost_avg
```

	Df	Sum Sq	Mean Sq	F value	Pr(>F)
factor(region)	1	694	694.0	2.0798	0.1500
factor(food_type)	7	56073	8010.5	24.0057	<2e-16 ***
factor(region):factor(food_type)	6	515	85.8	0.2571	0.9563
Residuals	402	134144	333.7		

```
---
Signif. codes: 0 '***' 0.001 '**' 0.01 '*' 0.05 '.' 0.1 ' ' 1
> Result<-aov(cost_avg~factor(food_type)+factor(region)+factor(region):
    factor(food_type),data=MyData)
> anova(Result)                    #浏览第二张方差分析表
```

```
Analysis of Variance Table
Response: cost_avg
                                  Df    Sum Sq  Mean Sq F value  Pr(>F)
factor(food_type)                  7     56233   8033.3 24.0742  <2e-16 ***
factor(region)                     1       534    534.1  1.6006  0.2065
factor(food_type):factor(region)  6       515     85.8  0.2571  0.9563
Residuals                        402    134144    333.7
---
Signif. codes:  0 '***' 0.001 '**' 0.01 '*' 0.05 '.' 0.1 ' ' 1
> interaction.plot(MyData$food_type,MyData$region,MyData$cost_avg,type=
    "b",main="区域和主打菜对人均消费的交互效应",xlab="主打菜",ylab="人均消费
    金额的均值")
```

说明：

① 在第一个多因素方差分析中，指定餐馆（因素 A）所在区域（region）为"控制角色"，变量名列在 R 公式的前面，即在控制区域对价格影响的条件下，分析主打菜（因素 B）的不同是否对人均消费金额的总体均值产生影响。同时，考察区域和主打菜是否对人均消费金额的总体均值产生显著的交互作用。

② 第一张方差分析表结果表明：人均消费金额总的离差平方和中，能够被区域解释的离差平方和为 694（SSA），56073 是从 SSB 中扣除与 SSA 的"交集"后的剩余，是人均消费金额离差平方和中区域无法解释且仅能由主打菜"净解释"的离差平方和。区域和主打菜的交互效应能够解释的离差平方和为 515。

③ 在第二个多因素方差分析中，指定主打菜（food_type）为"控制角色"，变量名列在 R 公式的前面，即在控制主打菜对价格影响的条件下，分析区域不同是否对人均消费金额的总体均值产生影响。同时，考察区域和主打菜是否对人均消费金额的总体均值产生显著的交互作用。

④ 结合两张方差分析表可知：未扣除"交集"前的 SSB 等于 56233，"交集"部分 56233−56073=160。694（SSA）−160=534，为从 SSA 扣除"交集"后的离差平方和，是人均消费金额离差平方和中主打菜无法解释且仅能由区域"净解释"的离差平方和。

⑤ 第一张方差分析表显示：区域对应的检验统计量的概率-P 值（0.15）大于显著性水平 α，无法拒绝原假设，即区域不同没有给人均消费金额的总体均值带来显著影响；主打菜对应的检验统计量的概率-P 值（小于 2e-16）小于显著性水平 α，应拒绝原假设，即扣除区域可能对价格产生的影响后，不同主打菜确实导致了人均消费金额总体均值的显著差异；交互效应对应的概率-P 值（0.9563）大于显著性水平 α，无法拒绝原假设，即区域和主打菜没有对人均消费金额产生显著的交互影响效应。第二张方差分析表也给出了相同的分析结论。

⑥ interaction.plot 函数用于绘制交互效应可视化图，如图 7-4 所示。

interaction.plot 函数的基本书写格式：

interaction.plot（因子 1，因子 2，数值型向量，type=线型）

其中，因子 1，因子 2 分别为方差分析中的两个控制变量，数值型向量为观测变量。因子 1 作为图形的横坐标，数值型向量作为纵坐标变量，因子 2 有几个水平，图中就有几条直线。

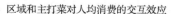

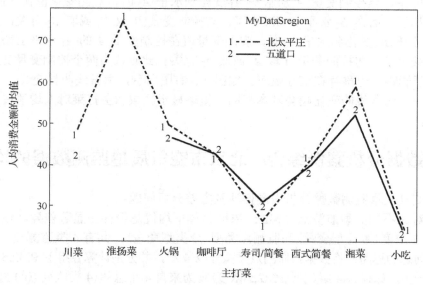

图 7-4 区域和主打菜的交互效应图

以双因素方差分析为例讲解如何解读交互效应可视化图。对交互效应 SSAB 可通过表 7-1 直观理解。

表 7-1(a) 中, 当控制变量 A 从水平 A_1 变化到水平 A_2 时, 观测变量值在控制变量 B 的 B_1、B_2 两个水平上都增加了, 与控制变量 B 取 B_1 或取 B_2 无关; 同理, 当控制变量 B 从水平 B_1 变化到水平 B_2 时, 观测变量值在控制变量 A 的 A_1、A_2 两个水平上都增加了, 与控制变量 A 取 A_1 或取 A_2 无关。此时认为两控制变量交互效应没有对观测变量产生影响, 也称不存在交互效应。如图 7-5 左图所示, 两条线基本平行。

表 7-1 控制变量 A 和 B 的交互效应

(a) 控制变量 A 和 B 无交互效应

	A_1	A_2
B_1	10	15
B_2	15	20

(b) 控制变量 A 和 B 有交互效应

	A_1	A_2
B_1	10	15
B_2	15	10

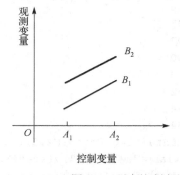

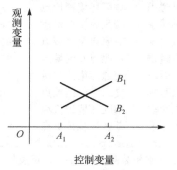

图 7-5 两个控制变量对观测变量的交互效应图

表 7-1(b) 中，当控制变量 A 从水平 A_1 变化到水平 A_2 时，观测变量值在控制变量 B 的 B_1 水平上增加了，而在 B_2 水平上却减少了，与控制变量 B 取 B_1 或取 B_2 有关；同理，当控制变量 B 从水平 B_1 变化到水平 B_2 时，观测变量值在控制变量 A 的 A_1 水平上增加了，而在 A_2 水平上却减少了，与控制变量 A 取 A_1 或取 A_2 有关。此时认为两个控制变量交互效应对观测变量产生了影响，也称存在交互效应。如图 7-5 右图所示，两条线明显交叉。

图 7-4 中，两条线的变化趋势基本相同，粗略显示区域和主打菜对人均消费金额的交互效应不明显。

7.4 大数据分析案例综合：北京市空气质量监测数据的均值研究

北京市空气质量监测数据分析中同样涉及方差分析问题。

例如，对比不同类型监测点 PM2.5 浓度总体平均值是否存在显著差异。该问题的研究对象是 PM2.5 浓度（数值型变量）和监测点类型（分类型变量），共有 4 类监测点。

解决该问题的思路：将数据按监测点类型分成 4 组，并分别计算各组下 PM2.5 浓度的样本平均值；进一步，如果将 4 组数据（PM2.5 浓度）视为来自 4 个总体（4 类监测点的 PM2.5 浓度总体）的随机样本，则可基于样本均值对样本来自的各总体的均值进行对比。进而分析不同类型监测点 PM2.5 浓度总体平均值是否存在显著差异。这是单因素方差分析问题。

进一步，理论上供暖季和非供暖季的 PM2.5 浓度存在差异，PM2.5 浓度与是否供暖有关。在排除是否供暖的影响下，对比 PM2.5 浓度是否在不同监测点有不同，进而分析地理位置或交通环境（体现为不同类型的监测点）等，是否影响 PM2.5 浓度的重要因素。应采用多因素方差分析。

设显著性水平 $\alpha=0.05$。具体代码和执行结果如下。

```
> MyData<-read.table(file="空气质量.txt",header=TRUE,sep=" ",stringsAsFactors=FALSE)
> MyData$flag<-na.omit((MyData$date<=20160315|MyData$date>=20161115))
                                                    #打出供暖季标签
> MyData$flag<-factor(MyData$flag,labels=c("非供暖季","供暖季"))
> Data<-na.omit(MyData)
> (aggregate(Data[,"PM2.5"],by=list(Data$flag,Data$SiteTypes),FUN=mean,
     na.rm=TRUE))
   Group.1        Group.2            x
1 非供暖季     城区环境评价点     68.60374
2   供暖季     城区环境评价点     86.00295
3 非供暖季     对照点及区域点     62.82597
4   供暖季     对照点及区域点     97.99090
5 非供暖季     交通污染监控点     74.31123
6   供暖季     交通污染监控点     94.44052
7 非供暖季     郊区环境评价点     63.39444
8   供暖季     郊区环境评价点     83.98534
> interaction.plot(Data$SiteTypes,Data$flag,Data$PM2.5,type="b",main="
    不同季和监测点的 PM2.5 浓度均值图",xlab="监测点类型",ylab="PM2.5 浓度均值")
> Result<-aov(PM2.5~flag+factor(SiteTypes)+flag:factor(SiteTypes),data=Data)
> anova(Result)
```

```
Analysis of Variance Table
Response: PM2.5
                          Df    Sum Sq    Mean Sq   F value    Pr(>F)
flag                       1   1361953    1361953  322.2936   < 2.2e-16 ***
factor(SiteTypes)          3    140904      46968   11.1146   2.784e-07 ***
flag:factor(SiteTypes)     3    114968      38323    9.0687   5.405e-06 ***
Residuals              12263  51821162       4226
---
Signif. codes:  0 f'***' 0.001 '**' 0.01 '*' 0.05 '.' 0.1 ' ' 1
> Result<-aov(PM2.5~factor(SiteTypes)+flag+flag:factor(SiteTypes),
         data=Data)
> anova(Result)
Analysis of Variance Table
Response: PM2.5
                          Df    Sum Sq    Mean Sq   F value    Pr(>F)
factor(SiteTypes)          3    151161      50387   11.9236   8.581e-08 ***
flag                       1   1351696    1351696  319.8664   < 2.2e-16 ***
factor(SiteTypes):flag     3    114968      38323    9.0687   5.405e-06 ***
Residuals              12263  51821162       4226
---
Signif. codes:  0 '***' 0.001 '**' 0.01 '*' 0.05 '.' 0.1 ' ' 1
```

说明:

① 对是否为供暖季给出逻辑型标签 flag, TRUE 表示供暖季, FALSE 表示非供暖季。利用 factor 函数指定 flag 为因子且指定因子水平值对应的文字标签。

② 利用 aggregate 函数计算不同季和不同监测点的 PM2.5 浓度均值。

结果显示: 城区环境评价点 PM2.5 浓度样本均值在非供暖季为 68.6, 供暖季为 86.0; 交通污染监控点 PM2.5 浓度样本均值在非供暖季为 63.4, 供暖季为 83.9; 等等。图 7-6 给出了可视化图形。供暖季 PM2.5 浓度样本均值的折线均在非供暖季之上。该图也是两个控制变量是否存在交互效应的直观体现, 因两条折线的整体走势不尽相同, 粗略判断存在交互效应。可进一步依据双因素方差分析表做准确判断。

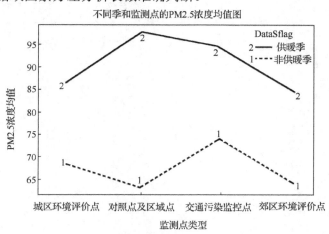

图 7-6 不同季和监测点的 PM2.5 浓度样本均值折线图

③ 利用双因素方差分析研究，得到是否供暖季和监测点类型分别作为“控制角色”下的两张方差分析表。

结果表明：PM2.5 浓度的总的离差平方和中，是否供暖季可解释的部分 (SSA) 为 1361953，监测点类型可解释的部分 (SSB) 为 151161，两者交互效应可解释的部分 (SSAB) 为 114968，无法解释的剩余 (SSE) 为 51821162。因各控制变量检验统计量观测值对应的概率-P 值，均小于显著性水平 α，应拒绝原假设，各总体 PM2.5 均值存在显著差异，供暖、地理方位或交通环境 (体现为不同类型的监测点)，以及它们的交互效应等，都是影响 PM2.5 浓度的重要因素。

7.5　本章涉及的 R 函数

本章涉及的 R 函数如表 7.2 所列。

表 7.2　本章涉及的 R 函数列表

函 数 名	功　能
aov(观测变量域名~控制变量域名, data=数据框名)	单因素方差分析
anova(方差分析结果对象名)	输出方差分析表
plotmeans(观测变量域名~控制变量域名, data=数据框名, p=置信水平, use.t=TRUE, maxbar=上限最大值, minbar=下限最小值)	绘制各总体均值变化的折线图以及各总体均值的置信区间图
qqnorm(数值型向量名)	绘制关于正态分布的 Q-Q 图
qqline(数值型向量名, distribution = qnorm)	在 Q-Q 图上添加正态分布的基准线
aov(R 公式, data=数据框名)	多因素方差分析
interaction.plot(因子 1, 因子 2, 数值型向量, type=线型)	多因素交互效应的可视化

第 8 章　R 的线性回归分析：对数值变量影响程度的度量和预测

第 5 章讨论了测度变量间相关关系强弱的方法，若变量间存在较强的相关关系，后续还须进一步量化影响的具体数值。回归分析正是这样一种应用极为广泛的数量分析方法，用于分析事物之间的相关性，侧重考察变量之间的数量变化规律，并通过回归方程的形式描述和反映这种关系，帮助人们准确把握一个变量受其他一个或多个变量影响的方向和程度。

8.1　从数据分析案例看线性回归分析

8.1.1　美食餐馆食客点评数据分析中的回归分析问题

正如第 5 章所述，基于五道口和北太平庄区域经营最受欢迎的 10 种主打菜餐馆的食客评分数据，分析发现美食餐馆食客各打分之间、打分与人均消费之间存在不同程度的相关性，表现为样本相关系数有的较高，有的较低。例如，平均打分与口味打分间的样本相关系数为 0.7，与人均消费之间的样本相关系数仅为 0.18 等。

如果将研究问题定位在如何提高平均打分上，则须进一步度量诸如口味等细项打分的提高（或降低），将给平均打分带来多少提升（或下降）。通过量化各细项打分、人均消费对平均打分的数量影响关系，找到影响平均打分的关键性因素，为制订提高平均打分的有效管理决策服务。

这个问题可以通过线性回归分析解决。

8.1.2　北京市空气质量监测数据分析中的回归分析问题

第 5 章大数据分析案例综合研究发现，基于北京市空气质量监测数据，PM2.5 浓度受诸多因素的影响，尤其与 CO、NO_2 等呈显著的正相关性，而且在不同类型的监测点上也表现出了近似的相关性。

如果将研究问题定位在如何降低 PM2.5 浓度上，则须进一步度量诸如 CO、NO_2 等其他污染物浓度的降低（或提高），将使 PM2.5 浓度降低（或提高）多少，通过量化其他污染物浓度对 PM2.5 的数量影响关系，找到降低 PM2.5 浓度的关键性因素。

这个问题可以通过线性回归分析解决。

8.1.3　线性回归分析的一般步骤

线性回归分析能够很好地解决上述大数据分析问题，其一般步骤如下。

第一步，确定被解释变量和解释变量。

回归分析用于分析一个事物如何受其他事物的变化而变化，因此回归分析的第一步应确定被关注的那个事物(变量)，以及哪几个事物可能对被关注的那个事物带来影响。回归分析中称前者为被解释变量(记为 y)，称后者为解释变量(记为 x)。

例如，美食餐馆食客点评数据分析中，平均打分应为被解释变量，服务质量、就餐环境等细项打分、人均消费金额等为解释变量。再如，北京市空气质量监测数据分析中，PM2.5 为被解释变量，CO、NO_2 等其他污染物浓度为解释变量。通常，被解释变量只有一个，解释变量可以有多个。

第二步，确定回归模型。

观察被解释变量和解释变量的散点图，确定应通过哪种数学模型概括它们之间的影响关系。如果被解释变量和解释变量之间存在线性关系，则应进行线性回归分析，选择线性回归模型，建立线性回归方程；反之，如果被解释变量和解释变量之间存在非线性关系，则应进行非线性回归分析，选择非线性回归模型，建立非线性回归方程。本书只讨论线性回归分析。

例如，观察美食餐馆打分矩阵散点图，如图 8-1 所示，发现平均打分(score_avg)与其他细项打分、人均消费金额(cost_avg)间均呈现出不同程度的线性关系，可以考虑借助线性回归模型进行线性回归分析。

美食餐馆打分和人均消费相关系数矩阵散点图

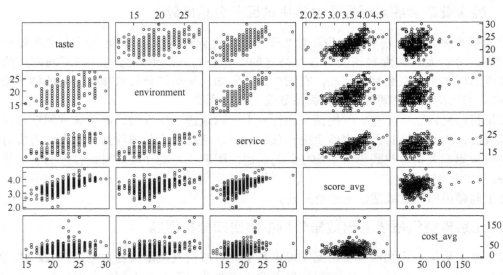

图 8-1   各种打分和人均消费金额的矩阵散点图

第三步，建立回归方程。

根据收集到的样本数据以及第二步所确定的回归模型和回归方程，在一定的统计拟合准则下，估计回归方程中的未知参数，得到回归方程的估计，也称为经验回归方程。

第四步，回归方程的检验。

由于经验回归方程是基于样本数据估计得到的，它是否真实地反映了事物总体间的统计关系，可否作为回归方程的良好估计，都需要做各种统计检验。

第五步，回归方程的应用。

建立回归方程的目的之一，是利用回归方程揭示事物之间的相互影响关系。此外，回归方程的另外一个重要应用，是根据回归方程对事物的未来发展趋势进行预测。回归方程对样本数据有理想的拟合效果，是未来获得良好预测精度的保障。

总之，回归分析包罗万象、博大精深。例如，被解释变量可以是数值型变量，也可以是分类型变量。解释变量可以均为数值型变量，也可以有分类型变量，等等。本章将仅讨论被解释变量为数值型变量的情况。

8.2　建立回归方程

8.2.1　线性回归模型和线性回归方程

线性回归分析中的线性回归模型为 $y = \beta_0 + \beta_1 x_1 + \beta_2 x_2 + \cdots + \beta_p x_p + \varepsilon$。当 $p=1$ 时，该模型称为一元线性回归模型；当 $p \geq 2$ 时，该模型称为多元线性回归模型。

线性回归模型表明：被解释变量 y 的变化可由两部分解释。第一，由 p 个解释变量 x 变化引起的 y 的线性变化部分，即 $y = \beta_0 + \beta_1 x_1 + \beta_2 x_2 + \cdots + \beta_p x_p$；第二，由其他随机因素引起的 y 的变化部分，即 ε。其中，$\beta_0, \beta_1, \beta_2, \ldots, \beta_p$ 为模型中的未知参数，统称为回归系数；ε 为误差项，是给定 $\boldsymbol{x}=(x_1, x_2, \cdots, x_p)$ 条件下服从正态分布的独立随机变量，且 $\begin{cases} E(\varepsilon) = 0 \\ \mathrm{var}(\varepsilon) = \sigma^2 \end{cases}$，即 ε 期望为 0，方差为一个常数。

建立线性回归模型的重要目的：研究给定 $\boldsymbol{x}=(x_1, x_2, \cdots, x_p)$ 条件下，y 有怎样的平均取值水平。为此，计算给定 $\boldsymbol{x}=(x_1, x_2, \cdots, x_p)$ 条件下 y 的期望：$E(y|\boldsymbol{x}) = \beta_0 + \beta_1 x_1 + \beta_2 x_2 + \cdots + \beta_p x_p$，称为线性回归方程。可见，只要能够计算出线性回归方程中的回归系数，就能够确定 $\boldsymbol{x}$ 和 y 的真实数量关系。

遗憾的是，由于人们只能获得关于 $\boldsymbol{x}$ 和 y 的一个随机样本，并且只能基于这个样本计算回归系数，所以得到的仅仅是回归系数的估计值，记作 $\hat{y} = \hat{\beta}_0 + \hat{\beta}_1 x_1 + \hat{\beta}_2 x_2 + \cdots + \hat{\beta}_p x_p$，称为经验回归方程。经验回归方程中，若回归系数的估计值为正，表示解释变量与被解释变量间存在正的相关关系。若回归系数的估计值为负，表示解释变量与被解释变量间存在负的相关关系。

从几何意义上看，一元线性回归方程表示的是二维平面上的一条直线，即回归直线。其中，$\hat{\beta}_0$ 为回归直线的截距；$\hat{\beta}_1$ 为回归直线的斜率，表示解释变量 x 变动一个单位所引起的被解释变量 y 的平均变动。多元线性回归方程表示的是 $p+1$ 维空间上的一个超平面，即回归平面。其中 $\hat{\beta}_i$ 表示当其他解释变量保持不变时，x_i 每变动一个单位所引起的被解释变量 y 的平均变动。

说明：线性回归模型和线性回归方程的概念不同，但因实际应用中两个称谓并不做严格区分，所以后续也采用惯例称谓。

8.2.2　线性回归方程的参数估计和 R 实现

确定回归方程的基本形式之后的任务，是依据样本数据估计方程中的未知参数。通常，需要依据一定的统计准则，基于样本数据，计算经验回归方程的截距和斜率，并将其作为回归方程未知参数的估计值。这里涉及的问题是：应按照怎样的统计准则得到经验回归方程的截距和斜率。

1. 普通最小二乘估计

在线性回归分析中，最常用的统计准则是普通最小二乘准则，由此得到的参数估计称为普通最小二乘估计（OLSE，Ordinary Least Square Estimation）。

最小二乘的基本出发点：使每个观测点 (x_i, y_i) 与回归平面上的对应点 $(x_i, E(y_i|x_i))$，在垂直方向上偏差距离的总和最小。而偏差距离定义为离差的二次方，即 $(y_i - E(y_i|x_i))^2$。于是，垂直方向上所有观测的偏差距离的总和，即离差平方和，记为 Q。

最小二乘估计求解在 Q 最小时参数 β_i 的估计值 $\hat{\beta}_i$，数学表述：$Q(\hat{\beta}_0, \hat{\beta}_1, \hat{\beta}_2, ..., \hat{\beta}_p) =$

$$\sum_{i=1}^{n}(y_i - \hat{\beta}_0 - \hat{\beta}_1 x_{i1} - \hat{\beta}_1 x_{i2} - \cdots - \hat{\beta}_1 x_{ip})^2 = \min_{\beta_0, \beta_1, \beta_2, ..., \beta_p} \sum_{i=1}^{n}(y_i - \beta_0 - \beta_1 x_{i1} - \beta_1 x_{i2} - \cdots - \beta_1 x_{ip})^2$$，其中 n

为样本量。

通过求极值的原理和解方程组，很容易得到经验回归方程：

$$\hat{y} = \hat{\beta}_0 + \hat{\beta}_1 x_1 + \hat{\beta}_2 x_2 + \cdots + \hat{\beta}_p x_p$$

2. R 实现

得到回归方程普通最小二乘估计的 R 函数是 lm，基本书写格式：

$$\text{lm(R 公式, data=数据框名)}$$

其中，数据组织在 data 指定的数据框中。默认剔除不完整观测。R 公式与第 7 章的多因素方差分析相同，～前为被解释变量，～后为解释变量，多个解释变量间以不同符号分隔。这些符号的含义如表 8-1 所示。

表 8-1　lm 函数中的 R 公式

符　号	含　义
～	～前为被解释变量，～后为解释变量
+	分隔多个解释变量。如 y～x1+x2，表示分析 y 如何受到 x1 和 x2 的线性影响
:	两个解释变量的交互效应。如 y～x1+x2+x1:x2，表示分析 y 如何受到 x1,x2 以及 x1 和 x2 的交互效应的线性影响
*	解释变量交互效应的简捷表示。如 y～x1*x2*x3 等同于 y～x1+x2+x3+x1:x2+x1:x3+x2:x3+x1:x2:x3
^	解释变量的交互效应到达指定阶数。如 y～(x1+x2+x3)^2 等同于 y～x1+x2+x3+x1:x2+x1:x3+x2:x3
.	解释变量是数据框中除被解释变量之外的其他所有变量。如数据框包含 y,x1,x2,x3，y～.等同于 y～x1+x2+x3
−	剔除指定的解释变量。如 y～(x1+x2+x3)^2−x2:x3 等同于 y～x1+x2+x3+x1:x2+x1:x3
−1	剔除截距项，建立不包含常数项的回归模型
I()	从数学角度计算公式。如 y～I((x1+x2)^2)表示建立 y 关于 z 的回归模型，z 等于 x1,x2 的平方和
函数名	R 公式中的各项可以包含函数。如 log(y)～x1+x2+x3，被解释变量为 y 的自然对数

8.2.3　大数据分析案例：建立美食餐馆食客评分的线性回归模型

基于五道口和北太平庄区域经营最受欢迎的 10 种主打菜的餐馆食客评分数据，将研究问题定位在如何提高平均打分上，即分析诸如口味等细项打分的提高（或降低）将给平均打分带来多少提升（或下降），量化各细项打分、人均消费对平均打分的数量影响关系，进而找到提高平均打分的关键性因素。

采用线性回归分析研究这个问题。其中，平均打分为被解释变量，其他各细项打分，人均消费金额为解释变量。

因图 8-1 显示变量间存在不同程度的线性关系，所以确定模型为多元线性回归模型，即 $score\_avg = \beta_0 + \beta_1 taste + \beta_2 enviroment + \beta_3 service + \beta_4 \cos t\_avg + \varepsilon$。于是，多元线性回归方程为 $E(score\_avg) = \beta_0 + \beta_1 taste + \beta_2 enviroment + \beta_3 service + \beta_4 \cos t\_avg$，经验回归方程为 $score\_av\hat{g} = \hat{\beta}_0 + \hat{\beta}_1 taste + \hat{\beta}_2 enviroment + \hat{\beta}_3 service + \hat{\beta}_4 \cos t\_avg$。获得最小二乘估计，具体代码和执行结果如下。

```
> MyData<-read.table(file="美食餐馆食客打分数据.txt",header=TRUE,sep=
    " ",stringsAsFactors=FALSE)
> model<-lm(score_avg~taste+environment+service+cost_avg,data=MyData)
                            #采用最小二乘估计
> coefficients(model)       #浏览回归系数
  (Intercept)        taste   environment       service      cost_avg
 0.9335649063  0.0821012876  0.0041528621  0.0377048810 -0.0006625428
```

说明：

① 本例的线性回归分析结果保存到名为 model 的 R 线性回归分析结果对象中。

lm 函数的返回值是一个包含多个成分的列表，各成分分别存储着线性回归分析的各种分析结果。可通过"列表名\$成分名"直接访问成分，浏览相应的分析结果，也可借助特定的函数来访问。这些函数后续将逐一介绍。

这里，首先关注的是经验回归方程中的截距和斜率，采用的特定函数是 coefficients，基本书写格式：

$$coefficients（回归分析结果对象名）$$

② 经验回归方程为

$$score\_av\hat{g} = 0.93 + 0.08 taste + 0.004 enviroment + 0.038 service - 0.0007 \cos t\_avg$$

经验回归方程表示，平均打分与口味打分、就餐环境打分、服务质量打分均呈正的线性关系，与人均消费金额呈负的线性关系。回归系数 0.08 的含义是，在就餐环境、服务质量打分以及人均消费金额不变的情况下，口味打分每提高 1 分将使平均打分平均提高 0.08 分。其他同理。

8.3　回归方程的检验

在怎样的情形下，经验回归方程的截距和斜率可作为回归方程未知参数的估计值，须通过参数检验给出答案。为此，应重新回到回归分析的起始点：选择线性回归模型是否合理？

例如，对于美食餐馆打分问题，以上经验回归方程所反映的平均打分与其他因素的数量变化关系在总体中是真实存在的吗？选择这个线性回归模型是合理的吗？

选择线性回归模型是否合理，取决于解释变量和被解释变量之间的线性关系是否真实存在。因分析的基础是样本数据，且有抽样随机性的存在，样本体现出的解释变量和被解释变量间的线性关系，在总体中也许并不显著，此时选择线性回归模型显然不合理。反之，若样本体现出的解释变量和被解释变量间的线性关系，在总体中显著，即线性关系在总体中真实存在，则选择线性回归模型就是合理的。

所以，检验的核心任务是：解释变量全体是否与被解释变量呈显著的线性关系，进行的检验称为回归方程的显著性检验；每个解释变量是否与被解释变量呈显著的线性关系，进行的检验称为回归系数的显著性检验。

8.3.1　回归方程的显著性检验

回归方程的显著性检验是要检验被解释变量与解释变量全体之间的线性关系是否显著，用线性模型描述它们之间的关系是否恰当。

检验的原假设 H_0 为各回归系数同时与零无显著差异，记为 H_0：$\beta_1 = \beta_2 = \cdots = \beta_p = 0$。当回归系数同时为 0 时，无论各个 x_i 取值如何变化都不会引起 y 的线性变化，解释变量全体无法解释 y 的线性变化，y 与解释变量全体的线性关系不显著。

接下来的问题是：确定怎样的检验统计量？其基本出发点是从对被解释变量 y 取值变化的成因分析入手。

正如线性回归方程所体现的那样，y 的总离差平方和定义为 $\sum_{i=1}^{n}(y_i - \overline{y})^2$，记为 SST（Sum Square of Total），主要由两方面原因导致：一是解释变量 x 取值不同造成的，二是其他随机因素造成的。由于线性回归方程反映的是解释变量 x 不同取值变化对被解释变量 y 的线性影响，本质上揭示的是第一个原因，由此导致的 y 的离差平方和称为回归平方和，定义为 $\sum_{i=1}^{n}(\hat{y}_i - \overline{y})^2$，记为 SSR（Sum Square of Regression）；由随机因素引起的 y 的离差平方和通常被称为误差平方和，定义为 $\sum_{i=1}^{n}(y_i - \hat{y}_i)^2$，记为 SSE（Sum Square of Error）。当误差项 ε 与解释变量独立时有 $\sum_{i=1}^{n}(y_i - \overline{y})^2 = \sum_{i=1}^{n}(\hat{y}_i - \overline{y})^2 + \sum_{i=1}^{n}(y_i - \hat{y}_i)^2$，即 SST=SSR+SSE。

与第 7 章的方差分析思路一致，可计算 SSR/SSE 的比值。又因该比值受解释变量个数 p 和样本量 n 的影响，为消除影响，应计算统计量 F：

$$F = \frac{\text{SSR} / p}{\text{SSE} / (n-p-1)} = \frac{\sum_{i=1}^{n}(\hat{y}_i - \overline{y})^2 / p}{\sum_{i=1}^{n}(y_i - \hat{y}_i)^2 / (n-p-1)}$$

在原假设成立的前提下，统计量 F 服从（p，n–p–1）个自由度的 F 分布。

将样本数据代入可计算得到统计量 F 的具体取值，即 F 统计量的观测值。直观上，如果 F 统计量的观测值很大，则意味着 SST 中 SSR 所解释的部分相对 SSE 大得多，即回归方程体现的 x 对 y 的线性影响导致的离差，在被解释变量总的离差中占很大部分，表明被解释变量和解释变量存在显著的线性关系。

至于 F 统计量的观测值大到什么程度才可得出这样的结论，取决于原假设成立前提下

F 统计量的分布，以及由此计算出的概率-P 值。如果概率-P 值小于显著性水平 α，则应拒绝原假设，认为回归系数不同时为零，被解释变量 y 与解释变量全体的线性关系显著，选择线性回归模型描述是合理的；反之，如果概率-P 值大于显著性水平 α，则不能拒绝回归系数同时为零的原假设，认为被解释变量 y 与解释变量全体的线性关系不显著，选择线性回归模型是不合理的。

8.3.2　回归系数的显著性检验

回归方程的显著性检验只能告知被解释变量与解释变量全体之间是否存在显著的线性关系。即使拒绝原假设，回归方程中仍可能存在对被解释变量没有显著线性影响的解释变量。对此，须对回归方程中的每个解释变量，逐个判断是否与被解释变量间存在显著的线性关系，它们是否应保留在回归方程中。

回归系数显著性检验的原假设 $H_0: \beta_i = 0$ $(i=1,2,\cdots,p)$。当回归系数 β_i 为 0 时，无论 x_i 取值如何变化都不会引起 y 的线性变化，x_i 无法解释 y 的线性变化，它们之间不存在线性关系，不应保留在回归方程中。

因须通过 $\hat{\beta}_i$ 对 β_i 进行检验，所以须关注 $\hat{\beta}_i$ 的抽样分布。由于 $\hat{\beta}_i \sim N\left(\beta_i, \dfrac{\sigma^2}{\displaystyle\sum_{j=1}^{n}(x_{ji}-\overline{x}_i)^2}\right)$，

其中，$\overline{x}_i$ 为第 i 个解释变量的样本均值。σ^2 为给定 $\boldsymbol{x}=(x_1, x_2, \cdots, x_p)$ 条件下 y 的方差，等于误差项的方差。由于误差项的方差是未知的，可用残差（$y_i - \hat{y}_i$, $i=1,2,\cdots,n$）的方差作为估计，记为 $\hat{\sigma}^2$，$\hat{\sigma}^2 = \dfrac{1}{n-p-1}\displaystyle\sum_{i=1}^{n}(y_i-\hat{y}_i)^2$。于是，检验统计量在原假设成立时为 t 统计量，定义为 $t_i = \dfrac{\hat{\beta}_i}{\dfrac{\hat{\sigma}}{\sqrt{\displaystyle\sum_{j=1}^{n}(x_{ji}-\overline{x}_i)^2}}}$，$t_i$ 统计量服从 $n-p-1$ 个自由度的 t 分布。

同理，依据 t 分布以及 t 统计量的概率-P 值进行决策。如果概率-P 值小于显著性水平 α，应拒绝回归系数显著性检验的原假设，认为该回归系数 β_i 与零有显著差异，被解释变量 y 与 x_i 的线性关系显著，x_i 应保留在回归方程中；反之，如果概率-P 值大于显著性水平 α，不能拒绝回归系数 β_i 为零的原假设，认为被解释变量 y 与解释变量 x_i 的线性关系不显著，x_i 不应保留在回归方程中。

综上，当回归方程的显著性检验和回归系数的显著性检验，均通过检验呈统计显著性时，经验回归方程的回归系数可作为回归方程未知参数的估计值。

8.3.3　大数据分析案例：美食餐馆食客评分回归方程的检验

8.2.2 节得到的经验回归方程为

$$\widehat{score\_avg} = 0.93 + 0.08taste + 0.004enviroment + 0.038service - 0.0007cost\_avg$$

进一步，应对回归方程进行各种检验。设显著性水平 α 为 0.05。具体代码和执行结果如下。

```
> summary(model)        #浏览模型和统计检验结果
Call:
lm(formula = score_avg ~ taste + environment + service + cost_avg,
    data = MyData)
Residuals:
    Min      1Q   Median      3Q      Max
-1.31414 -0.13867  0.00194  0.15093  0.76527
Coefficients:
                 Estimate    Std. Error    t value    Pr(>|t|)
(Intercept)     0.9335649    0.1247446      7.484    4.41e-13 ***
taste           0.0821013    0.0076409     10.745    < 2e-16  ***
environment     0.0041529    0.0082049      0.506    0.6130
service         0.0377049    0.0107458      3.509    0.0005   ***
cost_avg       -0.0006625    0.0006952     -0.953    0.3412
---
Signif. codes:  0 '***' 0.001 '**' 0.01 '*' 0.05 '.' 0.1 ' ' 1
Residual standard error: 0.2713 on 412 degrees of freedom
Multiple R-squared: 0.5284,   Adjusted R-squared: 0.5238
F-statistic: 115.4 on 4 and 412 DF,  p-value: < 2.2e-16
> confint(model)
                     2.5 %           97.5 %
(Intercept)     0.688349711     1.1787801018
taste           0.067081206     0.0971213689
environment    -0.011975813     0.0202815371
service         0.016581421     0.0588283413
cost_avg       -0.002029204     0.0007041183
```

说明：

① 回归方程检验结果均保存在回归分析的结果对象中，可通过以下函数访问。

summary(回归分析结果对象名)显示线性回归分析结果的摘要；

confint(回归分析结果对象名)显示回归系数默认 95%的置信区间。

② 回归方程的显著性检验。

回归方程的显著性检验中，F 统计量的观测值为 115.4，概率-P 值小于 2.2×10^{-16}。因概率-P 值小于 α，应拒绝回归方程显著性检验的原假设，认为平均打分与口味、就餐环境、服务质量打分以及人均消费全体的线性关系显著，选择线性模型是合理的。

③ 回归系数显著性检验。

口味打分的回归系数显著性检验中，t 统计量观测值为 10.745，概率-P 值小于 2×10^{-16}。因概率-P 值小于 α，拒绝回归系数显著性检验的原假设，认为口味打分对平均打分有显著的线性影响，应保留在回归方程中。

就餐环境打分回归系数显著性检验中，t 统计量的观测值为 0.506，概率-P 值为 0.6130。因概率-P 值大于 α，不能拒绝回归系数显著性检验的原假设，认为就餐环境打分对平均打分没有显著的线性影响，不应保留在回归方程中。

其他同理。总之，口味和服务质量打分均对平均打分有显著影响，就餐环境打分和人均消费金额没有显著影响，应剔除出回归方程。

④ 回归系数的置信区间。

口味打分每增加 1 分，对平均打分平均影响的 95%的置信区间为 (0.067，0.097)。就餐环境打分每增加 1 分，对平均打分平均影响的 95% 的置信区间为（–0.012，0.02），因 0 落入区间内，印证了上述就餐环境打分对平均打分没有显著的线性影响的结论。其他同理。

注意：因回归方程中包含了对被解释变量无显著线性影响的解释变量（就餐环境打分和人均消费金额），所以这个模型是不可用的，须剔除后重新建模。

```
> model<-lm(score_avg~taste+service,data=MyData)  #重新建立二元线性回归模型
> summary(model)
Call:
lm(formula = score_avg ~ taste + service, data = MyData)
Residuals:
     Min      1Q  Median      3Q     Max
-1.3184 -0.1414  0.0033  0.1500  0.7728
Coefficients:
            Estimate Std. Error t value Pr(>|t|)
(Intercept) 0.954908   0.120788   7.906 2.44e-14 ***
taste       0.081501   0.007474  10.904  < 2e-16 ***
service     0.040111   0.006930   5.788 1.41e-08 ***
---
Signif. codes:  0 '***' 0.001 '**' 0.01 '*' 0.05 '.' 0.1 ' ' 1
Residual standard error: 0.271 on 414 degrees of freedom
Multiple R-squared: 0.5273,   Adjusted R-squared: 0.525
F-statistic: 230.9 on 2 and 414 DF,  p-value: < 2.2e-16
> library("scatterplot3d")            #绘制三维散点图
> attach(MyData)
> T<-scatterplot3d(taste,service,score_avg,main="美食餐馆口味、服务质量和
    平均打分的三维散点图",xlab="口味打分",ylab="服务质量打分",zlab="平均打分",
    cex.main=0.8,cex.lab=0.8,cex.axis=0.8)
> T$plane3d(model,col=2)                #添加回归平面
> detach(MyData)
```

说明：

① 对于二元线性回归模型，回归方程的显著性检验和回归系数的显著性检验均通过，该模型可用，其经验回归方程为 $score\_\hat{avg} = 0.95 + 0.08taste + 0.04service$，表示服务质量打分不变时，口味打分每增加 1 分将使平均打分平均提高 0.08 分；口味打分不变时，服务质量打分每增加 1 分将使平均打分平均提高 0.04 分。

② 绘制三维散点图，并在图中添加二元回归平面。如图 8-2 所示。

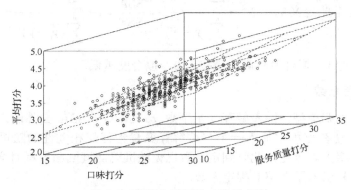

图 8-2　带回归平面的三维散点图

图 8-2 直观展示了二元线性回归方程的几何特征，可见大多数数据点落在了回归平面的附近。

8.4　回归方程的应用

正如前面所述，建立回归方程的目的之一，是利用回归方程揭示事物之间的相互影响关系。此外，回归方程的另外一个重要应用，是根据回归方程，对事物的未来发展趋势进行预测。

对样本数据有理想的拟合，是模型具有良好预测精度的保障，应关注如何度量回归方程对样本数据的拟合效果。

8.4.1　回归方程拟合效果的度量

在一般线性回归模型中，度量拟合效果的统计量是判定系数或调整的判定系数。

1. 判定系数

判定系数，记为 R^2 的定义是从线性回归方程出发的。由前面的讨论知道：当误差项 ε 与解释变量独立时，被解释变量的离差平方和 SST，等于回归平方和 SSR 加上误差平方和 SSE，即 SST=SSR+SSE，$\sum_{i=1}^{n}(y_i-\overline{y})^2 = \sum_{i=1}^{n}(\hat{y}_i-\overline{y})^2 + \sum_{i=1}^{n}(y_i-\hat{y}_i)^2$。

经验回归方程对样本数据的拟合效果达到最优时，一定是所有观测点都落在回归线（面）上的时候。此时，被解释变量的总离差全部由回归方程解释，即 SST=SSA，$\sum_{i=1}^{n}(y_i-\overline{y})^2 = \sum_{i=1}^{n}(\hat{y}_i-\overline{y})^2$，此时 SSA/SST=1。与此相反的另一个极端情况是，经验回归方程根本无法拟合样本数据，被解释变量的总离差中能够由回归方程解释的部分为 0，即 SST=SSE，$\sum_{i=1}^{n}(y_i-\overline{y})^2 = \sum_{i=1}^{n}(y_i-\hat{y}_i)^2$，此时 SSA/SST=0。

可见，SSA/SST 是一个度量经验回归方程对样本数据拟合效果的理想统计量。其越接近 1，对样本数据的拟合程度越高；越接近 0，对样本数据的拟合程度越低。

判定系数就是据此定义的：$R^2 = \dfrac{\sum_{i=1}^{n}(\hat{y}_i-\overline{y})^2}{\sum_{i=1}^{n}(y_i-\overline{y})^2} = \dfrac{\text{SSA}}{\text{SST}} = 1-\dfrac{\sum_{i=1}^{n}(y_i-\hat{y}_i)^2}{\sum_{i=1}^{n}(y_i-\overline{y})^2} = 1-\dfrac{\text{SSE}}{\text{SST}}$，其取值范围是[0,1]，越接近 1，拟合度越高；越接近 0，拟合度越低。

2. 调整的判定系数

对于多元线性回归模型，随着解释变量个数 p 的增大，SSA 必然随之增大，判定系数也会随之增加。即使在方程中加入一个与被解释变量无任何相关性的随机变量作为解释变量，判定系数也会增大。可见，此时判定系数已无法准确测度回归方程对样本数据的拟合程度，需要调整，于是引入了调整的判定系数。

调整的判定系数定义：$\bar{R}^2 = \dfrac{\sum\limits_{i=1}^{N}(\hat{y}_i - \bar{y})^2 / p}{\sum\limits_{i=1}^{n}(y_i - \bar{y})^2 / (n-1)} = 1 - \dfrac{\sum\limits_{i=1}^{n}(y_i - \hat{y}_i)^2 / (n-p-1)}{\sum\limits_{i=1}^{n}(y_i - \bar{y})^2 / (n-1)}$。与判定系

数相比，调整的判定系数有效剔除了解释变量个数 p 和样本量 n 的影响，在多元中更准确。

8.4.2　预测和预测误差

如果回归方程对样本数据有较为理想的拟合效果，则可以利用所建立的回归方程，对被解释变量的取值进行预测。将已知的解释变量取值代入回归方程，计算结果为对应的被解释变量的预测值，也称为被解释变量的拟合值，即 $\hat{y}$。

拟合值 $\hat{y}$ 与实际值 y 间总会存在一定的差异，通常称"实际值-拟合值"为残差：$\hat{e}_i = y_i - \hat{y}_i (i=1,2,\cdots,n)$，残差是预测误差的测度。好的预测模型下每个观测的残差 $\hat{e}_i$ 应在 0 附近。

R 中回归分析的拟合值存储在线性回归分析结果对象(列表)的名为 fitted 的成分中，通过"结果对象名\$fitted"的方式，可直接访问拟合值。也可调用函数"fitted(回归分析结果对象名)"访问拟合值。

与拟合值的存储方式类似，残差项存储名为 residuals 的成分中，通过"结果对象名\$residuals"的方式，可直接访问残差项。也可调用函数"residuals(回归分析结果对象名)"访问残差项。

进一步，可基于残差计算均方误差(Mean Squared of Error, MSE)：$MSE = \dfrac{1}{n}\sum\limits_{i=1}^{n}\hat{e}_i^2 = \dfrac{1}{n}\sum\limits_{i=1}^{n}(y_i - \hat{y}_i)^2$，可作为模型整体预测效果的另一种度量。MSE 值越小，回归方程的整体预测误差越小，对样本数据的拟合效果越好。可见，MSE 与判定系数 R^2 从两个不同角度度量了回归模型的优劣。

8.4.3　大数据分析案例：美食餐馆食客评分回归方程的评价和预测

对美食餐馆食客评分的二元线性回归方程：$\text{score\_av}\hat{g} = 0.95 + 0.08\text{taste} + 0.04\text{service}$，评价其对样本数据的拟合效果并用于预测。具体代码和执行结果如下。

```
> par(mfrow=c(1,2),mar=c(6,4,4,4))
> plot(MyData$taste,MyData$score_avg,main="美食餐馆平均打分的实际值和预测值",
       xlab="口味打分",ylab="平均打分")
> points(MyData$taste,fitted(model),pch=10,col=2)
> legend("topright",c("实际值","拟合值"),pch=c(1,10),col=c(1,2))
> plot(residuals(model),main="残差图",xlab="观测",ylab="残差值")
> abline(h=0,col=2)
> (MES<-mean(residuals(model)^2))
[1] 0.07290295
```

说明：

① 可利用 summary 函数获得回归方程的判定系数和调整的判定系数。本例中，判定系

数和调整的判定系数均近似为 0.53（见 8.3.3 节）。模型对样本数据的拟合效果并不理想，应该是尚有其他影响因素未列入模型所致，该模型更适于对平均打分影响因素的探究。

② 利用 fitted 和 residuals 函数，得到各观测的拟合值和对应的残差。以口味打分为横坐标，平均打分为纵坐标绘制散点图。在图上添加拟合值（十字圈），如图 8-3 左图所示。绘制残差图，如图 8-3 右图所示。

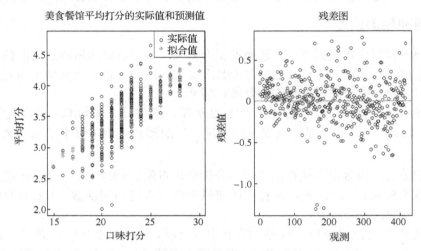

图 8-3　实际与拟合值的散点图及残差图

图 8-3 左图显示：拟合点均集中在样本数据点的中间区域内，有些观测的实际值和预测值有较大差异。图 8-3 右图显示：残差在零线附近的数据点较多，但也有较多点远离零残差线。整体上回归方程的预测效果一般。

③ 计算 MSE，本例为 0.07。MSE 是预测误差大小的绝对度量，没有上限，应用时不如判定系数方便。MSE 一般用于多个预测模型预测效果的对比。

8.5　回归模型的验证

如果回归分析的目的是预测，那么就须特别关注回归模型的预测误差。预测误差较低的模型在未来预测中会有更好的表现。正如 8.4 节讨论的那样，通常可借助经验回归方程，计算各观测被解释变量的拟合值，并与实际值进行比对，得到模型预测误差的测度。但须注意的是：这个误差仅是模型真实预测误差的一个估计。

所谓模型真实预测误差，是指模型在总体（全部数据）上的预测误差。如果能够拿到数据的全部，计算真实的预测误差是很方便的。但遗憾的是，通常无法得到总体，只能得到总体中的部分样本。在这种情形下，可行的方式是用模型在全体观测上的预测误差，作为模型真实预测误差的估计。

但应看到，这个预测误差往往是对模型真实预测误差的乐观估计，并不能作为模型真实预测误差的准确估计。原因在于，模型是建立在已有样本上的。普通最小二乘估计决定了回归模型必将最大限度地拟合已有样本数据。但由于样本抽样的随机性，模型在已有样本上的优秀表现，并不一定意味着在其他样本或未来样本上仍然表现良好。因此，基于全体观测计算出的预测误差较真实误差是偏低的。为得到真实预测误差的良好估计，须进行模型验证。

模型验证的做法：在建立模型前，将已有的全部观测随机划分成两部分。一部分用于建立和训练模型，称为训练(Training)样本集；另一部分用于模型预测误差的估计，称为测试(Testing)样本集。在训练样本集上得到经验回归方程，计算经验方程在测试样本集上的预测误差，并将其作为模型真实预测误差的估计。如果模型在测试样本集上仍有较好的预测表现，就有理由认为该模型具有一般性和稳健性，可用于对未来数据的预测。

将全部观测随机划分为训练样本集和测试样本集的方法，称为旁置(HoldOut)法。

旁置法的不足是显而易见的。当样本量不大时，分割后的训练样本集和测试样本集会更小，无疑会给建模带来很大影响。为此，人们提出了模型的 N 折交叉验证(Cross Validation)法和重抽样自举法，以有效解决小样本集的旁置划分问题。

8.5.1　回归模型的 N 折交叉验证法和 R 实现

设总样本容量为 n。N 折交叉验证法，首先将样本随机划分成不相交的 N 组，称为 N 折，通常 N 取 10；令其中的 $N-1$ 组为训练样本集，用于建立模型，剩余的一组为测试样本集，用于计算模型的预测误差。反复进行组的轮换。

例如，如图 8-4 所示的是 N 为 5 的 5 折交叉验证。分别依次令第 1 组至第 5 组为测试样本集，其余 4 组为训练样本集。最终将得到 5 个经验回归方程。

依据建立在 (2,3,4,5) 组训练集上的经验回归方程，计算第 1 组各观测的拟合值；依据建立在 (1,3,4,5) 组训练集上的经验回归方程，计算第 2 组各观测的拟合值，以此类推，将得到每个观测的拟合值。计算残差和 MSE，该 MSE 将作为真实 MSE 的估计值。

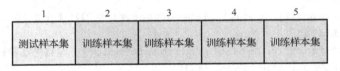

图 8-4　5 折交叉验证法示例

bootstrap 包中的 crossval 函数可方便实现 N 折交叉验证。首次使用时应下载安装，并加载到 R 的工作空间中。crossval 函数的基本书写格式：

crossval(x=解释变量矩阵, y=被解释变量向量, theta.fit=回归系数向量, theta.predict=拟合值向量, ngroup=折数)

crossval 函数首先将观测数据随机分成 ngroup 参数指定的份数 N，然后分别基于不同训练样本集，计算 N 个回归模型的回归系数，并计算测试样本集的拟合值。crossval 函数的返回结果是一个列表，其中名为 cv.fit 的成分中存储着各观测的拟合值。

8.5.2　回归模型的自举法验证和 R 实现

回归模型的重抽样自举验证与第 6 章讨论的核心思想是一致的。若希望对线性回归模型 MSE(或判定系数)的真值给出良好的估计，须进行 M 次自举过程。

每次自举中，分别获得自举样本并建立线性回归模型，计算 MSE(或判定系数)。M 次自举过程完成后将得到 M 个 MSE(或判定系数)，它们的平均值可作为模型 MSE(或判定系数)真值的估计。进一步，还可得到 MSE(或判定系数)的置信区间。

自举过程仍通过 boot 包中的 boot 函数实现。boot 函数已在第 6 章讨论过，这里不再赘述。

8.5.3　大数据分析案例：美食餐馆食客评分回归模型的验证

建立美食餐馆食客评分的二元线性回归方程：$\text{score\_av}\hat{g} = \beta_0 + \beta_1 \text{taste} + \beta_2 \text{service}$

采用 10 折交叉验证法和自举法，估计二元回归方程判定系数和 MSE。具体代码和执行结果如下。

```
> Fit<-lm(score_avg~taste+service,data=MyData)        #建立二元回归方程
> (R2<-cor(Fit$model[,1],Fit$fitted.values)^2)        #计算判定系数
[1] 0.5272636
> (MSE<-mean(residuals(model)^2))                     #计算 MSE
[1] 0.07290295
> library("bootstrap")                                #N 折交叉验证
> MyNcross<-function(fit,k){
+ X<-as.matrix(fit$model[,2:ncol(fit$model)])         #得到解释变量数据矩阵
+ Y<-fit$model[,1]                                    #得到被解释变量
+ NcrossR<-crossval(x=X,y=Y,theta.fit=lsfit(X,Y),theta.predict=cbind(1,X)
       %*%lsfit(X,Y)$coef,ngroup=k)
+ }
> set.seed(12345)
> Result<-MyNcross(Fit,10)                            #得到 10 折交叉验证下的拟合值
> (R2CV<-cor(Fit$model[,1],Result$cv.fit)^2)          #计算 10 折交叉验证下的判定系数
[1] 0.523857
> (MSECV<-mean((Fit$model[,1]-Result$cv.fit)^2))      #计算 10 折交叉验证下的 MSE
[1] 0.07342963
> BootLm<-function(DataSet,indices,formula){          #自举法验证
+  ReSample<-DataSet[indices,]
+  fit<-lm(formula,data=ReSample)
+  MSEB<-mean((fit$model[,1]-fit$fitted.values)^2)
+  return(MSEB)                                       #返回每次自举的 MSE
+ }
> library("boot")
> set.seed(12345)
> BootObject<-boot(data=MyData,statistic=BootLm,R=100,formula=score_avg~
       taste+service)
> BootObject$t0                                       #原来的 MSE
[1] 0.07290295
> print(BootObject)                                   #100 次自举的 MSE
ORDINARY NONPARAMETRIC BOOTSTRAP
Call:
boot(data = MyData, statistic = BootLm, R = 100, formula =
score_avg ~
    taste + service)
Bootstrap Statistics :
     original      bias      std. error
t1* 0.07290295 -0.0004529835 0.008712234
```

```
> mean(BootObject$t)
[1] 0.07244997
> boot.ci(BootObject,conf=0.95,type=c("perc"),index=1)     #估计 MSE 的区间
BOOTSTRAP CONFIDENCE INTERVAL CALCULATIONS
Based on 100 bootstrap replicates
CALL :
boot.ci(boot.out = BootObject, conf = 0.95, type = c("perc"),
    index = 1)
Intervals :
Level    Percentile
95%    ( 0.0568, 0.0939 )
Calculations and Intervals on Original Scale
Some percentile intervals may be unstable
```

说明：

① 编写了名为 MyNcross 的用户自定义函数实现交叉验证。函数返回值是个列表，其名为 cv.fit 的成分中存储着基于交叉验证计算的各观测的拟合值。

② crossval 函数中的 lsfit，用于指定建立 y 对 x 的线性回归方程，并采用最小二乘估计。其中回归系数存储在名为 coef 的列表成分中。lsfit 的书写格式同 lm 函数。theta.predict 为拟合值。

③ 10 折交叉验证的判定系数为 0.524，MSE 为 0.0734。原判定系数为 0.527，MSE 为 0.0729。10 折交叉验证结果的判定系数略小于原判定系数，MSE 略高于原 MSE，但它们是模型预测真实效果的良好估计。

④ 基于 100 个自举样本建立 100 个经验回归方程，计算出 100 个 MSE，其均值为 0.0724。这里的测试样本集为原样本全体，而测试样本集与训练样本集存在交集，导致 MSE 的估计偏乐观。

8.6　虚拟自变量回归和协方差分析

8.6.1　虚拟自变量回归

1. 带虚拟自变量的回归方程

分析被解释变量如何受到数值型解释变量以及分类型解释变量影响时，应采用带虚拟变量的线性回归分析。

分类型解释变量通常用 1,2,3 等阿拉伯数字表示各类别值或水平值。貌似与数值型解释变量没有不同，但它们之间却有着根本差异：数值型解释变量取值是等距的。如月收入 3000 元，3500 元，4000 元，3500 比 3000 多出的 500，与 4000 比 3500 多出的 500 是等距的。分类型解释变量各类别值一般是非等距的。如学历 1,2,3 分别代表高中毕业，本科毕业和硕士研究生毕业，不同学历的含金量及其他方面的不同，使得 2 比 1 多出的 1，与 3 比 2 多出的 1，不具可比性，是不等距的。

所以，若采用与数值型解释变量相同的策略，引入分类型解释变量到线性回归模型，会使回归系数的解释不合常理。此时，须采用带虚拟变量的线性回归分析。

虚拟变量的取值只有 0 和 1 两个值，分别表示"是"和"不是"。

例如，若"性别"变量(记为 xb)的两个类别男和女，分别用 1 和 2 表示，则 xb 对应的虚拟变量有两个，分别表示"是男吗？"(记为 x_1)，"是女吗？"(记为 x_2)。对于男性：$x_1=1$，$x_2=0$；对于女性：$x_1=0$，$x_2=1$。

回归分析时分类型解释变量不直接参与建模，取而代之的是对应的虚拟变量。这就是带虚拟变量的回归分析，也称虚拟自变量回归。

例如，为研究"性别"(xb，分类型解释变量，1 代表男，2 代表女)、"工作年限"(gznx，数值型解释变量)对"月工作收入"(sr，被解释变量)有怎样的影响，采用虚拟自变量回归分析。解释变量"性别"(xb)不参与建模，应引入 x_1 或 x_2 且仅在 x_1 和 x_2 中选一个进入回归模型。若回归方程为 $sr = \beta_0 + \beta_1 x_1 + \beta_2 gznx$，其中 x_1 为虚拟变量，取 1 表示男，取 0 表示女。

对于有 k 个类别的分类型解释变量，对应 k 个虚拟变量。建模时引入 $k-1$ 个虚拟变量参与建模即可。

2. 带虚拟变量的回归方程的含义

以 $sr = \beta_0 + \beta_1 x_1 + \beta_2 gznx$ 为例，说明带虚拟变量的回归方程的含义，重点关注 β_1 的意义。因 x_1 只有取 1 和取 0 两种情况：$x_1=0$ 时回归方程为 $sr = \beta_0 + \beta_2 gznx$，反映的是女性人群工作年限对其月工资收入的影响；$x_1=1$ 时回归方程为 $sr = (\beta_0 + \beta_1) + \beta_2 gznx$，反映的是男性人群工作年限对其月工资收入的影响。显然，β_1 反映的是在相同工作年限下，男性的平均月工资收入比女性高(或低)出的部分。β_1 大于 0 时上述两个回归方程对应的两条回归直线，如图 8-5 所示。

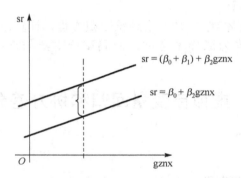

图 8-5　虚拟自变量回归方程的几何示意图

所以，建立带虚拟变量的回归方程的目的是，控制其他解释变量(如工作年限)影响的条件下，检验分类型变量(如性别)的不同类别对被解释变量(月工资收入)影响的差异是否显著。上例中，若 β_1 的回归系数检验是显著的，表明在相同工作年限下，男性总体的平均月收入与女性存在显著差异。

若将虚拟自变量回归对应到方差分析的框架下则有，回归分析中的被解释变量，对应方差分析中的观测变量；回归分析中的分类型解释变量，对应方差分析中的控制变量；回归分析中的数值型解释变量，对应方差分析中的协变量，这样的方差分析称为协方差分析。

虚拟自变量回归与协方差分析的本质是相同的。以下将首先讨论协方差分析，然后与虚拟自变量回归分析做对比。

8.6.2　协方差分析

回顾第 7 章的多因素方差分析，多个控制变量均为分类型变量。多因素方差分析的目的是，在排除多个控制变量(因素)的影响下，研究某个控制变量不同水平变化对观测变量的影响。若不加以控制而仅采用单因素方差分析，则结论会有偏颇。事实上，控制因素未必都是分类型变量，也会有数值型变量，也须加以控制。一般称这个被控制的数值型变量为协变量，相应的方差分析为协方差分析。

例如，仍以美食餐馆食客评分数据说明。第 4 章所列研究问题中，就餐环境对不同主打菜美食餐馆的人均消费金额有怎样的影响，是一个典型的协方差分析问题。其研究对象是就餐环境打分、主打菜和人均消费金额，核心是发现人均消费金额(数值型)是否因就餐环境打分(数值型变量)和主打菜(分类型变量)不同而不同。研究中，若不控制就餐环境打分对人均消费金额的影响，把人均消费金额变动都归结到主打菜因素上，显然是不合理的。所以，应将就餐环境打分作为协变量，进行协方差分析。

协方差仍然沿承方差分析的基本思想，认为观测变量的变动既受到控制变量的作用，也受到协变量以及其他随机因素的影响。并在排除协变量对观测变量影响的条件下，分析分类型控制变量对观测变量的作用，从而更加准确地对控制因素进行评价。

协方差分析的原假设 H_0：协变量对观测变量的线性影响不显著；在扣除协变量影响的条件下，控制变量各水平下观测变量的总体均值无显著差异。

实现协方差分析的 R 函数仍为 aov，基本书写格式：

aov(观测变量域名～协变量域名+控制变量域名,data=数据框名)

其中，协变量为数值型，控制变量应为因子。**注意**：～后应首先跟协变量，然后再跟控制变量。

事实上，就餐环境对不同主打菜美食餐馆的人均消费金额有怎样的影响，也是一个典型的虚拟自变量回归问题。其中，人均消费金额为被解释变量，主打菜和就餐环境打分分别为虚拟自变量和普通的数值型自变量。这里不对理论做过多论述，仅通过应用案例揭示两者内在的相同本质。

8.6.3　大数据分析案例：就餐环境对不同区域美食餐馆人均消费的影响

基于五道口和北太平庄区域经营最受欢迎的 10 种主打菜餐馆的食客评分数据，研究就餐环境对不同主打菜美食餐馆的人均消费金额有怎样的影响。

先采用协方差分析，再利用虚拟自变量回归，对比两个分析结果。设显著性水平 $\alpha=0.05$。具体代码和执行结果如下。

```
> MyData<-read.table(file="美食餐馆食客评分数据.txt",header=TRUE,sep=" ",
    stringsAsFactors=FALSE)
> MyData$food_type<-as.factor(MyData$food_type)
> Result<-aov(cost_avg~environment+food_type,data=MyData)    #协方差分析
> anova(Result)
Analysis of Variance Table
Response: cost_avg
          Df Sum Sq Mean Sq F value    Pr(>F)
```

```
environment  1  38546   38546  139.520 < 2.2e-16 ***
food_type    7  40159    5737   20.765 < 2.2e-16 ***
Residuals  408 112721     276
---
Signif. codes: 0 '***' 0.001 '**' 0.01 '*' 0.05 '.' 0.1 ' ' 1
> anova(lm(cost_avg~environment,data=MyData))  #浏览观测变量和协变量做一元
                                                 回归的回归平方和

Analysis of Variance Table
Response: cost_avg
               Df Sum     Sq   Mean Sq   F value     Pr(>F)
environment     1  38546   38546   104.64 < 2.2e-16 ***
Residuals     415 152880     368
---
Signif. codes: 0 '***' 0.001 '**' 0.01 '*' 0.05 '.' 0.1 ' ' 1
> tapply(MyData$cost_avg,INDEX=MyData$food_type,FUN=mean)
   川菜     淮扬菜      火锅    咖啡厅   寿司/简餐   西式简餐      湘菜     小吃
44.80263 75.66667 47.96875 42.28261 29.25000 40.00000 55.77419 24.21118
> library("effects")
> effect("food_type",Result)         #计算调整的样本均值
 food_type effect
food_type
    川菜     淮扬菜      火锅    咖啡厅   寿司/简餐   西式简餐      湘菜     小吃
43.98666 73.51578 48.62354 34.95952 26.87466 35.82903 54.11566 27.58661
> plot(effect("food_type",Result))  #绘制不同主打菜餐馆人均消费金额调整的均值
                                      变化折线图
> coefficients(Result)
    (Intercept)        environment     food_type 淮扬菜     food_type 火锅
      -6.833644           2.693450          29.529123          4.636884
  food_type 咖啡厅    food_type 寿司/简餐   food_type 西式简餐    food_type 湘菜
      -9.027140         -17.111997          -8.157631         10.129001
    food_type 小吃
      -16.400050
> model<-lm(cost_avg~environment+food_type,data=MyData)  #虚拟自变量回归
> anova(model)                      #浏览虚拟自变量回归的方差分析表
Analysis of Variance Table
Response: cost_avg
              Df  Sum Sq  Mean Sq  F value      Pr(>F)
Environment    1   38546   38546  139.520 < 2.2e-16 ***
food_type      7   40159    5737   20.765 < 2.2e-16 ***
Residuals    408  112721     276
---
Signif. codes: 0 '***' 0.001 '**' 0.01 '*' 0.05 '.' 0.1 ' ' 1
> summary(model)                    #浏览虚拟自变量回归结果
Call:
lm(formula = cost_avg ~ environment + food_type, data = MyData)
Residuals:
```

```
             Min      1Q    Median     3Q       Max
          -29.342 -10.248  -1.475    6.836   135.138
Coefficients:
                          Estimate Std. Error  t value   Pr(>|t|)
(Intercept)               -6.8336     6.0346    -1.132    0.25812
environment                2.6935     0.2987     9.019    < 2e-16 ***
food_type 淮扬菜           29.5291     9.7852     3.018    0.00271 **
food_type 火锅             4.6369     2.8246     1.642    0.10145
food_type 咖啡厅          -9.0271     3.1878    -2.832    0.00486 **
food_type 寿司/简餐      -17.1120     5.1661    -3.312    0.00101 **
food_type 西式简餐        -8.1576     3.9096    -2.087    0.03755 *
food_type 湘菜            10.1290     3.5435     2.859    0.00447 **
food_type 小吃           -16.4001     2.3595    -6.951   1.45e-11 ***
---
Signif. codes:  0 '***' 0.001 '**' 0.01 '*' 0.05 '.' 0.1 ' ' 1
Residual standard error: 16.62 on 408 degrees of freedom
Multiple R-squared: 0.4112,   Adjusted R-squared: 0.3996
F-statistic: 35.61 on 8 and 408 DF,  p-value: < 2.2e-16
```

说明：

① 进行协方差分析。

在控制就餐环境打分的条件下，研究主打菜对人均消费金额的影响。协方差分析表显示，人均消费金额的总离差平方和中，能够被就餐环境打分所解释的部分为 38546（即为被解释变量为人均消费金额、解释变量为就餐环境打分做一元线性回归所得的回归平方和）。扣除就餐环境打分影响后，仅可被主打菜解释的部分为 40159，最后的剩余 112721 是前两者无法解释的。各个 F 统计量观测值对应的概率-P 值均小于 2.2e-16，小于显著性水平 α，应拒绝原假设，表明就餐环境打分是影响人均消费金额的重要因素。同时，在控制环境打分的条件下，不同主打菜餐馆的人均消费金额的总体均值存在显著差异，主打菜仍是影响人均消费金额的重要因素。

② 在协方差分析基础上进行多重比较检验。

单因素协方差分析无法告知控制变量（主打菜）哪些水平下的观测变量（人均消费金额）总体均值存在显著差异，仍要通过多重比较检验实现。

首先，利用 tapply 函数计算不同主打菜餐馆人均消费金额的均值，但这些均值不能直接用于多重比较检验，须首先扣除协变量（就餐环境打分）影响，得到调整的样本均值，然后基于调整的样本均值做多重比较研究。

调整的样本均值的计算方法：$\overline{y}_i^* = \overline{y}_i - \beta^*(\overline{z}_i - \overline{z})$。其中，$\overline{y}_i^*$ 为第 i 个水平下观测变量的调整均值；$\overline{y}_i$ 为调整前的均值；β^* 为观测变量对协变量线性回归的斜率；$\overline{z}_i$ 为控制变量第 i 个水平下协变量的均值，$\overline{z}$ 为协变量的总均值。

R 中计算调整的样本均值的函数是 effects 包中的 effect 函数。首次使用时应下载安装，并加到 R 的工作空间中。effect 函数的基本书写格式：

effect("控制变量名", 协方差分析结果对象)

effect 函数仅给出了不同主打菜餐馆的调整后的人均消费金额均值，图 8-6 是对应的可视化图形。可见，淮扬菜人均消费金额调整后的样本均值最大，最低是小吃。线段表示95%的总体均值的置信区间。

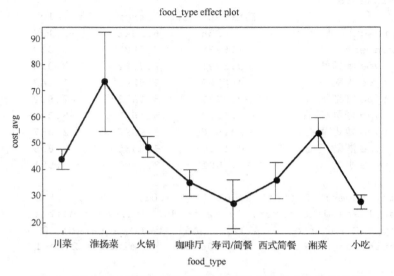

图 8-6　不同主打菜餐馆人均消费金额调整后的均值变化折线图

　　Coefficients 函数仅给出了其他主打菜人均消费金额调整的均值与川菜对比的结果，没有给出检验统计量的观测值和概率-P 值，多重比较检验结果不完整。

　　③ 采用虚拟自变量回归重新研究该问题。

　　注意，只须设置解释变量（主打菜）为因子，R 将自动派生相应的虚拟变量，并进行虚拟自变量回归。得到经验回归方程：

$$\text{cost\_avg} = -6.8 + 2.69\text{environment} + 29.5\text{淮扬菜} + 4.6\text{火锅} - 9.0\text{咖啡厅}$$
$$-17.1\text{寿司/简餐} - 8.2\text{西式简餐} + 10.1\text{湘菜} - 16.4\text{小吃}$$

　　除就餐环境打分（environment）之外，其他解释变量均为虚拟自变量。

　　可以看到，虚拟自变量回归中，各个平方和的数值与协方差分析一致。

　　同时，回归系数恰好是协方差分析多重比较检验中各调整均值之差。t 检验结果为多重对比检验的 LSD 检验结果。检验统计量对应的概率-P 值显示：扣除就餐环境评分影响后，只有火锅店的人均消费总体均值与川菜没有显著差异，其他均有显著差异。

　　该结论与 7.2.3 节的单因素方差分析结果不完全一致，但该分析更严谨，也证明了协方差分析或虚拟自变量回归的意义所在。

　　此外，从回归方程角度看，应剔除上述经验方程中对人均消费金额线性影响不显著的解释变量（火锅）。读者可自行练习。

8.7　大数据分析案例综合：北京市空气质量监测数据的回归分析研究

　　本节围绕北京市空气质量监测数据分析问题，基于对照点及区域点类型的监测点供暖季的数据，分析哪些污染物是影响 PM2.5 浓度的主要因素，并估计影响的效应值。这里将重点讨论解释变量筛选策略对回归分析的影响问题。

设显著性水平 $\alpha=0.05$。具体代码和执行结果如下。

```
> MyData<-read.table(file="空气质量.txt",header=TRUE,sep=" ",
    stringsAsFactors=FALSE)
> Data<-subset(MyData,(MyData$date<=20160315|MyData$date>=20161115)
    &MyData$SiteType=="对照点及区域点") #仅分析对照点及区域点供暖季的空气质量数据
> Data<-na.omit(Data)
> library("corrgram")
> corrgram(Data[,c("PM2.5","CO","NO2","O3","SO2")],lower.panel=panel.
    ellipse,upper.panel=panel.pts,diag.panel=panel.minmax,main="PM2.5
    相关因素的相关系数图")
> model1<-lm(PM2.5~CO+NO2+O3+SO2,data=Data)    #建立四元回归模型
> summary(model1)
Call:
lm(formula = PM2.5 ~ CO + NO2 + O3 + SO2, data = Data)
Residuals:
     Min      1Q   Median      3Q      Max
-192.945  -19.052   -2.711   10.065  273.420
Coefficients:
              Estimate   Std. Error    t value   Pr(>|t|)
(Intercept)    0.60606      6.11069      0.099     0.921
CO            35.70836      1.41589     25.220    <2e-16 ***
NO2            0.76127      0.08858      8.594    <2e-16 ***
O3           -0.13416      0.09335     -1.437     0.151
SO2           0.01288      0.12067      0.107     0.915
---
Signif. codes:  0 '***' 0.001 '**' 0.01 '*' 0.05 '.' 0.1 ' ' 1
Residual standard error: 41.12 on 806 degrees of freedom
Multiple R-squared:  0.8284,    Adjusted R-squared:  0.8276
F-statistic: 972.9 on 4 and 806 DF,  p-value: < 2.2e-16
```

说明：

① 首先绘制 PM2.5 浓度与其他污染物浓度的相关系数图，如图 8-7 所示。

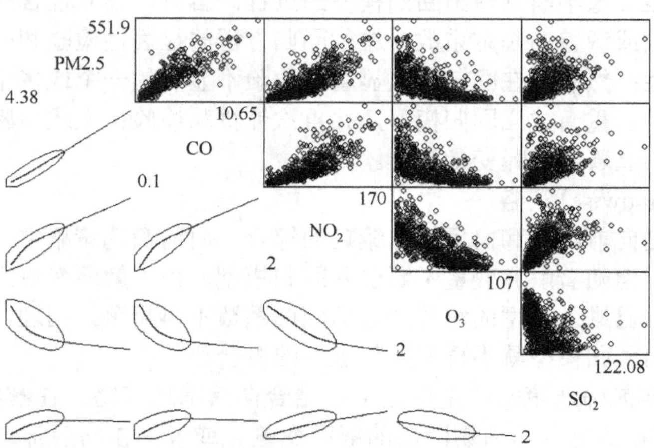

图 8-7　PM2.5 浓度与其他污染物浓度的相关系数图

图 8-7 中，PM2.5 浓度与 CO、NO_2、SO_2 呈不同程度的正相关关系，与 O_3 呈负相关关系。为进一步量化其他污染物浓度对 PM2.5 的影响，建立四元线性回归模型。经验回归方程：

$$PM2.5 = 0.6 + 35.7CO + 0.76NO_2 - 0.13O_3 + 0.01SO_2$$

② 回归方程的显著性检验

回归方程的显著性检验中，F 统计量的观测值为 972.9，对应的概率-P 值小于 2.2e–16。因概率-P 值小于显著性水平 α，应拒绝原假设，认为解释变量全体与 PM2.5 之间存在显著的线性关系，选择线性模型合理。

③ 回归系数的显著性检验

回归系数的显著性检验中，CO、NO_2 的 t 检验统计量对应的概率-P 值小于显著性水平 α，应拒绝原假设，认为 CO、NO_2 对 PM2.5 有显著的正的线性影响，是影响 PM2.5 浓度的重要因素，应保留在回归方程中。O_3 和 SO_2 的 t 检验结果表明，因它们对应的概率 P 值均大于显著性水平 α，无法拒绝原假设，认为 O_3 和 SO_2 对 PM2.5 浓度的线性影响是不显著的，不应保留在回归方程中。

④ 重新建模

由于回归方程包含了对 PM2.5 线性影响不显著的 O_3 和 SO_2，导致回归系数不能准确度量 CO 和 NO_2 对 PM2.5 的影响效应。为此须剔除 O_3 和 SO_2 重新建模。8.3.3 节采用了将对被解释变量无显著线性影响的解释变量，一次性同时剔除出方程的策略。事实上，通常还会采用以下策略。

● 向前筛选（Forward）策略

向前筛选策略是解释变量不断进入回归模型的过程。首先，选择与被解释变量具有最高线性相关系数的变量进入模型，计算判定系数或调整的判定系数，进行回归模型的显著性检验和回归系数的显著性检验，以评价其合理性；然后，在剩余的变量中寻找与被解释变量相关性最高的解释变量进入模型，重新建立回归模型并再次计算和检验；上述步骤不断重复，直到再无可进入模型的解释变量为止。

● 向后筛选（Backward）策略

向后筛选策略是变量不断剔除出回归模型的过程。首先，建立包含解释变量全体的回归模型，计算判定系数或调整的判定系数，进行回归方程的显著性检验和回归系数的显著性检验，以评价其合理性；然后，在回归系数显著性检验不显著的一个或多个解释变量中，剔除最不显著的解释变量，重新建立回归模型，并再次计算和检验；上述步骤不断重复，直到所建模型中不再包含不显著的解释变量为止。

● 逐步筛选（Stepwise）策略

逐步筛选策略是向前筛选和向后筛选策略的综合。向前筛选策略中，解释变量一旦进入就不会被剔除出去。但随着解释变量不断引入回归模型，由于解释变量之间尚存在一定的相关性，可能导致某些已进入模型的解释变量的回归系数不再显著。同理，向后筛选策略中，解释变量一旦剔除出回归模型就不再有重新进入的机会。

逐步筛选法在向前筛选策略的基础之上，结合向后筛选策略，在解释变量 x_i 进入模型后，判断是否有因 x_i 的进入而须剔除出的解释变量。或者，在向后筛选策略的基础上，结合向前筛选策略，在解释变量 x_i 退出后，判断是否有因 x_i 的退出而获得进入"资格"的解释变量。所以，逐步筛选策略在建模的每个步骤中，均保留了剔除不再显著的解释变量或引入重新变得显著的解释变量的机会。

通常，选择变量进入（或剔除）出方程的主要依据是回归系数显著性检验中的 t 统计量。由于进入（或剔除）方程的解释变量对被解释变量有（或无）显著线性影响，会增加调整的判定系数，所以是一种以提升拟合效果为主要目标的策略。

应该看到的是，回归模型包含的解释变量越多（意味着待估回归系数越多），模型的复杂度就越高，对样本数据的拟合效果就越好。所以，追求高拟合度的代价是模型的高复杂度。人们通常希望在获得一个较高拟合度的同时也能获得一个较简单的模型，但事实上不可能。于是，问题的关键是：以高的复杂度代价换取高的拟合度是否值得？是否愿意为获得高的拟合度而接受高复杂度的惩罚？

比较客观的做法是，找到一个"平衡点"，在其上的模型，拟合度在可接受的范围内，同时复杂度也不高。如何去找这个"平衡点"？统计上有很多策略，其中应用较广的是赤池信息量准则，简称 AIC 准则（Akaike Information Criterion，AIC）。

AIC 准则的贡献在于找到了一种综合评价拟合度和模型复杂度的评价统计量，定义为 AIC$=-2\log(L(\theta,x))+2p$。

AIC 由两个部分组成。第二部分的 $2p$ 是模型待估计参数个数 p 乘以 2。因模型中待估计参数个数越多，模型越复杂，所以 AIC 第二部分为模型复杂度的测度。统计学有这样的一般规律：在两个模型有相近拟合效果的情况下，选择较为简单的那个模型。所以，第二部分较小为好。

AIC 的第一部分 $-2\log(L(\theta,x))$，为负 2 倍的对数似然值。似然值的基础是似然函数 $L(\theta,x)$。θ 是待估参数的集合，x 是随机样本。似然值是一个取值在 0～1 之间的概率值，反映的是参数 θ 的估计值为 $\hat\theta$ 时，在由 $\hat\theta$ 所确定的概率分布下，观察到随机样本 x 的可能性。

在多元线性回归分析中，θ 是待估回归系数 β 的集合，x 是被解释变量 y。似然值反映的是，参数 β 的估计值为 $\hat\beta$ 时，在以 $\hat\beta$ 为权重的解释变量线性组合所确定的概率分布下，观察到被解释变量 y 的可能性。在回归模型参数估计中，β 可以有很多个取值集合。若 β 为 $\hat\beta$ 时似然值最高，则 β 就估计为 $\hat\beta$。这是极大似然估计的核心思想。

可见，似然值是对模型拟合样本程度的测度，模型的拟合度越高，似然值越大。人们总是希望得到一个较高的似然值。通常，因似然值的取值范围较小，不利对比，所以并不直接使用，而是使用与似然值有相同单调性的对数似然值。在兼顾高的对数似然和低的模型复杂度的诉求上，两者的大小方向是相反的。为此，一般取负的对数似然以保证 AIC 两部分方向的一致性。所以，负对数似然值越小，模型的拟合度越高，即 AIC 第一部分越小越好。

多元线性回归模型中，AIC 的具体函数形式为 $n\log(\text{SSE})+2p$，AIC 值可能为负。

AIC 的第一部分小，第二部分必然大；第二部分小，第一部分必然大，不可能使两个部分同时小，于是退而求其次，只能追求两部分之和最小，即 AIC 最小。此时，为前面提及的"平衡点"，可视"平衡点"上的模型为最佳模型。

R 的 step 函数或 MASS 包中的 stepAIC 函数，以 AIC 信息准则作为解释变量筛选的依据，取 AIC 达到最小时的模型为最终模型。

使用 MASS 包中的函数时应首先将其加载到 R 的工作空间中。stepAIC 函数的基本书写格式：

$$\text{stepAIC}（\text{回归分析结果对象名}, \text{direction}=\text{解释变量筛选策略}）$$

其中，参数 direction 可取值：forward 表示向前筛选法；backward 表示向后筛选法；both 表示逐步筛选法。step 函数的基本书写格式与 stepAIC 相同。

本案例的具体代码和执行结果如下。

```
> model2<-step(model1,direction="both")          #采用逐步筛选策略
Start: AIC=6033.18
PM2.5 ～ CO + NO2 + O3 + SO2
                Df    Sum of Sq         RSS          AIC
- SO2            1           19     1362918       6031.2
<none>                               1362899       6033.2
- O3             1         3492     1366391       6033.3
- NO2            1       124900     1487799       6102.3
- CO             1      1075494     2438393       6503.0
Step: AIC=6031.19
PM2.5 ～ CO + NO2 + O3
                Df    Sum of Sq         RSS          AIC
<none>                               1362918       6031.2
- O3             1         3493     1366412       6031.3
+ SO2            1           19     1362899       6033.2
- NO2            1       136724     1499642       6106.7
- CO             1      1098143     2461061       6508.5
> summary(model2)                                #浏览三元回归方程
Call:
lm(formula = PM2.5 ～ CO + NO2 + O3, data = Data)
Residuals:
     Min       1Q    Median       3Q      Max
-192.696  -19.211   -2.744   10.077  273.373
Coefficients:
             Estimate Std. Error t value Pr(>|t|)
(Intercept)  0.67943    6.06816   0.112    0.911
CO          35.72944    1.40118  25.499   <2e-16 ***
NO2          0.76394    0.08491   8.998   <2e-16 ***
O3          -0.13417    0.09329  -1.438    0.151
---
Signif. codes: 0 '***' 0.001 '**' 0.01 '*' 0.05 '.' 0.1 ' ' 1
Residual standard error: 41.1 on 807 degrees of freedom
Multiple R-squared: 0.8284,    Adjusted R-squared: 0.8278
F-statistic: 1299 on 3 and 807 DF, p-value: < 2.2e-16
```

说明：

① 对包含 4 个解释变量 CO、NO_2、O_3、SO_2 的四元回归方程，采用 step 函数依据 AIC 准则进行解释变量的逐步筛选。

四元回归方程的 AIC 值为 6033.2。此时，若选择剔除 SO_2，回归平方和(Sum of Sq)会减少 19，误差平方和(RSS)会增加 19，至 1362918，AIC 从 6033.2 降至 6031.2。

<none>行是不剔除任何解释变量时的误差平方和及 AIC 值。

若选择剔除 O_3，回归平方和（Sum of Sq）会减少 3492，误差平方和（RSS）会增加至 1366391，AIC 从 6033.2 增大为 6033.3。其他同理。

由于仅剔除 SO_2 会使得 AIC 减小，所以剔除 SO_2，得到三元回归方程，AIC 为 6031.2。由于三元回归方程剔除任何一个解释变量后，均会导致 AIC 增大，所以停止剔除，最终模型为包含 3 个解释变量 CO、NO_2、O_3 的三元回归方程：

$$PM2.5 = 0.68 + 35.7CO + 0.76NO_2 - 0.13O_3$$

② 浏览三元回归方程并进行检验。

回归方程显著性检验中，F 统计量的观测值为 1299，概率-P 值小于 2.2e-16，小于显著性水平 α，应拒绝原假设，认为这 3 个解释变量全体与 PM2.5 之间存在显著的线性关系，选择线性模型合理。

以 AIC 准则筛选解释变量时，尽管没有剔除 O_3，但回归系数显著性检验表明，O_3 对 PM2.5 的线性影响仍是不显著的。为准确估计 CO 和 NO_2 对 PM2.5 的影响效应，剔除 O_3，重新建立二元回归方程。具体代码和执行结果如下。

```
> summary(model3<-lm(PM2.5~CO+NO2,data=Data))    #建立二元回归模型
Call:
lm(formula = PM2.5 ~ CO + NO2, data = Data)
Residuals:
      Min       1Q   Median       3Q      Max
 -193.312  -18.720   -3.118   10.147  270.565
Coefficients:
            Estimate Std. Error t value Pr(>|t|)
(Intercept) -7.30489    2.45150   -2.98  0.00297 **
CO          35.90164    1.39698   25.70  < 2e-16 ***
NO2          0.82117    0.07505   10.94  < 2e-16 ***
---
Signif. codes:  0 '***' 0.001 '**' 0.01 '*' 0.05 '.' 0.1 ' ' 1
Residual standard error: 41.12 on 808 degrees of freedom
Multiple R-squared: 0.828,    Adjusted R-squared: 0.8276
F-statistic:  1945 on 2 and 808 DF,  p-value: < 2.2e-16
> plot(Data$PM2.5,model3$fitted.values,main="PM2.5 浓度实际值和拟合值的散
    点图",ylab="拟合值",xlab="实际值")
```

说明：

① 回归方程显著性检验和回归系数显著性检验表明，以下二元回归方程是合理的：

$$PM2.5 = -7.3 + 35.9CO + 0.82NO2$$

在 NO_2 不变的情况下，CO 每增加一个单位将导致 PM2.5 浓度平均增加 $35.9\mu g/m^3$。在 CO 不变的情况下，NO_2 每增加一个单位将导致 PM2.5 浓度平均增加 $0.82\mu g/m^3$。

② 绘制 PM2.5 实际值和拟合值的散点图，如图 8-7 所示。

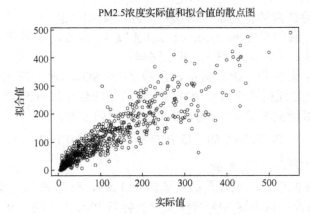

图 8-7　PM2.5 实际值和拟合值的散点图

图 8-7 中的大多数点聚集在 45 度对角线上，粗略表明 PM2.5 的拟合值接近实际值，模型有较好的拟合效果。此外，该模型的判定系数和调整的判定系数分别为 0.828 和 0.827，说明模型对样本数据点的拟合效果较为理想。

8.8　本章涉及的 R 函数

本章涉及的 R 函数如表 8-1 所示。

表 8-1　本章涉及的 R 函数列表

函　数　名	功　　能
lm(R 公式, data=数据框名)	建立一般线性模型
coefficients(回归分析结果对象名)	获得回归方程的回归系数
summary(回归分析结果对象名)	显示线性回归分析结果的摘要
confint(回归分析结果对象名)	显示回归系数默认 95%的置信区间
plot(回归分析结果对象名)	绘制回归诊断图形
crossval(x=解释变量矩阵, y=被解释变量向量, theta.fit=回归系数向量, theta.predict=拟合值向量, ngroup=折数)	N 折交叉验证
step(回归分析结果对象名, direction=解释变量筛选策略)	筛选解释变量

第9章 R 的 Logistic 回归分析：对分类变量影响程度的度量和预测

第 8 章讨论了如何利用线性回归分析度量解释变量对数值型被解释变量的影响。实际应用中还有相当多的问题是研究解释变量如何对一个分类型变量产生影响的。

例如，研究不同特征的消费者是否会购买某奢侈品时，消费者的职业、年收入、年龄等因素将作为解释变量，是否购买(如 1 表示购买，0 表示不购买)将作为被解释变量。此时，被解释变量是一个典型的二分类型变量；再如，研究吸烟、性别、年龄等对患肺癌的影响时，是否患肺癌(如 1 表示患病，0 表示未患病)作为被解释变量也是二分类型变量，等等。

这类问题不能直接采用第 8 章的线性回归分析方法，目前解决这类问题应用最为广泛、认可度最高的方法是 Logistic 回归分析。本章将从一个典型的大数据案例出发，提出研究问题，分章节讲述 Logistic 回归分析的基本建模思路、模型解读和应用案例等。

9.1 从大数据分析案例看 Logistic 回归分析

9.1.1 人力资源调查数据分析中的 Logistic 回归分析问题

本章将引入一个新的大数据分析案例。现有一份 Kaggle(www.kaggle.com)的人力资源调查数据集，其中包含了对 15000 名职业人的调查数据。主要调查问题有如下方面：对公司的整体满意程度(satisfaction_level)、近期的绩效评分(last_evaluation)、参与的项目数(number_project)、月均工作小时(average_montly_hours)、日均工作小时(time_spend_company)、是否有过工作失误(work_accident)、近五年是否有过晋升(promotion_last_5years)、行业(sales)、薪资(salary)、是否打算离职(left)。数据集如图 9-1 所示。

satisfaction_level	last_evaluation	number_project	average_montly_hours	time_spend_company	Work_accident	left	promotion	sales	salary
0.11	0.93	7	308	4	0	1	0	IT	medium
0.1	0.95	6	244	5	0	1	0	IT	medium
0.36	0.56	2	132	3	0	1	0	IT	medium
0.11	0.94	6	286	4	0	1	0	IT	medium
0.81	0.7	6	161	4	0	1	0	IT	medium
0.74	0.99	2	277	3	0	1	0	IT	medium
0.74	1	4	249	5	0	1	0	IT	low
0.73	0.87	5	257	5	0	1	0	IT	low
0.09	0.96	6	245	4	0	1	0	IT	low
0.45	0.53	2	155	3	0	1	0	IT	low
0.11	0.8	6	256	4	0	1	0	IT	low
0.11	0.87	6	306	4	0	1	0	IT	low
0.4	0.53	2	151	3	0	1	0	IT	low
0.36	0.51	2	155	3	0	1	0	IT	low
0.36	0.48	2	158	3	0	1	0	IT	low
0.9	0.98	5	245	5	0	1	0	IT	low
0.43	0.53	2	131	3	0	1	0	IT	low
0.87	0.9	5	252	5	0	1	0	IT	low
0.87	0.84	5	231	5	0	1	0	IT	low
0.41	0.49	2	146	3	0	1	0	IT	low

图 9-1 人力资源调查数据集示意图

现以该数据集中的技术人员(sales=technical)数据(样本量为 2720)为研究对象，将研究问题定位在如下方面：

第一、分析导致技术人员离职的主要因素，并度量这些因素对离职影响力度的高低。

第二、依据技术人员的特征，预测其未来离职的可能性。

首先，对数据进行基本分析，绘制饼图展示技术人员离职的占比。其次，通过可视化图形展示打算离职和不打算离职员工对不同调查问题的态度，如图 9-2 和图 9-3 所示，发现可能的影响因素。具体代码如下。

```
>MyData<-read.table(file="人力资源调查.csv",header=TRUE,sep=",",
    stringsAsFactors=FALSE)
>Data<-na.omit(MyData[MyData$sales=="technical",-9])  #抽取技术人员数据，
                                                       忽略 sales 变量
>Data$salary<-factor(Data$salary,order=TRUE,levels=c("low","medium","high"),
    labels=c("低","中","高"))            #转换为因子并重新指定类别标签
>Data$promotion_last_5years<-
    factor(Data$promotion_last_5years,order=TRUE,levels=c(0,1),labels=
    c("未晋升","有晋升"))              #转换为因子并重新指定类别标签
>Data$Work_accident<-factor(Data$Work_accident,order=TRUE,levels=c(1,0),
    labels=c("有失误","无失误"))        #转换为因子并重新指定类别标签
>par(mfrow=c(2,3))
>Pct<-round(table(Data$left)/dim(Data)[1]*100,2)
>GLabs<-sapply(c("未打算离职","打算离职"),FUN=function(x) paste (x,Pct,
    "%",sep=" "))
>pie(table(Data$left),labels=GLabs,main="技术人员离职情况饼图") #绘制饼图
>barplot(table(Data$left,Data$salary),main="是否离职与薪金")     #绘制柱形图
>barplot(table(Data$left,Data$promotion_last_5years),main="是否离职与晋升")
>barplot(table(Data$left,Data$Work_accident),main="是否离职与工作失误")
>boxplot(Data$last_evaluation~Data$left,main="是否离职与近期的绩效评分")
                                        #绘制箱线图
>boxplot(Data$number_project~Data$left,main="是否离职与项目数")
>par(mfrow=c(3,1))
>hist(Data$satisfaction_level,xlab="对公司的满意度",ylab="密度",main="技
    术人员对公司满意度的直方图",ylim=c(0,2.5),freq=FALSE)     #绘制直方图
>lines(density(Data[Data$left==0,"satisfaction_level"]),lty=1,col=1)
                                        #添加核密度估计曲线
>lines(density(Data[Data$left==1,"satisfaction_level"]),lty=2,col=2)
>legend("topright",c("未打算离职","打算离职"),lty=c(1,2),col=c(1,2),cex=0.8)
                                        #添加图例
>hist(Data$average_montly_hours,xlab="月均工作小时",ylab="密度",main="技
    术人员月均工作小时的直方图",ylim=c(0,0.01),freq=FALSE)
>lines(density(Data[Data$left==0,"average_montly_hours"]),lty=1,col=1)
>lines(density(Data[Data$left==1,"average_montly_hours"]),lty=2,col=2)
>legend("topright",c("未打算离职","打算离职"),lty=c(1,2),col=c(1,2),
    cex=0.8)
>hist(Data$time_spend_company,xlab="日均工作小时",ylab="密度",main="技术
    人员日均工作小时的直方图",ylim=c(0,1),freq=FALSE)
```

```
>lines(density(Data[Data$left==0,"time_spend_company"]),lty=1,col=1)
>lines(density(Data[Data$left==1,"time_spend_company"]),lty=2,col=2)
    legend("topright",c("未打算离职","打算离职"),lty=c(1,2),col=c(1,2),
    cex=0.8)
```

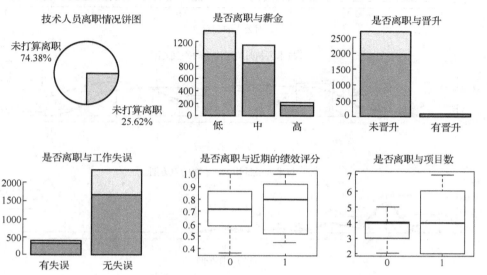

图 9-2　技术人员基本情况可视化图(一)

图 9-2 中，饼图显示技术人员离职的占比约为 25.6%。第一行第二个柱形图显示：较低和中等水平薪金的技术人员中，离职(浅色)的占比较接近，高薪金技术人员离职的比例很低。第一行第三个柱形图显示：近五年内未有晋升机会的技术人员中离职比例远远高于有晋升机会的员工。第二行的三幅图显示：无工作失误的员工中有近三分之一可能因工作没有挑战性而选择离职，有失误的员工绝大多数选择留在原岗位。技术人员近期的绩效评分在离职和不离职人群中差异不明显，前者的平均评价略高于后者，但离散程度较大。离职员工中有 50% 的人参与过较多的项目，且项目数超过不打算离职人群项目数的上四分位数。

图 9-3 中，直方图刻画技术人员全体的情况，实线代表未打算离职人群，虚线代表打算离职人群。三个附带核密度估计曲线的直方图显示：未打算离职的员工，对公司的满意度呈较为明显的左偏分析，而打算离职人群则呈现不一致的多峰分布。未打算离职的员工，月均工作小时数的分布大致为对称分布，打算离职人群呈双峰分布，近一半人工作时长较短，另一半人工作时长较长，离职可能源于工作量不饱满或超负荷工作。两类人群的日工作时长分布差距明显。

上述基本描述性分析较为粗略，且仅就单个变量逐个分析。为进一步深入探讨离职的原因，可采用回归分析研究。首先，确定回归分析中的解释变量：是否打算离职。该变量取值为 0 或 1，0 表示不打算离职，1 表示打算离职。显然，这个变量是一个典型的二分类型变量。其次，确定回归分析中的解释变量。除 left 之外的上述变量均为解释变量，其中有些解释变量(如 time_spend_company 等)是普通的数值型变量，有些为分类型变量(如 promotion_last_5years、salary、work_accident)，应采用虚拟变量形式。

由于被解释变量为二分类型变量，故应采用 Logistic 回归分析。

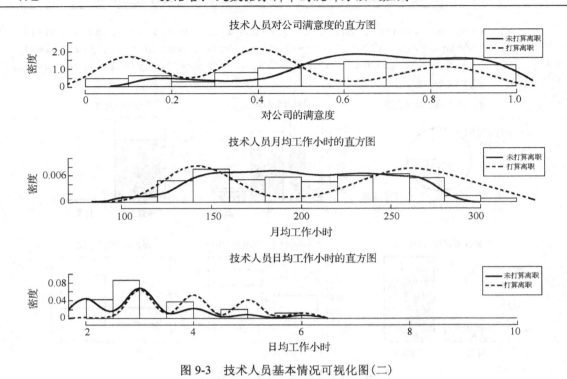

图 9-3 技术人员基本情况可视化图（二）

9.1.2 Logistic 回归分析的基本建模思路

当被解释变量 y 为 0/1 的二分类变量时，虽然无法直接采用一般线性回归模型建模，但可充分借鉴其理论模型，得到以下启示：

第一，一般线性模型 $p(y=1|x)=\beta_0+\beta_1 x_1+\beta_2 x_2+\cdots+\beta_p x_p$，方程左侧为被解释变量取 1 的概率，概率 p 的取值范围在 0～1 之间。为使其满足右侧取值在 $-\infty$～$+\infty$ 之间的要求，给出的启示：如果对概率 p 进行合理转换，使其取值范围与右侧吻合，则左侧和右侧就可以通过等号连接起来。

第二，一般线性模型 $p(y=1|x)=\beta_0+\beta_1 x_1+\beta_2 x_2+\cdots+\beta_p x_p$，方程中概率 p 与解释变量之间的关系是线性的。但实际应用中，它们之间往往是一种非线性关系。例如：购买奢侈品概率通常不会随年收入（或年龄等）的增长而呈线性增长。一般表现出：在年收入增长的初期，购买的可能性增长较为缓慢；当年收入增长到某个水平时，购买的可能性会快速增加；当年收入再增长到一定阶段时，购买的可能性增长到某个极限后会基本保持平稳。所以，这种变化关系是非线性的，通常与增长函数相吻合。给出的启示：上述对概率 p 的变换应采用非线性变换。

基于上述分析，可进行以下两步变换：

① 将 p 转换成 Ω：$\Omega=\dfrac{p}{1-p}$。其中，Ω 称为优势（Odds），是事件发生概率与不发生概率之比。这种转换是非线性的，且 Ω 是 p 的单调函数，保证了 Ω 与 p 增长（或下降）的一致性，使模型易于解释。优势的取值范围在 0～$+\infty$ 之间。

② 将 $\varOmega$ 取自然对数转换成 $\log(\varOmega)$：$\log(\varOmega) = \log\left(\dfrac{p}{1-p}\right)$。其中，$\log\varOmega$ 称为 Logit P，也称为 Logit 连接函数。

上述两步变换称为 Logit 变换。经过 Logit 变换，Logit P 取值范围在 $-\infty \sim +\infty$，与一般线性模型右侧取值范围相吻合。同时，Logit P 与 $\varOmega$ 之间仍保持增长(或下降)的单调一致关系。

至此，用等号将 Logit P 和一般线性模型的右侧连接起来，得到 Logit $P = \beta_0 + \sum\limits_{i=1}^{p}\beta_i x_i = \boldsymbol{x\beta}$，即 Logistic 回归方程，也称对数单位模型。

进一步，因 $\log\left(\dfrac{p}{1-p}\right) = \beta_0 + \sum\limits_{i=1}^{p}\beta_i x_i$，有 $p = \dfrac{\exp\left(\beta_0 + \sum\limits_{i=1}^{p}\beta_i x_i\right)}{1+\exp\left(\beta_0 + \sum\limits_{i=1}^{p}\beta_i x_i\right)}$，有 $p = \dfrac{1}{1+\exp\left[-\left(\beta_0 + \sum\limits_{i=1}^{p}\beta_i x_i\right)\right]}$，

为典型的 $(0,1)$ 型 Sigmoid 函数，是一个非线性函数，很好地体现了概率 p 和解释变量之间的非线性关系，模型具有合理性。

9.2　Logistic 回归方程的解读

9.2.1　Logistic 回归方程的系数

从形式上看，Logistic 回归方程右侧与一般线性回归方程的形式相同，可以用类似的方法理解和解释 Logistic 回归方程系数的含义。即当其他解释变量保持不变时，解释变量 x_i 每增加一个单位，将引起 Logit P 平均增加(或减少) β_i 个单位。

但重要的是，在模型的实际应用中人们关心的是解释变量变化引起事件发生概率 p 变化的程度。由于 p 是 Logit P 的单调增函数，因此，当解释变量 x_i 增加时，也会带来概率 p 的增加(或减少)，但这种增加(或减少)是非线性的，取决于解释变量的取值以及解释变量间的共同作用等。因而退而求其次关心解释变量给优势 $\varOmega$ 带来的变化。为此，应明确优势 $\varOmega$ 的意义。

优势 $\varOmega = p/(1-p)$，即某事件发生概率与不发生概率之比。利用优势比(Odds Ratio)可进行不同组之间风险的对比分析。

例如，如果吸烟 A 组患肺癌的概率是 0.25，不吸烟 B 组患肺癌的概率是 0.10，则两组的优势比为 $\mathrm{OR}_{\mathrm{A\ vs.\ B}} = \dfrac{p(y=1\,|\,x=A)}{1-p(y=1\,|\,x=A)}\bigg/\dfrac{p(y=1\,|\,x=B)}{1-p(y=1\,|\,x=B)} = \dfrac{1}{3}\bigg/\dfrac{1}{9} = 3$，表示吸烟 A 组的优势是不吸烟 B 组优势的 3 倍。当 $p(y=1\,|\,x=A)$ 和 $p(y=1\,|\,x=B)$ 都接近 0 时，$\dfrac{1-p(y=1\,|\,x=B)}{1-p(y=1\,|\,x=A)} \approx 1$，优势比近似等于相对风险 $\dfrac{p(y=1\,|\,x=A)}{p(y=1\,|\,x=B)}$，即吸烟患肺癌的概率近似为不吸烟的 3 倍。

对于 Logistic 回归方程。如果被解释变量 y 表示是否患肺癌(1=患，0=未患)，当只考虑一个解释变量 x_1，表示是否吸烟(1=吸烟，0=不吸烟)时，则建立的 logistic 回归方程为

$\text{logit}[\text{pr}(y=1)] = \beta_0 + \beta_1 x_1$。吸烟组的方程为 $\text{logit}[\text{pr}(y=1)\,|\,x_1=1] = \log(\Omega_{\text{smokers}}) = \beta_0 + \beta_1 \times 1 = \beta_0 + \beta_1$；不吸烟组的方程为 $\text{logit}[\text{pr}(y=1)\,|\,x_1=0] = \log(\Omega_{\text{nosmokers}}) = \beta_0 + \beta_1 \times 0 = \beta_0$。于是，吸烟组与不吸烟组的优势比为 $\text{OR}_{\text{S VS. NS}} = \dfrac{\Omega_{\text{smokers}}}{\Omega_{\text{nosmokers}}} = \dfrac{e^{(\beta_0+\beta_1)}}{e^{\beta_0}} = e^{\beta_1}$。当 β_1 接近 0 时，表示吸烟并没有增加患肺癌的风险。

可见，两组的优势比与 Logistic 回归方程的回归系数有关。吸烟患肺癌的优势是不吸烟组的 e^{β_1} 倍。可见，e^{β_1} 的含义比 β_1 更直观，反映的是解释变量不同取值所导致的优势比或近似的相对风险。

将该过程略一般化些。当 Logistic 回归方程确定后，有 $\Omega = \exp\left(\beta_0 + \sum\limits_{i=1}^{p} \beta_i x_i\right)$。当其他解释变量保持不变时，研究 x_1 变化一个单位对 Ω 的影响。如果将 x_1 变化一个单位后的优势设为 Ω^*，则有：$\Omega^* = \exp\left(\beta_1 + \beta_0 + \sum\limits_{i=1}^{p} \beta_i x_i\right) = \Omega\exp(\beta_1)$，有 $\dfrac{\Omega^*}{\Omega} = \exp(\beta_1)$。由此可知，当 x_1 增加一个单位所导致的优势是原来优势的 $\exp(\beta_1)$ 倍，即优势比为 $\exp(\beta_1)$。再一般化些有 $\dfrac{\Omega^*}{\Omega} = \exp(\beta_i)$，表示当其他解释变量保持不变时，$x_i$ 每增加一个单位所导致的优势是原来优势的 $\exp(\beta_i)$ 倍，即优势比为 $\exp(\beta_i)$。

9.2.2　Logistic 回归方程的检验

1. 回归方程的显著性检验

Logistic 回归方程显著性检验的目的，是检验解释变量全体与 Logit P 的线性关系是否显著，是否可以选择线性模型。原假设 $\text{H}_0: \beta_1 = \beta_2 = \cdots = \beta_p = 0$，各回归系数同时为 0，解释变量全体与 Logit P 的线性关系不显著。

回归方程显著性检验的基本思路：如果方程中的诸多解释变量对 Logit P 的线性解释有显著意义，那么必然会使回归方程对样本的拟合得到显著提高。可采用对数似然比测度拟合程度是否有了提高。首先说明对数似然的意义。

Logistic 回归方程的参数估计采用极大似然估计（Maximum Likelihood Estimation，MLE）法。极大似然估计是一种在总体概率密度函数和样本信息的基础上，求解模型中未知参数估计值的方法。在已知总体的概率密度函数的基础上，基于这个概率密度函数，构造一个包含未知参数的似然函数，并求解在似然函数值最大时未知参数的估计值。从另一角度看，该原则下得到的参数，在其所决定的总体中将有最大的概率观察到观测样本。

为直观理解极大似然估计，看一个简单例子。例如：为研究顾客购买软饮料意向，利用样本数据对顾客有购买意向的概率进行估计。这里的似然函数为二项分布的似然函数：$L(\theta\,|\,y,n) = C_n^y \theta^y (1-\theta)^{n-y}$，其中 y 是观测到有购买意向的顾客人数，n 是总人数，θ 是有购买意向的概率，为待估参数。现在假设 θ 只有 0.2 和 0.6 两个备选值，样本量 $n=5$，有购买意向的人数 $y=4$。于是，计算在 θ 分别为 0.2 和 0.6 的条件下，观测到 $y=4$ 和 $n=5$ 的概率：

$p(n=5,y=4\,|\,\theta=0.2)=C_5^4 0.2^4(1-0.2)^{5-4}=0.007$ ， $p(n=5,y=4\,|\,\theta=0.6\,|)=C_5^4 0.6^4(1-0.6)^{5-4}=0.259$ 。显然， 0.259 大于 0.007，所以 θ 为 0.6 时的似然函数 $L(\theta\,|\,y,n)=C_n^y\theta^y(1-\theta)^{n-y}$ 达到最大，θ 应估计为 0.6 而非 0.2。所以，顾客有购买意向概率的估计值为 0.6。

因此，似然函数值实际是一种概率值，取值在 0～1 之间，越接近 1，观察到特定样本的概率越大。为方便数学上的处理，通常将似然函数取自然对数，得到对数似然函数。所以求似然函数最大的过程也就是求对数似然函数最大的过程。

转到 Logistic 回归模型的检验上。如果设解释变量 x_i 未引入回归方程前的对数似然函数值为 LL，解释变量 x_i 引入回归方程后的对数似然函数值为 LL_{x_i} ，则对数似然比为 $\dfrac{\mathrm{LL}}{\mathrm{LL}_{x_i}}$ 。

容易理解：如果对数似然比与 1 无显著差异，则说明引入解释变量 x_i 后，解释变量全体对 Logit P 的线性解释无显著改善；如果对数似然比远远大于 1，与 1 有显著差异，则说明引入解释变量 x_i 后，解释变量全体显著提高了对数似然值，解释变量全体与 Logit P 之间的线性关系显著。

依照统计推断的思想，此时应关注对数似然比的分布。但由于对数似然比的分布是未知的，通常采用似然比检验统计量 $-\log\left(\dfrac{L}{L_{x_i}}\right)^2$ 。其中，L 和 L_{x_i} 分别为解释变量 x_i 引入回归方程前后的似然函数值。$-\log\left(\dfrac{L}{L_{x_i}}\right)^2$ 在原假设成立的条件下近似服从 1 个自由度的卡方分布，故也称似然比卡方。于是有 $-\log\left(\dfrac{L}{L_{x_i}}\right)^2=-2\log\left(\dfrac{L}{L_{x_i}}\right)=-2\log(L)-(-2\log(L_{x_i}))=-2\mathrm{LL}-(-2\mathrm{LL}_{x_i})$ 。可见，似然比卡方反映了解释变量 x_i 引入回归方程前后对数似然的变化幅度，该值越大表明解释变量 x_i 的引入越有意义。

进一步，如果似然比卡方观测值的概率-P 值，小于给定的显著性水平 α，则应拒绝原假设，认为方程中所有回归系数不同时为零，解释变量全体与 Logit P 之间的线性关系显著；反之，如果概率-P 值大于给定的显著性水平 α，则不应拒绝原假设，认为方程中所有回归系数同时为零，解释变量全体与 Logit P 之间的线性关系不显著。

R 的 Logistic 回归分析结果中，称似然比卡方为模型偏差（Deviance）。回归模型中未引入任何解释变量时的模型称为零（NULL）模型，是回归方程显著性检验原假设成立时的模型。模型对数据拟合度越好，对数似然越大，–2 倍的对数似然–2LL 越小。因零模型中无任何解释变量，它的–2LL 较大。–2LL 是对被解释变量中不能通过解释变量所解释部分的度量，从这个意义上讲，–2LL 也称为剩余的模型偏差（Residual Deviance）。当模型引入的解释变量是一个有效的解释变量时，它的进入必然会导致一个大的模型偏差，进而使剩余的模型偏差变小。所以，如果建立的模型是个理想的模型的话，剩余的模型偏差应该是较低的。

2. 回归系数的显著性检验

Logistic 回归系数显著性检验的目的，是逐个检验方程中各解释变量是否与 Logit P 有显著的线性关系，对解释 Logit P 是否有重要贡献。原假设 H_0: $\beta_i=0\,(i=1,2,\cdots,p)$ ，即第 i 个回归系数与零无显著差异，解释变量 x_i 与 Logit P 之间的线性关系不显著。

回归系数显著性检验采用的检验统计量是 Wald 统计量，定义为 $\mathrm{Wald}_i = \left(\dfrac{\beta_i}{S_{\beta_i}}\right)^2$。其中，$\beta_i$ 是回归系数，S_{β_i} 是回归系数的标准误，受解释变量变差和误差项方差的影响。Wald 检验统计量近似服从卡方分布。

如果解释变量 x_i 的 Wald_i 观测值的概率-P 值小于给定的显著性水平 α，则应拒绝原假设，认为 x_i 的回归系数与零有显著差异，解释变量 x_i 与 Logit P 的线性关系显著，应保留在方程中；反之，如果概率-P 值大于给定的显著性水平 α，则不应拒绝原假设，认为 x_i 的回归系数与零无显著差异，解释变量 x_i 与 Logit P 的线性关系不显著，不应保留在方程中。

3．R 实现

建立 Logistic 回归方程的 R 函数是 glm，基本书写格式：

glm（R 公式, data=数据框名, family=分布名（link=连接函数名））

其中，R 公式与第 8 章的线性回归分析函数 lm 完全相同。参数 family 用于指定被解释变量所服从的概率分布的名称。建立 Logistic 回归方程时，该参数应赋值为 binomial（二项分布），且连接函数名为 logit。

9.2.3　大数据分析案例：基于人力资源调查数据探讨技术人员离职的原因

基于人力资源调查中技术人员（样本量为 2720）数据，首先研究导致技术人员离职的主要因素，并度量这些因素对离职影响力度的高低。设显著性水平 $\alpha=0.05$。具体代码和部分执行结果如下。

```
> model<-glm(left~.,data=Data,family=binomial(link="logit"))
> anova(model,test="Chisq")
Analysis of Deviance Table
Model: binomial, link: logit
Response: left
Terms added sequentially (first to last)
                      Df Deviance Resid. Df Resid. Dev  Pr(>Chi)
NULL                               2719      3095.9
satisfaction_level    1   449.65   2718      2646.2   < 2.2e-16 ***
last_evaluation       1    11.21   2717      2635.0   0.0008141 ***
number_project        1     6.54   2716      2628.5   0.0105378 *
average_montly_hours  1    23.81   2715      2604.7   1.065e-06 ***
time_spend_company    1   130.74   2714      2473.9   < 2.2e-16 ***
Work_accident         1    66.08   2713      2407.9   4.334e-16 ***
promotion_last_5years 1     2.54   2712      2405.3   0.1112335
salary                2    19.75   2710      2385.6   5.150e-05 ***
---
Signif. codes:  0 '***' 0.001 '**' 0.01 '*' 0.05 '.' 0.1 ' ' 1
> summary(model)
Call:
```

```
glm(formula = left ~ ., family = binomial(link = "logit"), data = Data)
Deviance Residuals:
    Min      1Q    Median      3Q      Max
-2.4916  -0.6542  -0.4134   0.7074   2.4438
Coefficients:
                         Estimate Std. Error  z value  Pr(>|z|)
(Intercept)             -2.265305  0.465245    -4.869  1.12e-06 ***
satisfaction_level      -4.045594  0.222304   -18.198   < 2e-16 ***
last_evaluation          0.582337  0.342247     1.702   0.08885 .
number_project          -0.323254  0.049368    -6.548  5.84e-11 ***
average_montly_hours     0.006085  0.001198     5.078  3.81e-07 ***
time_spend_company       0.462981  0.043228    10.710   < 2e-16 ***
Work_accident.L          1.031192  0.145062     7.109  1.17e-12 ***
promotion_last_5years.L -0.756000  0.494739    -1.528   0.12649
salary.L                -0.717717  0.176886    -4.058  4.96e-05 ***
salary.Q                -0.391264  0.120258    -3.254   0.00114 **
---
Signif. codes:  0 '***' 0.001 '**' 0.01 '*' 0.05 '.' 0.1 ' ' 1
(Dispersion parameter for binomial family taken to be 1)
    Null deviance: 3095.9  on 2719  degrees of freedom
Residual deviance: 2385.6  on 2710  degrees of freedom
AIC: 2405.6
Number of Fisher Scoring iterations: 5
```

说明：

① 建立包含所有解释变量的 Logistic 回归模型。glm 函数中的分布名为 binomial，连接函数为 Logit。

② anova(Fit, test="Chisq") 表示依据卡方分布，进行回归方程的显著性检验。

对于 Logistic 回归模型应采用似然比卡方检验。因参数 test 的默认值是"Chisq"，可不必明确说明。这里，解释变量进入模型的顺序依据的是数据框中解释变量排列的先后次序。零模型中不包含任何解释变量，剩余的模型偏差较大，为 3095.9。

首先，进入模型的是 satisfaction_level，进入后产生了 449.65 的模型偏差（似然比卡方），似然比卡方检验的概率-P 值小于 2e-16。因概率-P 值小于显著性水平 α，应拒绝当前模型中所有回归系数同时为零的原假设，模型选择是合理的。同时表明，satisfaction_level 对 Logit P 有显著的线性影响，应保留在模型中。此时，剩余的模型偏差为 2646.2。

promotion_last_5years 进入 Logistic 回归模型后仅产生了 2.54 的模型偏差（似然比卡方），似然比卡方检验的概率-P 值为 0.11。因概率-P 值大于显著性水平 α，不应拒绝当前模型中所有回归系数同时为零的原假设，即 promotion_last_5years 进入模型选择是不合理的。其他同理。当所有解释变量均参与建模后，与零模型相比，一共产生了 3095.9−2385.6＝710.3 的模型偏差。2385.6 为目前剩余的模型偏差。

③ 利用 summary 浏览模型，给出的是回归系数显著性检验的 Wald 检验结果。结果表明：last_evaluation，promotion_last_5years 与 Logit P 没有显著的线性影响（与前面的数据基本分析结论一致）。当前模型不能较好地度量各因素对离职的影响效应，须剔除上述两个变量，重新建立模型。具体代码和部分执行结果如下。

```
model<-glm(left ~ satisfaction_level+number_project+average_montly_hours+
    time_spend_company+Work_accident+salary,data=Data,family=binomial(
    link="logit"))
> summary(model)
Call:
glm(formula = left ~ satisfaction_level + number_project + average_montly_
hours + time_spend_company + Work_accident + salary, family = binomial
    (link = "logit"),
    data = Data)
Deviance Residuals:
    Min       1Q   Median       3Q      Max
-2.4935  -0.6543  -0.4114   0.7122   2.4681
Coefficients:
                         Estimate  Std. Error  z value   Pr(>|z|)
(Intercept)             -1.570501    0.285861   -5.494  3.93e-08 ***
satisfaction_level      -3.971031    0.216029  -18.382  < 2e-16 ***
number_project          -0.301755    0.047289   -6.381  1.76e-10 ***
average_montly_hours     0.006606    0.001149    5.749  8.96e-09 ***
time_spend_company       0.470167    0.043023   10.928  < 2e-16 ***
Work_accident.L          1.021466    0.144547    7.067  1.59e-12 ***
salary.L                -0.718775    0.176288   -4.077  4.56e-05 ***
salary.Q                -0.387917    0.119936   -3.234   0.00122 **
---
Signif. codes:  0 '***' 0.001 '**' 0.01 '*' 0.05 '.' 0.1 ' ' 1
(Dispersion parameter for binomial family taken to be 1)
    Null deviance: 3095.9  on 2719  degrees of freedom
Residual deviance: 2391.3  on 2712  degrees of freedom
AIC: 2407.3
Number of Fisher Scoring iterations: 5
```

说明：

① 重新建模，此时剩余的模型偏差为 2391.3。尽管比第一个模型剩余的模型偏差大，但这个模型更合理，且回归系数显著性检验均显著。

② 解读模型结果

例如，其他因素不变时，satisfaction_level 每增加一个单位，将导致 Logit P 平均减少 3.97；再如其他因素不变时，time_spend_company 每增加一个单位，将导致 Logit P 平均增加 0.470167。为进一步明确其含义，基于 Logistic 回归方程的回归系数计算优势比。

```
> exp(coef(model))
   (Intercept) satisfaction_level number_project average_montly_hours time_spend_company
    0.20794095        0.01885399    0.73951895          1.00662810         1.60026162
      Work_accident.L           salary.L            salary.Q
         2.77726359         0.48734899          0.67846861
> ifelse(coef(model)>0,exp(coef(model)),1/exp(coef(model)))
   (Intercept)    satisfaction_level    number_project    average_montly_hours
     4.809058            53.039172          1.352230              1.006628
```

time_spend_company	Work_accident.L	salary.L	salary.Q
1.600262	2.777264	2.051918	1.473908

结果表明：例如，其他因素不变时，satisfaction_level 每增加一个单位，离职的优势是原来的 0.018 倍（优势比）；再如，其他因素不变时，time_spend_company 每增加一个单位，离职的优势是原来的 1.6 倍（优势比）。若将优势比近似为相对风险，表明 satisfaction_level 每增加一个单位，离职的概率是原来的 0.018，即 satisfaction_level 每减少一个单位，离职的概率是原来的 53 倍；time_spend_company 每增加一个单位，离职概率是原来的 1.6 倍。

综上，Logistic 回归模型所列变量均是影响是否离职的主要因素，其中技术人员对公司满意度的降低，是导致离职的最重要因素。

9.3　Logistic 回归方程的应用

正如案例所示，建立 Logistic 回归方程的目的之一是利用回归方程揭示事物之间的相互影响关系。此外，Logistic 回归方程的另外一个重要应用是根据方程，对事物的未来发展趋势进行预测。对于本案例，即预测技术人员未来离职的可能性。

对样本数据有理想的拟合，是模型未来具有良好预测精度的保障。应关注如何度量 Logistic 回归方程对样本数据的拟合效果。

9.3.1　Logistic 回归方程拟合效果的评价

Logistic 回归方程的拟合效果的度量有麦克法登（McFadden）伪 R^2 统计量测度，以及基于混淆矩阵的预测正确率。

1. 麦克法登伪 R^2

麦克法登伪 R^2 是测度 Logistic 回归方程拟合优度的测度指标，定义为 $1-\dfrac{LL}{LL_0}=1-\dfrac{-2LL}{-2LL_0}$，取值在 0～1 之间。其中，LL 表示当前模型的对数似然值，LL_0 表示零模型的对数似然。容易理解，若当前模型较为理想，对被解释变量的解释较为充分，其剩余的模型偏差 $-2LL$ 应远小于零模型的剩余的偏差 $-2LL_0$，伪 R^2 应较大，接近 1。伪 R^2 越接近 1，模型的拟合效果越好。反之，若当前模型不理想，对被解释变量的解释极不充分，其剩余的模型偏差 $-2LL$ 不会远小于零模型的剩余的偏差 $-2LL_0$，伪 R^2 应较小，接近 0。伪 R^2 越接近 0，模型的拟合效果越差。

2. 混淆矩阵

Logistic 回归分析中，模型的优劣还可借助混淆矩阵测度。混淆矩阵通过矩阵表格形式展示模型拟合值与实际观测值的吻合程度。混淆矩阵的一般形式如表 9-1 所示。

其中，f_{11} 是实际值为 0、预测值也为 0 的观测个数，f_{12} 是实际值为 0、预测值为 1 的观测个数，f_{21} 是实际值为 1、预测值为 0 的观测个数，f_{22} 是实际值为 1、预测值也为 1 的观测个数。通过各栏正确率就可以评价模型拟合优度，当然正确率越高意味着模型拟合越好。

表 9-1　混淆矩阵

		拟合值		
		0	1	正确率
实际值	0	f_{11}	f_{12}	$\dfrac{f_{11}}{f_{11}+f_{12}}$
	1	f_{21}	f_{22}	$\dfrac{f_{22}}{f_{21}+f_{22}}$
	总体正确率	$\dfrac{f_{11}+f_{22}}{f_{11}+f_{12}+f_{21}+f_{22}}$		

9.3.2　大数据分析案例：基于人力资源调查数据预测技术人员离职的可能性

基于 9.2.3 节的 Logistic 回归模型，预测技术人员离职的可能性，计算麦克法登伪 R^2 和混淆矩阵。具体代码和执行结果如下。

```
> anova(model,test="Chisq")
Analysis of Deviance Table
Model: binomial, link: logit
Response: left
Terms added sequentially (first to last)
                     Df Deviance Resid. Df Resid. Dev  Pr(>Chi)
NULL                            2719     3095.9
satisfaction_level   1   449.65      2718     2646.2  < 2.2e-16***
number_project       1     0.75      2717     2645.5    0.3853
average_montly_hours 1    33.67      2716     2611.8  6.545e-09***
time_spend_company   1   136.05      2715     2475.8  < 2.2e-16***
Work_accident        1    64.59      2714     2411.2  9.220e-16***
salary               2    19.88      2712     2391.3  4.818e-05***
---
Signif. codes:  0 '***' 0.001 '**' 0.01 '*' 0.05 '.' 0.1 ' ' 1
> (McR2<-1-anova(model)[7,4]/anova(model)[1,4])       #计算伪 R 方
[1] 0.2275895
> leftProb<-predict(model,Data,type="response")       #计算预测值为 1 的概率值
> plot(density(leftProb),main="预测离职可能性的核密度估计图",xlab="预测离职
     可能性",ylab="密度")
> leftOrNot<-ifelse(leftProb>0.5,1,0)                  #计算预测值
> (ConfuseMatrix<-table(Data$left,leftOrNot))          #生成混淆矩阵
   leftOrNot
       0    1
  0 1860  163
  1  484  213
> prop.table(ConfuseMatrix,1)*100                      #计算各类别的百分比
   leftOrNot
            0         1
  0 91.942659  8.057341
  1 69.440459 30.559541
> sum(diag(ConfuseMatrix))/sum(ConfuseMatrix)*100      #计算总的预测正确率
[1] 76.21324
```

说明：

① 根据伪 R^2 的定义可直接基于 anova 函数的结果计算。anova(model) 给出了零模型剩余的偏差为 3095.9，当前模型剩余的偏差为 2391.3，伪 R^2 值为 0.23。模型的拟合度不够理想。

② 本例中，predict 函数给出的是被解释变量(left)预测为 1 的概率值。绘制预测离职概率的核密度估计图，如图 9-4 所示。

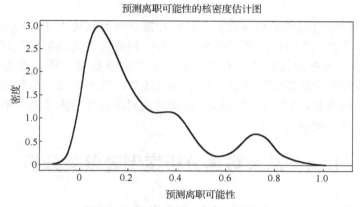

图 9-4　预测离职概率的核密度估计图

图 9-4 显示，有相当一部分人离职的概率低于 0.5，仅有较少部分人的离职概率大于 0.5。

③ 进一步，依据一般标准，若离职概率大于 0.5(称为概率阈值)，则预测值为 1，即离职；否则预测值为 0，即未离职。混淆矩阵显示，实际值为 0(未离职)预测值为 0(未离职)的有 1860 人，预测错误的有 163 人，正确率为 91.9%；实际值为 1(离职)预测值为 1(离职)的有 213 人，预测错误的有 484 人，正确率为 30.6%。预测总正确率为 (1860+213)/2720=76.2%。整体来说，模型的预测效果不理想。可尝试通过调整概率阈值提高模型预测精度。

9.4　本章涉及的 R 函数

本章涉及的 R 函数如表 9-2 所列。

表 9-2　本章涉及的 R 函数列表

函　数　名	功　　　能
glm(R 公式, data=数据框名, family=分布名(link=连接函数名))	建立广义线性模型

第 10 章　R 的聚类分析：数据分组

无论数据集是样本数据还是总体数据，往往都需要对数据的内在结构进行剖析，根本目的是发现数据中的"自然"分组。聚类分析，作为一种研究"物以类聚"问题的多元统计分析方法，是揭示数据内在结构的简单有效工具，同样涉及数据建模、模型评价和应用等方面。为有助于理解聚类分析的统计含义，明晰应用场景，首先对第 3 章和第 4 章列出的两个大数据分析案例，围绕其研究问题和目标，分别讨论解决问题的方法及分析本质。然后再分章节对相关的理论和案例进行讲解。

10.1　从大数据分析案例看聚类分析

10.1.1　超市顾客购买行为数据分析中的聚类分析问题

基于第 2 章表 2-3 所示的超市顾客购买行为数据，通过第 3 章的数据整理已经计算得到每个顾客的 RFM 值，为进行最基本的用户画像奠定了良好的数据基础。接下来的任务就是如何根据 RFM 值实现画像。

用户画像研究较为复杂，这里仅将其定位在基于 RFM 数据的顾客分组方面，即本质是进行数据分组。通常应分别指定 R、F、M 的组限，对顾客进行 3 个维度的交叉分组，如图 10-1 所示，将顾客划分成 8 个市场细分组。每个顾客组有不同的画像特征，如大顾客组还是易流失顾客组，等等。

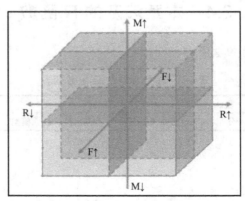

图 10-1　顾客 RFM 主观分组示意图

显然，上述分组的合理性依赖于人们对 RFM 数据的全面把握，以及对实际商业策略的正确选择，是一种主观分组，主观色彩表现在：

第一，需要明确指定分组标准即组限值。合理的组限值是成功分组的关键，但需要行业经验和反复尝试。

第二，需要明确指定分组变量。对该问题来讲，就是默认基于 RFM 这三个特征的用户画像是足够全面和充分的。这需要较丰富的行业知识，否则形成的分组可能是片面和不恰当的。

总之，"主观分组"很可能因对数据认识的不足或片面而不具有合理性，导致"主观分组"与数据中原本真实存在的"客观分组"不相吻合，进而无法准确体现数据的内在结构。

通常，理想的分组是从数据出发的全面客观分组，即分组时兼顾考虑多方面因素，且无须人工指定分组组限，并确保各方面特征相似的顾客能够分在同一组内，特征不相似的顾客分在不同组中。它更全面,更客观，对帮助企业认识自己的客户更有帮助。聚类分析能够很好地处理这个问题。

10.1.2　北京市空气质量监测数据分析中的聚类分析问题

基于北京市空气质量监测数据，前面章节的研究发现，不同类型监测点的供暖季 PM2.5 浓度总体均值不同，即地理位置、交通环境等差异性导致了 PM2.5 浓度高低不同。事实上，除PM2.5 之外，其他污染物浓度也可能存在这样的差异性。比如，有些区域各种污染物浓度都很高，而另一些区域多数浓度较低，但 NO_2 浓度却相对较高，等等。也就是说，可能存在各污染物浓度高低不同，不同区域污染物构成特点不尽相同的情况。可能涉及研究哪些监测点区域各污染物水平大致相同，哪些监测点区域的主要污染物类型相同哪些不同，等等。

为此，需要进行区域划分，本质是一个基于各种污染物浓度的数据分组。聚类分析能够很好地处理这个问题。

10.1.3　聚类分析的基本思路

聚类分析能够将一批样本观测数据，在没有先验知识的前提下，根据数据的诸多特征，按照其在性质上的亲疏程度进行自动分组(或称分类)，且使组(类)内部个体的结构特征具有较大相似性，组(类)之间个体的特征相似性较小。这里，所谓"没有先验知识"是指没有事先指定分组标准，所谓"亲疏程度"是指样本在变量取值上的总体相似程度或差异程度。后续不再区分组和类，均采用习惯称谓。

聚类分析涉及数据建模、模型评价和应用等方面。实现聚类的途径和角度不尽相同，可将其视为不同的聚类建模。聚类所得分组的合理性研究，可视为对聚类建模的评价。对未来新数据所属组的预测，可视为聚类模型的应用。

可从不同角度，对目前主流的聚类模型(算法)进行分类。

1. 从聚类结果角度划分

聚类算法可分为覆盖聚类算法与非覆盖聚类算法，即如果每个观测点都至少属于一个组，则称为覆盖聚类，否则为非覆盖聚类。

另外，聚类算法还可分为分层聚类和非分层聚类，即如果存在两个组，其中一个组是另一个组的子集，则称为分层聚类，否则称为非分层聚类。

再有，聚类算法还可分为确定聚类和模糊聚类，即如果任意两个组的交集为空，一个观测点最多只属于一个组，则称为确定聚类(或硬聚类)。否则，如果一个观测点以某概率水平属于一个以上的组，则称为模糊聚类。

2．从聚类变量类型角度划分

聚类算法可分为数值型聚类算法、分类型聚类算法和混合型聚类算法，它们所处理的聚类变量分别是数值型、分类型以及数值分类混合型。

3．从聚类的原理角度划分

聚类算法可分为分割聚类(Partitional clustering)算法、分层聚类(Hierarchical clustering)算法、基于密度的聚类(Density-based clustering)算法以及网格聚类(Rid clustering)算法等。

各种聚类模型均涉及以下两方面的主要问题：

第一，如何测度样本的"亲疏程度"。

"亲疏程度"的测度一般从数据间的差异入手。为有效测度数据间的差异程度，须将所收集到具有 p 个数值型变量的观测数据，看成 p 维空间上的点，并以此定义某种距离。通常，点与点之间的距离越小，意味着它们越"亲密"，差异程度越小，越有可能聚成一组；相反，点与点之间的距离越大，意味着它们越"疏远"，差异程度越大，越有可能分属不同的组。

对两观测点 x 和 y，若 x_i 是观测点 x 的第 i 个变量值，y_i 是观测点 y 的第 i 个变量值。两观测点 x 和 y 之间的距离有如下几种定义。

● 欧氏距离

两观测点 x 和 y 间的欧氏距离(Euclidean distance)是两个点的 p 个变量值之差的平方和开平方，数学定义为 $\mathrm{EUCLID}(x,y) = \sqrt{\sum_{i=1}^{p}(x_i - y_i)^2}$ 。

● 切比雪夫距离

两观测点 x 和 y 间的切比雪夫(Chebychev)距离是两观测点 p 个变量值绝对差的最大值，数学定义为 $\mathrm{CHEBYCHEV}(x,y) = \mathrm{Max}(|x_i - y_i|)$，$i = 1, 2, \cdots, p$ 。

● 绝对距离

两观测点 x 和 y 间的绝对(Block)距离是两观测点 p 个变量值绝对差的总和，数学定义为 $\mathrm{BLOCK}(x,y) = \sum_{i=1}^{p}|x_i - y_i|$ 。

● 明考斯基距离

两观测点 x 和 y 间的明考斯基(Minkowski)距离是两观测点 p 个变量值绝对差 k 次方总和的 k 次方根(k 可以任意指定)，数学定义为 $\mathrm{MINKONSKI}(x,y) = \sqrt[k]{\sum_{i=1}^{p}|x_i - y_i|^k}$ 。

● 夹角余弦距离

两观测点 x 和 y 间的夹角余弦(Cosine)距离的数学定义为 $\mathrm{COSINE}(x,y) = \dfrac{\sum_{i=1}^{p}(x_i y_i)^2}{\sqrt{\left(\sum_{i=1}^{p}x_i^2\right)\left(\sum_{i=1}^{p}y_i^2\right)}}$ 。夹角余弦距离是从两观测的变量整体结构相似性角度测度其距离。夹角余弦越大，结构相似度越高，差异程度越小。

第二，以怎样的策略实施聚类分组。

不同的聚类模型有不同的聚类分组的实施策略。以下只讨论应用最为广泛的 *K*-Means 聚类和分层聚类。

10.2　*K*-Means 聚类

10.2.1　*K*-Means 聚类原理和 R 实现

1．*K*-Means 聚类原理

K-Means 聚类，也称快速聚类，属于覆盖型数值分割聚类算法。所谓分割是指，首先将样本空间随意分割成若干区域，然后依据上述定义的距离，将所有样本点分配到与之最近的区域中，形成初始的聚类结果。良好的聚类应使组内部的样本结构相似，组间的样本结构差异显著。由于初始聚类结果是在空间随意分割的基础上产生的，因而无法确保所给出的聚类分组，也称聚类解，满足上述要求，所以多次反复是必须的。

在这样的设计思路下，*K*-Means 聚类算法的具体过程如下。

第一步，指定聚类数目 *K*。

在 *K*-Means 聚类中，应首先给出须聚成多少。聚类数目的确定本身并不简单，既要考虑最终的聚类效果，也要根据研究问题的实际需要。聚类数目太大或太小都将失去聚类的意义。

第二步，确定 *K* 个初始类中心。

类中心是各类内数据特征的典型代表。指定聚类数目 *K* 后，还应指定 *K* 个类的初始类中心点。初始类中心点指定的合理性，将直接影响聚类算法收敛的速度。常用的初始类中心点的指定方法有：

- 经验选择法，即根据以往经验大致了解样本应聚成几类以及如何聚类，只需要选择每个类中具有代表性的点作为初始类中心即可。
- 随机选择法，即随机指定若干个样本观测点作为初始类中心。
- 最小最大法，即先选择所有观测点中相距最远的两个点作为初始类中心，然后选择第三个观测点，它与已确定的类中心的距离是其余点中都最大的。然后按照同样的原则选择其他的类中心点。

第三步，根据最近原则进行聚类。

依次计算每个观测点到 *K* 个类中心点的距离，并按照距 *K* 个类中心点距离最近的原则，将所有样本分派到最近的类中，形成 *K* 个类。

第四步，重新确定 *K* 个类中心。

重新计算 *K* 个类的中心点。中心点的确定原则：依次计算各类中所有观测点各变量的均值，并以均值点作为 *K* 个类的中心点。

第五步，判断是否已经满足终止聚类算法的条件，如果没有满足则返回到第三步，不断反复上述过程，直到满足迭代终止条件。

聚类算法终止的条件通常有两个：第一，迭代次数。当目前的迭代次数等于指定的迭代次数时终止聚类算法；第二，类中心点偏移程度。新确定的类中心点距上次类中心点的最大

偏移量小于指定值时终止聚类算法。通过适当增加迭代次数或合理调整中心点偏移量的判定标准，能够有效克服初始类中心点指定时可能存在的偏差。上述两个条件中任意一个满足则结束算法。

可见，*K*-Means 聚类是一个反复迭代过程。在聚类过程中，样本所属的类会不断调整，直到最终达到稳定为止。图 10-2 直观反映了 *K*-Means 聚类的过程。

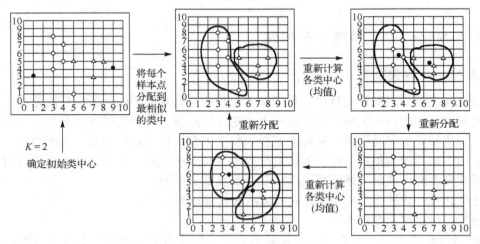

图 10-2　*K*-Means 聚类过程

首先指定聚成两类，图中红色点为初始类中心。可以看到，迭代过程中图中坐标为(5,1)和(5,5)的两个点的所属类发生了变化，其原因是类中心进行了调整。

由于距离是 *K*-Means 聚类的基础，它将直接影响最终的聚类结果。因此，通常在分析之前应剔除影响距离正确计算的因素。

第一，聚类变量值不应有数量级上的差异。

聚类分析是以距离度量差异程度，量级将对距离计算产生较大影响。大量级的变量在距离中的"贡献"高于小量级变量，意味着大量级变量有更大的权重影响聚类结果。为解决该问题，聚类分析之前通常应首先消除变量的数量级差异，一般可通过标准化处理实现。

第二，聚类变量不应有较强的线性相关关系。

因每个变量都在距离计算中做出"贡献"。如果聚类变量之间存在较高的线性关系，能够相互替代，那么计算距离时这些"同类"变量将重复"贡献"，意味着它们在距离计算中拥有了较高的权重，会很大程度地左右最终的聚类结果。

2．R 实现

K-Means 聚类的 R 函数是 kmeans，基本书写格式：

kmeans(x=矩阵名，centers=聚类个数)

其中，聚类变量组织在矩阵或数据框中。参数 centers：若为一个整数，则表示聚类数目；若为一个矩阵(行数等于聚类数，列数等于聚类变量个数)，则表示初始类中心，其每一行表示一个初始类中心点。kmeans 函数的返回结果是一个列表，其中包括如下成分。

- cluster：存储聚类解，是各观测所属的小类的编号。
- ceners：存储各个小类的最终类中心。

- totss：所有聚类变量（p 个）的离差平方和之和。totss $= \sum_{i=1}^{p} \mathrm{SS}_{x_i}$，$\mathrm{SS}_{x_i}$ 表示聚类变量 x_i 的离差平方和。totss 是对全体观测离散总程度的测度。

- withinss：包含 K 个元素的向量，对最终得到的每个小类，计算 p 个聚类变量离差平方和之和，是对各类内部观测数据点离散程度的测度。

- tot.withinss：对最终得到的每个小类，计算 p 个聚类变量离差平方和之和，并加总，tot.withinss $= \sum_{i=1}^{K} \sum_{i=1}^{p} \mathrm{SS}'_{x_i}$，$\mathrm{SS}'_{x_i}$ 表示聚类变量 x_i 的类内离差平方和。tot.withinss 可作为类内离散总程度的测度。

- betweenss：betweenss = totss-tot.withinss，可作为类间离散总程度的测度。

- size：各类的样本量。

10.2.2　大数据分析案例：超市顾客购买行为数据分析中的 *K*-Means 聚类

这里基于超市顾客购买行为的 RFM 数据，利用 *K*-Means 聚类划分顾客群。主要步骤如下：

第一步，利用核密度图可视化顾客 *R*、*F*、*M* 三个变量的分布特征。

第二步，数据建模。随机抽取 11000 名顾客数据作为训练样本集,构建 *K*-Means 聚类模型，剩余数据作为测试样本集。尝试将 11000 名顾客聚成 4 类，并研究 4 类顾客的购买行为特征。

第三步，评价模型。验证聚类模型，分析聚成 4 类是否恰当。

第四步，模型应用。利用聚类模型，预测测试样本集中顾客所属的类。

具体代码和执行结果如下。

```
> MyData<-read.table(file="顾客的 RFM 数据.txt",header=TRUE,sep=" ")
> par(mfrow=c(1,3))
> plot(density(MyData$R),xlab="Rencency",ylab="密度",main="顾客最近购买的
    核密度估计曲线")
> plot(density(MyData$F),xlab="Frequency",ylab="密度",main="顾客购买频率
    的核密度估计曲线")
> plot(density(MyData$M),xlab="Monetary",ylab="密度",main="顾客购买金额的
    核密度估计曲线")
```

说明：基于全体顾客数据，分别绘制最近购买(*R*)、购买频率(*F*)和购买金额(*M*)的核密度估计图。如图 10-3 所示。

图 10-3 显示，顾客的 *R*、*F*、*M* 均呈现出明显的右偏分布特征。数据中存在极端值，且它们可能形成一个顾客群。

```
> set.seed(12345)
> flag<-sample(x=1:dim(MyData)[1],size=11000)
> CluData<-MyData[flag,2:4]                          #训练样本集
> TestData<-MyData[-flag,2:4]                         #测试样本集
> set.seed(12345)
> CluR<-kmeans(x=scale(CluData),centers=4)            #对训练样本集聚成 4 类
> CluR$size                                           #浏览 4 类的样本量
```

```
[1]    956 6406 1137 2501
> CluR$centers                                    #浏览 4 类最终的类中心
              R                  F                  M
1      -0.3422919       -0.003776365       1.9201045
2      -0.4473039       -0.329007442      -0.3037834
3      -0.5151935        2.692926210       1.1597290
4       1.5107696       -0.380098048      -0.4830849
> CluData$memb<-CluR$cluster                      #保存聚类解
> (Center<-sapply(CluData[,1:3],FUN=function(x)  tapply(x,INDEX=CluData[,4],
    FUN=mean)))
              R                  F                  M
1      444.7730           5.475941        1103.5917
2      436.2429           3.317827         322.0404
3      430.7282          23.370273         836.3694
4      595.2971           2.978808         259.0277
> par(mfrow=c(1,3))
> boxplot(CluData$R~CluData$memb,main="各类顾客的最近购买箱线图")
> boxplot(CluData$F~CluData$memb,main="各类顾客的购买频率箱线图")
> boxplot(CluData$M~CluData$memb,main="各类顾客的购买金额箱线图")
```

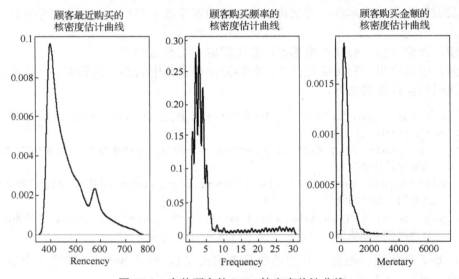

图 10-3   全体顾客的 RFM 核密度估计曲线

说明：

① 利用 sample 函数进行随机抽样，获得训练样本集和测试样本集。

② 对训练样本集采用 *K*-Means 聚类。因购买频率变量的数量级小于最近购买和购买金额，为消除量级影响，首先利用 scales 函数进行数据标准化处理后再聚类。聚类数目指定为 4。

③ 4 个类的样本量依次为 956、6406、1137、2501。第 2 类人数较多。4 个类的最终的类中心为标准后的数据。结果显示，4 个类在 R、F、M 的均值上呈现不同的特点。例如，第 1 类的 R 和 F 均低于平均值，但 M 高于平均值；第 2 类的 R、F、M 均低于平均值；等等。从商业角度看，R 越小越好，F 和 M 越大越好。所以，第 3 类的顾客群是企业较为理想的顾客群，第 4 类最差。

④ 进一步，计算 4 个类在 R、F、M 上标准化前的均值，以直观刻画 4 类顾客群的购买行为特征，并绘制箱线图，如图 10-4 所示。

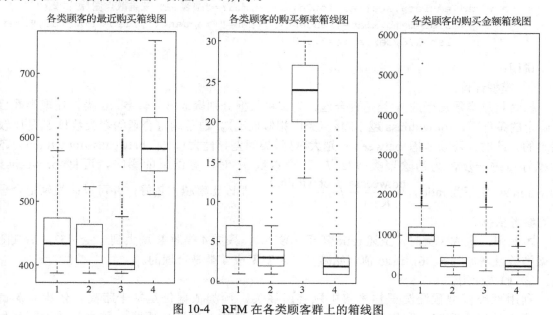

图 10-4　RFM 在各类顾客群上的箱线图

图 10-4 给出了与前述结论一致的可视化结果。

```
> for(i in 3:6){                      #聚类数目分别为 3～6 时的聚类模型评价
+    set.seed(12345)
+    kc<-kmeans(x=scale(CluData),centers=i)+
+    print(kc$betweenss/(i-1)/(kc$tot.withinss/(dim(CluData)[1]-i)))
+ }
[1] 10925.11
[1] 12357.53
[1] 10593.12
[1] 9230.289
> for(i in 1:dim(TestData)[1]){ #对测试样本集中的每个观测计算与类中心的距离
> D<-NULL
> for(j in 1:4){
+ D[j]<-as.vector(dist(rbind(TestData[i,],Center[j,]),method="euclidean"))
+ }
+ TestData[i,"memb"]<-which(D==min(D))   #找到距离最近的类
}
> par(mfrow=c(2,2))
> plot(CluData$R,CluData$M,col=CluData$memb,main="顾客 RM 散点图(训练集)",
       xlab="Rencency",ylab="Monetray")
> plot(TestData$R,TestData$M,col=TestData$memb,main="顾客 RM 散点图(测试集)",
       xlab="Rencency",ylab="Monetray")
> library("scatterplot3d")
> with(CluData,scatterplot3d(R,F,M,main="顾客 RFM 三维散点图(训练集)",
```

```
          color=memb,xlab="Rencency",ylab="Frequency",zlab="Monetary",cex
          .lab=0.8,cex.axis=0.8))
  > with(TestData,scatterplot3d(R,F,M,main="顾客 RFM 三维散点图(测试集)",
          color=memb,xlab="Rencency",ylab="Frequency",zlab="Monetary",cex
          .lab=0.8,cex.axis=0.8))
```

说明：

① 模型评价。

探讨将顾客数据聚成 4 类是否合理。尝试将数据分别聚成 3、4、5、6 类。在聚类数目 K 确定的条件下，tot.withinss 越小越好（类内相似性高）。通常确定合理的聚类数目 K 是比较困难的。此时，还须考虑 betweenss 越大越好（类间差异性大），即 betweenss/tot.withinss 越大越好。进一步，为消除聚类数目 K 和样本量 n 对计算结果的影响，可将 betweenss/tot.withinss 修正为 $\text{ratio} = \dfrac{\text{betweenss}}{K-1} \Big/ \dfrac{\text{tot.withinss}}{n-K}$，即该比率越大越好，并可以此为确定合理 K 的参考依据。

本例中，聚成 3 类时，上述 ratio 等于 10925.1，聚成 4 类时 R 增大到 12357.53。后续随着聚类数目增加到 5、6，ratio 值开始减少。表明聚成 4 类是合理的。

② 模型应用。

利用聚类模型预测测试样本集中顾客所属类。预测依据仍是基于距离。依次对测试样本集中的每个顾客，利用 dist 函数计算与 4 个类中心的欧氏距离，顾客应属于距其最近的类。通过绘制二维和三维散点图，可视化训练样本集和测试样本集中的类特征，如图 10-5 所示。

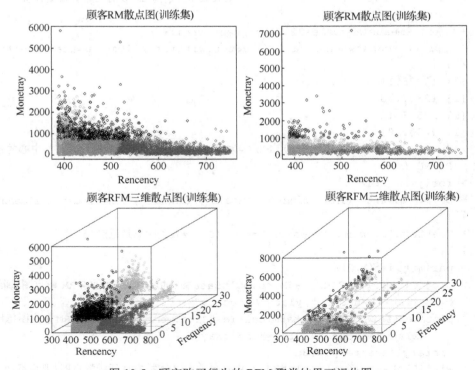

图 10-5   顾客购买行为的 RFM 聚类结果可视化图

图 10-5 的左上图为训练样本集的顾客在 R 和 M 上的散点图，不同颜色表示不同类顾客。其中黑色类(1 类)和绿色类(3 类)顾客在 R 上取值较小，在 M 上取值较大，为比较理想的顾客。蓝色类顾客为不理想的易流失顾客。图 10-5 的右上图为测试样本集的顾客在 R 和 M 上的散点图，可见在 R 上取值较小、M 上取决较大的同样为黑色类和绿色类顾客。图 10-5 的下图为两个样本集在 R、F、M 上的三维散点图，进一步揭示了顾客在 F 上的取值特征。可见绿色类(3)类顾客应是理想顾客。

说明： 上述顾客类别预测本质上是一种无监督分类。所谓无监督分类是指，首先数据所属的"真实类"可能是未知的；其次数据建模时并没有引入存储"真实类"标签的变量。这里，训练聚类模型以及利用聚类模型对数据所属类别的预测，均是典型的无监督分类。

10.3 分 层 聚 类

10.3.1 分层聚类原理和 R 实现

1. 分层聚类原理

分层聚类也称系统聚类，属于覆盖型数值分层聚类算法。因所得聚类结果具有类的层次包含关系而得名。与 K-Means 聚类类似，分层聚类也涉及如何测度样本的"亲疏程度"，以及实施聚类的策略两个方面。其中，第一个方面仍采用前述的距离，以下重点讨论第二个方面。

凝聚方式是分层聚类的最常用策略。基本过程如下：

第一步，每个观测点自成一类，有 n 个小类。

第二步，计算观测点两两之间的距离，并将距离最近的两个观测点合并成一个小类，形成 $n-1$ 个小类。

第三步，再次计算剩余观测点和小类两两之间距离，并将距离最近的两个观测点，或一个观测点和一个小类，或两个小类，再合并成一个小类。

重复第三步，不断将观测点和小类合并成越来越大的小类，直到所有观测点合并成一个最大的类为止，共重复 $n-1$ 次。如图 10-6 所示。可见，凝聚聚类过程中类内的距离在逐渐增大。

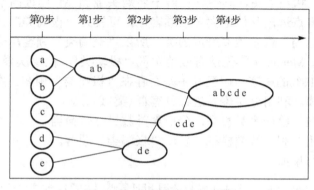

图 10-6 分层聚类过程示例

图 10-6 中，a、b 距离最近，首先合并成小类(a，b)。然后是 d、e 距离最近，合并成小类(d，e)。再接下来是 c 距离(d，e)最近，再合并成小类(c，d，e)。最终 5 个观测点合并成一个大类(a，b，c，d，e)。

分层距离中的距离涉及两个方面的问题，第一，计算观测点间的距离；第二，计算观测点与小类之间、小类和小类之间的距离。观测点间的距离计算方法与 K-Means 聚类相同。观测点与小类、小类与小类间的距离一般有如下定义。

① 重心(Centroid)距离：观测点与小类间的距离，是该观测点与小类重心点的距离。

② 最近邻(Single Linkage)距离：观测点与小类间的距离，是该观测点与小类中所有观测点距离中的最小值。

③ 组间平均链锁(Average Linkage)距离：观测点与小类间的距离，是该观测点与小类中所有观测点距离的平均值。

④ 组内平均链锁(Complete Linkage)距离：观测点与小类间的距离，是该观测点与小类中所有观测点以及小类内各观测点距离的平均值。

⑤ 离差平方和(Ward)原则：聚类过程中使小类内离差平方和增加最小的两小类应首先合并为一类。例如，有 A、B、C 三个小类。如果(A，B)小类内的离差平方和小于(A，C)或(B，C)小类内的离差平方和，那么 A、B 应合并为一个小类。

2. R 实现

实现分层聚类的 R 函数是 hclust，基本书写格式：

hclust（d=距离矩阵名，method=聚类方法）

其中，事先计算各观测的距离矩阵并赋给参数 d；参数 method 用于指定观测点与小类、小类与小类间距离的测度方法。取值：ward.D 表示离差平方和原则；centroid 表示重心距离；single 表示最近邻距离；complete 表示组内平均链锁距离；average 表示组间平均链锁距离。

hclust 函数结果是一个列表，其中名为 height 的成分记录了聚类过程中，聚成 $n-1$，$n-2,\cdots,1$ 类时的最小类间距离。分层聚类过程中这个距离是在不断增大的。

10.3.2　大数据分析案例：超市顾客购买行为数据分析中的分层聚类

这里，基于超市顾客购买行为的 RFM 数据，利用分层聚类找到"极端类"顾客。

观测图 10-5 左上和左下图，其中存在若干名购买金额(M)远远高于他人的顾客。从几何空间上看，这些顾客点远离其他绝大多数顾客点，可视为"极端类"顾客。K-Means 算法总能找到一个与"极端类"顾客距离最近的类，所以"极端类"顾客总会被归并到距其最近的顾客类中。因此，K-Means 聚类无法有效地发现"极端类"，但层次聚类可以。

这里，随机抽取 10%的顾客，研究其中是否存在"极端类"顾客。主要步骤如下：

第一步，数据建模。利用分层聚类进行顾客群(类)划分。

第二步，评价模型。验证聚类模型，分析聚类数目是否恰当。

第三步，模型应用。利用聚类模型，发现"极端类"顾客。

具体代码和执行结果如下。

```
> MyData<-read.table(file="顾客的 RFM 数据.txt",header=TRUE,sep=" ")
> set.seed(12345)
```

```
> flag<-sample(x=1:dim(MyData)[1],size=dim(MyData)[1]*0.1)
                                    #随机抽取 10%的顾客数据
> CluData<-MyData[flag,2:4]
> DisMatrix<-dist(CluData,method = "euclidean")  #计算关于欧氏距离的距离矩阵
> CluR<-hclust(d=DisMatrix,method="average")    #分层聚类
> plot(CluR$height,(dim(CluData)[1]-1):1,type="b",cex=0.5,xlab=" 距 离 ",
      ylab="聚类数目")
> CluData$memb<-cutree(CluR,k=4)
> table(CluData$memb)
   1    2    3    4
1113  138    2    5
> (Center<-sapply(CluData[,1:3],FUN=function(x) tapply(x,INDEX=CluData[,4],
      FUN=mean)))
         R        F          M
1 477.0458  4.618149  329.7081
2 424.0290 14.695652 1099.9461
3 399.5000  3.000000 3214.5000
4 431.2000 12.200000 2331.7180
> par(mfrow=c(2,2))
> boxplot(CluData$R~CluData$memb,main="各类顾客的最近购买箱线图")
> boxplot(CluData$F~CluData$memb,main="各类顾客的购买频率箱线图")
> boxplot(CluData$M~CluData$memb,main="各类顾客的购买金额箱线图")
> plot(CluData$R,CluData$M,pch=CluData$memb,main=" 顾客 RM 散点图",xlab=
      "Rencency",ylab="Monetray")
```

说明：

① 数据建模。采用基于欧氏距离和组间平均连锁距离的分层聚类方法。

② 评价模型。验证聚类模型，分析聚类数目是否恰当。

分层聚类给出的是聚成所有可能类时的所有聚类解（聚类结果），应用中聚类数目过多或过少都是没有意义的，一般根据分层聚类给出的结果，依据碎石图，确定最恰当的聚类数目。

碎石图是关于最小类间距离（存储在聚类结果对象的 height 成分中）和聚类数目的散点图，如图 10-7 所示。

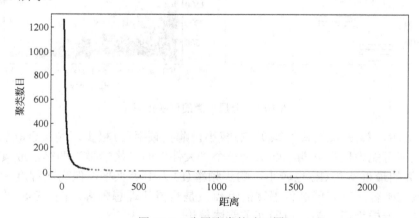

图 10-7　分层聚类的碎石图

图 10-7 中，随聚类数目（纵坐标）的不断减少，最小类间距离不断增大。聚类数目较大阶段，最小类间距离增大幅度很小，表现为图中左侧点连接形成的线近乎垂直。但随着聚类的进行，聚类数目的进一步减小，最小类间距离增大明显，表现为图中下方点连接形成的线近乎平行。整幅图形似"陡峭断崖和断崖脚下的碎石"，因而得名碎石图。依据类间距离过大的小类不应继续合并为一类的基本原则，通常确定最终的聚类数目，应为"断崖脚下"的点所对应的聚类数目。

本例中，聚成 4 个小类后类间距离增大明显，因此确定聚类数目为 4。

③ 利用 cutree 函数得到聚成 4 类时的聚类解。

cutree 函数的基本书写格式：

$$cutree（分层聚类结果对象，k=聚类数目）$$

cutree 函数将返回聚成 k 类时各观测所属的类，即聚类解。

观察 4 个类的样本量分布，4 个类的样本量依次为 1113，138，2，5。第 3、4 类样本量很小且均自成一类，故可能为"极端类"。为进一步得到分析结论，观察 RFM 在第 3、4 类顾客中的分布特点，如图 10-8 所示。

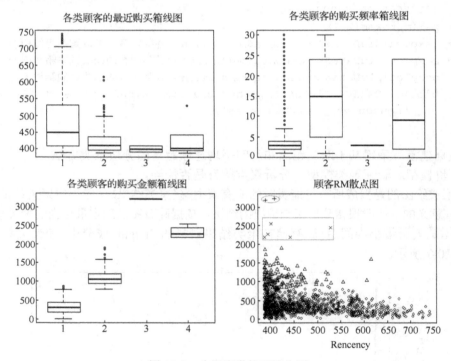

图 10-8　分层聚类的可视化图

图 10-8 显示，第 3 类的最近购买(R)较小，购买频率(F)极少，购买金额(M)极大。该类中的两名顾客可能为仅在近期刚购买过一个"大件"的"极端类"顾客，或具有冲动消费特点；第 4 类的最近购买(R)也较小，购买频率(F)为中等水平，但离散程度大，购买金额(M)较大。该类顾客具有高频高价消费的特点，是难得的理想顾客。图 10-8 的右下图中，圆圈为第 3 类，方框为第 4 类，也印证了前述结论。

10.4　大数据分析案例综合：北京市空气质量监测数据的聚类分析研究

本节围绕 10.1.2 节提出的分析目标，基于 35 个监测点供暖季的各种污染物平均浓度数据和空气质量等级数据，采用分层聚类进行污染物区域划分。具体代码和执行结果如下。

```
> MyData<-read.table(file="空气质量.txt",header=TRUE,sep=" ",
  stringsAsFactors=FALSE)
> Data<-subset(MyData,(MyData$date<=20160315|MyData$date>=20161115))
                                     #仅分析供暖季
> Data<-na.omit(Data)
> Data<-aggregate(Data[,3:8],by=list(Data$SiteName),FUN=mean,na.rm=TRUE)
                                     #计算各监测点均值
> hc<-hclust(dist(Data[,-1],method="euclidean"), method = "average")
                                     #分层聚类
> plot(hc,labels = Data$Group.1)       #可视化聚类结果
> box()
> plot(hc$height,34:1,type="b",cex=0.7,xlab="距离测度",ylab="聚类数目")
                                     #绘制碎石图
> memb<-cutree(hc,k=4)                 #获得聚成 4 类的聚类解
> Data$memb<-memb;table(Data$memb)
 1  2  3  4
21  9  3  2
> tmp<-Data[order(Data$memb),]
> plot(tmp$memb,pch=tmp$memb,ylab="类别编号",main="聚类的类成员",
      yaxt="n",xaxt = "n",xlab="")
> par(las=2)
> axis(1,at=1:35,labels=tmp$Group.1)
> axis(2,at=1:4,labels=1:4)
> for(i in 1:4){                       #依次对每个区域计算
+   subData<-subset(Data,Data$memb==i)
+   a<-apply(subData[2:7],2,FUN=mean)   #计算每个区域内各聚类变量的均值
+   if(i==1)+
+ plot(a,type="b",col=i,xlab="聚类变量",ylab="均值",ylim=c(0,200), main=
    "各类区域空气质量状况",xaxt = "n")
+   else
+     lines(1:6,a,col=i,type="b")       #绘制折线图
+ }
> par(las=2)
> axis(1,at=1:6,labels=c("PM2.5","AQI","CO","NO2","O3","SO2"))
> legend("topright",c("1 类区域","2 类区域","3 类区域","4 类区域"),
      lty=1,col=1:4,cex=0.8)
```

说明：
① 数据准备。
抽取供暖季的完整观测数据。计算各个监测点各污染物浓度和空气质量等级（AQI）的均值。

② 数据建模。

采用基于欧氏距离和组间平均连锁距离的分层聚类方法聚类，得到将 35 个监测点聚成 1 至 35 类时的全部聚类解。可视化图形如图 10-9 所示。

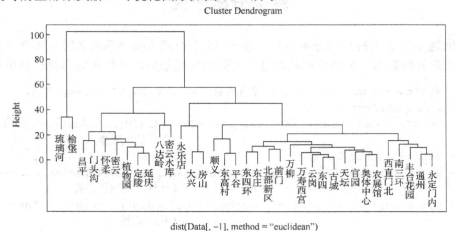

图 10-9　区域划分分层聚类的树形图

图 10-9 为分层聚类的可视化结果，因其酷似一棵倒置的大树而得名树形图。树叶为 35 个监测点。图中的纵坐标为小类间的距离，中间垂直的"树枝"越长，表示两小类间的距离越大。例如，小类(琉璃河、榆垡)与其余监测点组成的小类间的距离是最大的，定陵和延庆间的距离最小。

③ 评价模型。

验证聚类模型，分析聚类数目是否恰当。相应的碎石图如图 10-10 所示。

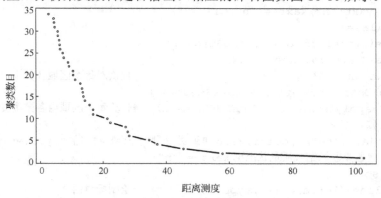

图 10-10　区域划分分层聚类的碎石图

图 10-10 显示，将 35 个监测点聚成 4 类是比较恰当的。每个类包含的监测点以及污染物浓度均值、AQI 均值如图 10-11 所示。

图 10-11 显示，琉璃河和榆垡区域的空气污染情况类似，为第 4 类。该类区域的 PM2.5、AQ 明显高于其他区域。大兴、房山和永乐店的空气污染情况类似，为第 3 类。该类区域的 PM2.5、AQI 较高，且 NO_2 浓度在 4 个区域中是最高的。第 2 类区域包括八达岭、昌平、定陵等 9 个区域，该区域的空气质量是 4 个区域中最好的，且 O_3 浓度最高。其

他 21 个监测点均属于第 1 类区域，污染程度一般。这样的污染区域分布和构成特点，与北京的实际情况是基本吻合的。

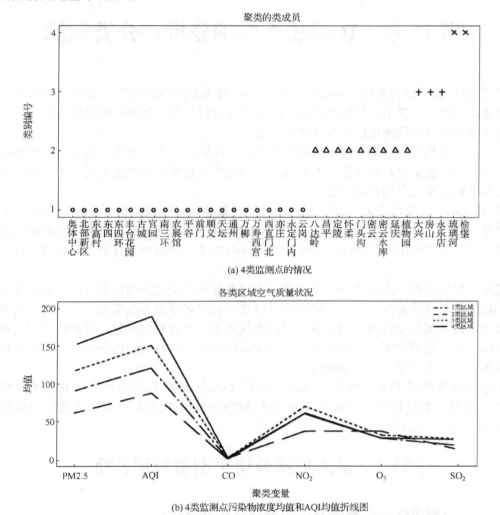

(a) 4类监测点的情况

(b) 4类监测点污染物浓度均值和AQI均值折线图

图 10-11　每个类包含的监测点以及污染物浓度均值、AQI 均值

10.5　本章涉及的 R 函数

本章涉及的 R 函数如表 10-1 所示。

表 10-1　本章涉及的 R 函数列表

函　数　名	功　　能
kmeans(x=矩阵名, centers=聚类个数, nstart=初始类中心个数)	K-Means 聚类
hclust(d=距离矩阵名, method=聚类方法)	分层聚类
cutree(分层聚类结果对象, k=聚类数目)	获得聚类解

第11章 R 的线性判别分析：分类预测

第 9 章讨论了如何利用 Logistic 回归分析，度量解释变量对二分类型被解释变量的影响，以及如何对二分类型被解释变量的类别值进行预测。本章将继续围绕该主题，将二分类被解释变量类别值的预测拓展至多分类的预测中。

例如，收集到网上众多店铺经营的商品种类、品牌、型号、价格、是否有定期促销、交易量、访问量、卖家信息以及星级的数据，可利用这些数据预测或确定某个新店铺的星级，属多分类型被解释变量的预测问题。

从 Logistic 回归角度看，该问题的被解释变量是店铺星级，解释变量是商品种类、品牌、型号、价格、是否有定期促销、交易量、访问量、卖家信息等，但因店铺星级是多分类型变量，所以应尝试采用新的研究方法。判别分析正是一种解决多分类预测问题的行之有效的方法。

通常，判别分析称上述价格、交易量、访问量等解释变量为判别变量，一般要求判别变量间不相关且服从正态分布。称上述店铺星级这个被解释变量为类别变量。判别分析可根据已有数据，确定类别变量与判别变量之间的数量关系，建立判别函数，并通过判别函数实现对新数据未知类别的预测。判别分析与 Logistic 回归等方法有类似的分析目标，但更注重类别的预测，通常不用于影响因素的分析。

本章将详细讨论判别分析中，距离判别和 Fisher 线性判别两种方法的基本分析思路和原理。同时，利用距离判别和 Fisher 线性判别分析再次对第 9 章的大数据应用案例进行研究。

11.1 从大数据分析案例看判别分析

11.1.1 人力资源调查数据分析中的判别分析问题

对第 9 章的人力资源调查数据集，可采用判别分析，基于技术人员对公司的整体满意程度(satisfaction_level)、近期的绩效评分(last_evaluation)、参与的项目数(number_ project)、月均工作小时(average_montly_hours)、日均工作小时(time_spend_company)、是否有过工作失误(work_accident)、近五年是否有过晋升(promotion_last_ 5years)、行业(sales)、薪资(salary)等变量，对是否打算离职(left)进行预测。

由于判别分析一般要求判别变量为数值型变量，因此指定对公司的整体满意程度(satisfaction_level)、近期的绩效评分(last_evaluation)、参与的项目数(number_project)、月均工作小时(average_montly_hours)、日均工作小时(time_spend_company)为判别变量，并指定是否打算离职(left)为类别变量。

该问题的本质是个二分类预测问题，可视为多分类预测问题的一个特例。

11.1.2　判别分析的数据和基本出发点

设类别变量有 k 个类别，将包含 n 个观测的数据集视为分别来自 $k(k{\geqslant}2)$ 个类别（总体）的 k 个样本。各样本的样本量为 $n_i(i{=}1,2,\cdots,k)$，且每个样本在 p 个判别变量 x_1，x_2，$\cdots$，$x_p(p{>}k)$ 和一个类别变量 y 上的取值已知。

以人力资源调查数据为例，其中 $k{=}2$。两个总体（打算离职和未打算离职）分别记为 G_1 和 G_2。从总体 G_1 抽取 $n_1{=}n$ 个观测组成样本 1，从第二个总体抽取 $n_2{=}m$ 个观测组成样本 2。每个样本均有 p 个判别变量 $\boldsymbol{X}(p{=}5$，satisfaction_level，last_evaluation，number_project，average_montly_hours，time_spend_company），以及一个类别变量（left）值。

数据及对应记法如表 11-1 所示。

表 11-1　判别分析的数据

第 1 组	判别变量	类别变量	第 2 组	判别变量	类别变量
$\boldsymbol{X}_1^{(1)}$	$x_{11}^{(1)}\ x_{12}^{(1)}\cdots x_{1p}^{(1)}$	$y_1^{(1)}=1$	$\boldsymbol{X}_1^{(2)}$	$x_{11}^{(2)}\ x_{12}^{(2)}\cdots x_{1p}^{(2)}$	$y_1^{(2)}=2$
$\boldsymbol{X}_2^{(1)}$	$x_{21}^{(1)}\ x_{22}^{(1)}\cdots x_{2p}^{(1)}$	$y_2^{(1)}=1$	$\boldsymbol{X}_2^{(2)}$	$x_{21}^{(2)}\ x_{22}^{(2)}\cdots x_{2p}^{(2)}$	$y_2^{(2)}=2$
$\cdots$	$\cdots$	$\cdots$	$\cdots$	$\cdots$	$\cdots$
$\boldsymbol{X}_n^{(1)}$	$x_{n1}^{(1)}\ x_{n2}^{(1)}\cdots x_{np}^{(1)}$	$y_n^{(1)}=1$	$\boldsymbol{X}_m^{(2)}$	$x_{m1}^{(2)}\ x_{m2}^{(2)}\cdots x_{mp}^{(2)}$	$y_m^{(2)}=2$
组均值 $\overline{\boldsymbol{X}}^{(1)}$	$\overline{x}_1^{(1)}\ \overline{x}_2^{(1)}\cdots \overline{x}_p^{(1)}$		组均值 $\overline{\boldsymbol{X}}^{(2)}$	$\overline{x}_1^{(2)}\ \overline{x}_2^{(2)}\cdots \overline{x}_p^{(2)}$	

判别分析可根据已有数据，确定类别变量 (y) 与判别变量 $(\boldsymbol{X})$ 之间的数量关系。建立判别函数并通过判别函数实现对新数据的类别分类。如果将第 10 章的聚类分析视为一种无监督的分类，那么判别分析就是一种有监督的分类，监督变量为类别变量。有监督的分类通常比无监督的分类有更高的分类精度。

将每个观测数据看成 p 维空间中的点，基于点计算点间距离，是判别分析的主要出发点。

11.2　距离判别法

距离判别法，顾名思义，就是以距离为依据实现类别判定。

11.2.1　距离判别的基本思路

距离判别法的基本思路：

① 将 n 个观测数据看成 p 维空间中的点。分别计算 k 个类别的各判别变量的均值，得到包含 p 个元素的均值向量 $\boldsymbol{\mu}^{(i)}\ (i{=}1,2,\cdots,k)$，分别作为 k 个类别的类中心点。

② 计算观测数据点到 k 个类别的类中心点 $\boldsymbol{\mu}^{(i)}$ 的马氏（Mahalanobis）距离或平方马氏距离。

以 $k{=}2$ 为例。设 $\boldsymbol{\mu}^{(1)}$ 和 $\sum^{(1)}$ 为总体 G_1 的均值向量（包含 p 个元素）和协差阵，$\boldsymbol{\mu}^{(2)}$ 和 $\sum^{(2)}$ 为总体 G_2 的均值向量（包含 p 个元素）和协差阵。于是，观测点 $\boldsymbol{X}$（包含 p 个元素）到总体 $\boldsymbol{G}_i$ 的类中心 $\boldsymbol{\mu}^{(i)}$ 的平方马氏距离定义为

$$D^2(\boldsymbol{X},\boldsymbol{G}_i)=(\boldsymbol{X}-\boldsymbol{\mu}^{(i)})'\left(\sum\nolimits^{(i)}\right)^{-1}(\boldsymbol{X}-\boldsymbol{\mu}^{(i)})\quad(i=1,2)$$

$\boldsymbol{\mu}^{(i)}$ 未知时，以第 i 类的样本均值 $\overline{\boldsymbol{X}}^{(i)}$ 为 $\boldsymbol{\mu}^{(i)}$ 的无偏估计。显然，平方马氏距离是观测点

X 到各类别中心（均值点 $\boldsymbol{\mu}^{(i)}$）的平方欧氏距离，以判别变量的协差阵做调整后的距离。马氏距离不仅排除了各判别变量数量级对距离计算的影响，而且也消除了判别变量相关性的影响。

马氏距离本质上是从概率角度出发的距离。以单个判别变量上点 A 到 U_i 的平方马氏距离为例，$D^2(A,U_i) = \dfrac{(A-U_i)^2}{S_i^2}$，$S_i^2$ 为图 11-1 所示分布的方差。

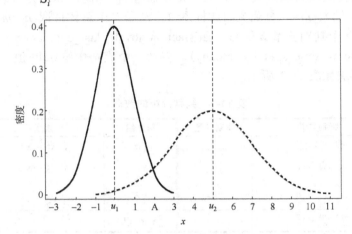

图 11-1　两个不同参数的正态分布

图 11-1 展示了均值为 0（点 U_1）、标准差为 1，以及均值为 5（点 U_2）、标准差为 2 的两个正态分布的概率密度曲线。计算点 A 到两分布均值点 U_1、点 U_2 的距离。若采用欧式距离，点 A 距 U_1 近，等于 2，距 U_2 远，等于 3。但从概率角度看，点 A 在左边分布 2 个标准差的位置上，在右边分布 1.5 个标准差的位置上，点 A 与 U_1 的"距离"较与 U_2 远。点 A 距 U_1 的平方马氏距离为 4，距 U_2 的平方马氏距离为 2.25。可见，马氏距离较好地体现了概率意义上的距离。

马氏距离在多元分布中尤为重要。例如，在图 11-2 中，椭圆虚线为一个两元正态分布在 (x_1, x_2) 标准面上的一条等高线。等高线上 A、B 两点对应相等的概率密度。虽然它们到中心位置的欧氏距离不同（A 大于 B），但马氏距离却视它们与中心位置有相同的"距离"。

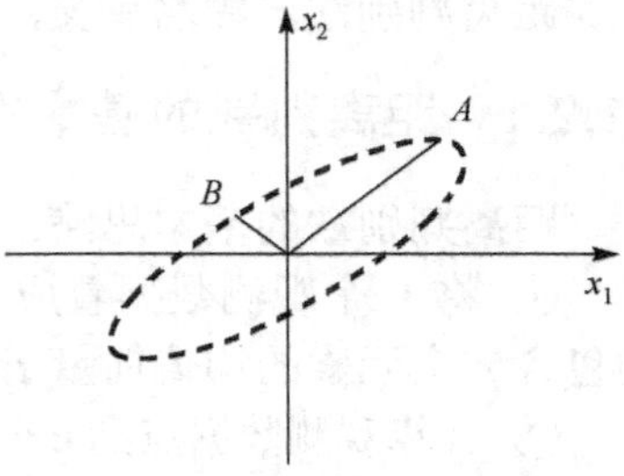

③ 根据距离最近原则，观测点距哪个类别中心近就属于哪个类别。

依据平方马氏距离，如果 $D^2(X,G_1) < D^2(X,G_2)$，则 $X \in G_1$；如果 $D^2(X,G_2) < D^2(X,G_1)$，则 $X \in G_2$；如果 $D^2(X,G_1) = D^2(X,G_2)$，则待判断。

进一步，$k = 2$ 时距离判别的判别函数定义为 $W(X) = D^2(X, G_2) - D^2(X, G_1)$。根据判别函数，如果 $W(X) > 0$，则 $X \in G_1$；如果 $W(X) < 0$，则 $X \in G_2$；如果 $W(X) = 0$，则待判断。

图 11-2　马氏距离示意

计算平方马氏距离时应分以下两种情况考虑：第一，各总体的协差阵相等；第二，各总体的协差阵不相等。第二种情况属非线性判别范畴，不做讨论。这里只对第一种情况加以说明。

如果两总体的协差阵相等，平方马氏距离计算中采用合并的类内协差阵（Pooled Within-groups Covariance），记为 $\boldsymbol{\Sigma}$，定义为

$$\Sigma = \frac{1}{n_1 + n_2 - 2}(S_1 + S_2)$$

$$S_i = \sum_{j=1}^{n_i}(X_j^{(i)} - \bar{X}^{(i)})(X_j^{(i)} - \bar{X}^{(i)})' \quad (i = 1, 2)$$

其中，Σ 作为总体协差阵的估计；$n_i (i=1,2)$ 为第 i 类的样本量；S_i 为第 i 个总体的 SSCP（Sum of Square and Cross-Product）阵。

距离判别的判别函数 $W(X)$ 整理为 $W(X) = (X - \bar{X})'\Sigma^{-1}(\bar{X}^{(1)} - \bar{X}^{(2)})$。其中，$\bar{X} = \frac{n_1}{n_1 + n_2}\bar{X}^{(1)} + \frac{n_2}{n_1 + n_2}\bar{X}^{(2)}$。进一步，若令 $a = \Sigma^{-1}(\bar{X}^{(1)} - \bar{X}^{(2)})$，为距离判别函数的系数向量，则有距离判别函数 $W(X) = a'(X - \bar{X})$。

可见，该判别函数为线性判别函数。当 $W(X) = 0$ 时，代表的是一条能够分隔两个总体的直线、平面或超平面。落在其上的观测点 X，其判别函数值为 0。这些点组成如图 11-3 中的虚线。

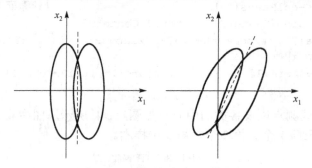

图 11-3　距离判别原理示意图

图 11-3 中，左图为输入变量 x_1 和 x_2 不相关的情况，右图为线性相关的情况。可见，判别函数等于 0 时的分隔线与两类的中心连线垂直，且垂足为连线的中点。所以，距离判别的 0，本质是确定这条分隔线、平面或超平面，即求 $D^2(X, G_2) = D^2(X, G_1)$ 时 X 的解。当然，实际应用中通常无须给出判别函数的具体形式，只需计算观测点到各类中心的平方马氏距离即可实现判别。

此外，图 11.3 表明，当两个总体的均值差异不显著时，即两个类的中心很靠近时，判别分析的错判概率将很高。也就是说，只有当两个总体的均值存在显著差异时，距离判别分析才有意义。

11.2.2　判别函数的计算和 R 实现

进行距离判别的核心是计算合并的协差阵以及平方马氏距离。R 中计算平方马氏距离的函数是 mahalanobis 函数，基本书写格式：

mahalanobis（观测点向量, center=中心向量, cov=协差阵名）

这里，以一份简单的数据为例说明计算过程。

1. 示例数据

设有来自 3（$k = 3$）个总体的 3 个随机样本，每个样本的样本量 $n_1 = n_2 = n_3 = 3$，判别变量为 x_1, x_2，总体标识（类别）变量为 y。数据如表 11-2 所示。

表 11-2　示例数据

	$x_1^{(1)}, x_2^{(1)}, y$		$x_1^{(2)}, x_2^{(2)}, y$		$x_1^{(3)}, x_2^{(3)}, y$
$X_1^{(1)}$	−2, 5, 1	$X_1^{(2)}$	0, 6, 2	$X_1^{(3)}$	1, −2, 3
$X_2^{(1)}$	0, 3, 1	$X_2^{(2)}$	2, 4, 2	$X_2^{(3)}$	0, 0, 3
$X_3^{(1)}$	−1, 1, 1	$X_3^{(2)}$	1, 2, 2	$X_3^{(3)}$	−1, −4, 3
$\bar{X}^{(1)}$	−1, 3	$\bar{X}^{(2)}$	1, 4	$\bar{X}^{(3)}$	0, −2

```
> Data<-c(-2,5,1,0,3,1,-1,1,1,0,6,2,2,4,2,1,2,2,1,-2,3,0,0,3,-1,-4,3)
> Data<-matrix(Data,nrow=9,ncol=3,byrow=TRUE)
> T1<-subset(Data[,1:2],Data[,3]==1)          #提取第 1 个样本
> T2<-subset(Data[,1:2],Data[,3]==2)          #提取第 2 个样本
> T3<-subset(Data[,1:2],Data[,3]==3)          #提取第 3 个样本
> CenterT1<-colMeans(T1)                       #计算第 1 个样本的中心
> CenterT2<-colMeans(T2)                       #计算第 2 个样本的中心
> CenterT3<-colMeans(T3)                       #计算第 3 个样本的中心
> Center<-rbind(CenterT1,CenterT2,CenterT3)
> plot(Data[,1:2],pch=Data[,3]-1,xlab="x1",ylab="x2",main="判别分析示例
    数据散点图")
> points(Center[,1],Center[,2],pch=c(15,16,17),col=2)   #在图中添加各类的中
                                                          心点
```

说明：各样本的观测点以及各类的中心点如图 11-4 所示。图中实心填充点为各类的中心点。1, 2, 3 分别代表第 1 个、第 2 个、第 3 个样本。

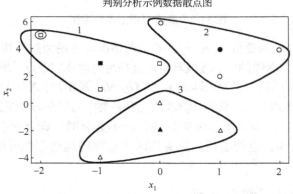

图 11-4　判别分析示例数据散点图

2. 计算合并的协差阵和平方马氏距离

```
> S1<-(3-1)*cov(T1)                 #计算第 1 样本的 SSCP
> S2<-(3-1)*cov(T2)                 #计算第 2 样本的 SSCP
> S3<-(3-1)*cov(T3)                 #计算第 3 样本的 SSCP
> (S<-(S1+S2+S3)/(9-3))             #计算合并的协差阵
         [,1]        [,2]
[1,]  1.0000000  -0.3333333
[2,] -0.3333333   4.0000000
```

```
> (mahalanobis(c(-2,5),center=CenterT1,cov=S))
                              #计算观测点(-2,5)与第 1 个样本中心的平方马氏距离
[1] 1.714286
> (mahalanobis(c(-2,5),center=CenterT2,cov=S))
                              #计算观测点(-2,5)与第 2 个样本中心的平方马氏距离
[1] 9
> (mahalanobis(c(-2,5),center=CenterT3,cov=S))
                              #计算观测点(-2,5)与第 3 个样本中心的平方马氏距离
[1] 14.31429
```

说明：本例中，由于观测点(–2, 5)与第 1 个样本中心的平方马氏距离最小，所以判别的结果为第一类。

11.2.3　大数据分析案例：利用距离判别预测技术人员离职的可能性

对人力资源调查数据集，首先，对未打算离职和打算离职的两类技术人员，分析在判别变量上分布的不同特点。具体代码和结果如下。

```
> MyData<-read.table(file="人力资源调查.csv",header=TRUE,sep=",",
    stringsAsFactors=FALSE)
> Data<-na.omit(MyData[MyData$sales=="technical",-c(6,8:10)])
                              #去掉分类型变量
> T1<-subset(Data,Data$left==0)     #未打算离职类
> T2<-subset(Data,Data$left==1)     #打算离职类
> CenterT1<-colMeans(T1)[1:5]       #未打算离职类中心
> CenterT2<-colMeans(T2)[1:5]       #打算离职类中心
> Center<-rbind(CenterT1,CenterT2)
> par(mfrow=c(2,3))
> plot(density(T1$satisfaction_level),xlab="满意度",ylim=c(0,2.2),main=
    "两类技术人员对公司满意度的核密度估计图")
> lines(density(T2$satisfaction_level),lty=2,col=2)
> legend("topright",c("未打算离职","打算离职"),lty=1:2,col=1:2,cex=0.7)
> points(Center[1,1],0)
> points(Center[2,1],0,pch=2,col=2)
> plot(density(T1$last_evaluation),xlab="近期绩效评分",ylim=c(0,2.5),main=
    "两类技术人员对公司评价的核密度估计图")
> lines(density(T2$last_evaluation),lty=2,col=2)
> legend("topright",c("未打算离职","打算离职"),lty=1:2,col=1:2,cex=0.7)
> points(Center[1,2],0)
> points(Center[2,2],0,pch=2,col=2)
> plot(density(T1$number_project),xlab="项目数",main="两类技术人员项目数的
    核密度估计图")
> lines(density(T2$number_project),lty=2,col=2)
> legend("topright",c("未打算离职","打算离职"),lty=1:2,col=1:2,cex=0.7)
> points(Center[1,3],0)
> points(Center[2,3],0,pch=2,col=2)
> plot(density(T1$average_montly_hours),xlab="月工作时长",ylim=c(0,0.009),
```

```
                main="两类技术人员月工作时长的核密度估计图")
> lines(density(T2$average_montly_hours),lty=2,col=2)
> legend("topright",c("未打算离职","打算离职"),lty=1:2,col=1:2,cex=0.7)
> points(Center[1,4],0)
> points(Center[2,4],0,pch=2,col=2)
> plot(density(T1$time_spend_company),xlab="日工作时长",main="两类技术人员
                日工作时长的核密度估计图")
> lines(density(T2$time_spend_company),lty=2,col=2)
> legend("topright",c("未打算离职","打算离职"),lty=1:2,col=1:2,cex=0.7)
> points(Center[1,5],0)
> points(Center[2,5],0,pch=2,col=2)
```

说明，两类技术人员在各判别变量上的核密度估计图如图 11-5 所示。

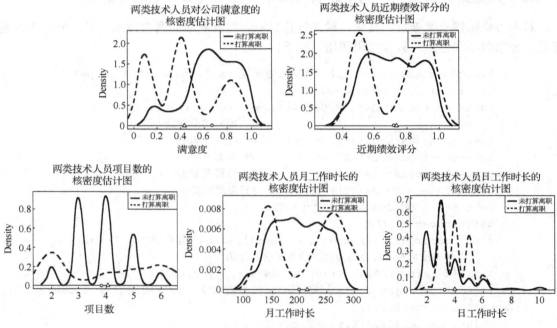

图 11-5　两类技术人员在各判别变量上的核密度估计图

图 11-5 中，三角和圆圈分别为打算和未打算离职人群在相应判别变量上的均值。可见，打算离职人群对公司的满意度均值明显低于未打算离职人群，近期绩效评分相近。离职人群在其他三项的均值都大于未打算离职人群。

接下来，利用距离判别，对技术人员是否打算离职(left)进行预测。其中，对公司的满意度(satisfaction_level)、近期绩效评分(last_evaluation)、参与的项目数(number_ project)、月均工作小时(average_montly_hours)、日均工作小时(time_spend_ company)为判别变量，是否打算离职(left)为类别变量。具体代码和执行结果如下。

```
> n1<-dim(T1)[1]              #未打算离职类的样本量
> n2<-dim(T2)[1]              #打算离职类的样本量
> S1<-(n1-1)*cov(T1[,1:5])    #未打算离职类的 SSCP
> S2<-(n2-1)*cov(T2[,1:5])    #打算离职类的 SSCP
```

```
> S<-(S1+S2)/(n1+n2-2)              #计算合并的协差阵
> for(i in 1:n1){                    #对于打算离职人群，计算各观测与两类中心的距离
+   R1<-mahalanobis(T1[i,1:5],center=CenterT1,cov=S)
+   R2<-mahalanobis(T1[i,1:5],center=CenterT2,cov=S)
+   ifelse(R1<R2,T1[i,"YorN"]<-0,T1[i,"YorN"]<-1)
                                     #若与第 1 类的中心近，预测为不离职，否则离职
+ }
> for(i in 1:n2){                    #对于未打算离职人群，计算各观测与两类中心的距离
+   R1<-mahalanobis(T2[i,1:5],center=CenterT1,cov=S)
+   R2<-mahalanobis(T2[i,1:5],center=CenterT2,cov=S)
+   ifelse(R1<R2,T2[i,"YorN"]<-0,T2[i,"YorN"]<-1)
+ }
> ConfuseMatrix<-table(rbind(T1,T2)$left,rbind(T1,T2)$YorN)
> prop.table(ConfuseMatrix,1)*100
          0        1
  0 78.34899 21.65101
  1 23.09900 76.90100
> sum(diag(ConfuseMatrix))/sum(ConfuseMatrix)*100
[1] 77.97794
```

说明：

① 利用 mahalanobis 函数，分别计算各观测到两类中心的平方马氏距离，其类别变量预测值为距离小的类别。

② 计算实际类别和预测类别的混淆矩阵。结果表明，对未打算离职类，预测正确率为78.3%，对打算离职类，预测正确率为 76.9%。总的预测正确率为 77.9%。

11.3　Fisher 判别法

11.3.1　Fisher 判别的基本原理

Fisher 判别也称典型判别，其基本思想是先投影再判别，其中投影是 Fisher 判别的核心。

所谓投影是通过 $y = a_1x_1 + a_2x_2 + \cdots + a_px_p$，将原来 p 维判别变量 X 空间的全部样本观测点，投影到 $m(m<=p)$ 维 Y 空间中。$y = a_1x_1 + a_2x_2 + \cdots + a_px_p$ 也称为 Fisher 判别的判别函数，是判别变量的线性组合。其中，系数 a_i 称为判别系数，表示各输入变量对于判别函数的影响；y 是样本在低维 Y 空间中的一个维度。

判别函数通常为多个，于是得到低维 Y 空间中的多个维度 $y_1, y_2, \cdots, y_m$。这样，通过对原变量的空间变换，高维 X 空间中的所有观测点将被投影到低维 Y 空间中。

以上线性组合可以有多个解，但要获得理想的分类判别效果，空间变换的原则是应尽量找到能够将来自不同总体(类别)的样本尽可能分开的方向。

以图 11-6 为例，图中星形和圆点表示观测点分别属于两个类别。为了有效将两个类别的观测分开，可先将观测点投影到斜线表示的方向上，因为该方向是将来自不同总体的样本尽可能分开的方向。

为此，首先，应在判别变量的 p 维空间中，找到某个使各类别的平均值差异最大的线性

组合，作为第一个维，代表判别变量类间（类别变量不同类别间）方差中的最大部分，得到第一 Fisher 判别函数 y_1。然后，按照同样的规则依次得到第二 Fisher 判别函数 y_2、第三 Fisher 判别函数 y_3 等，且 y_1，y_2，y_3 间相互独立。

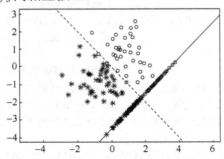

图 11-6　Fisher 判别的投影示意图

　　由于得到的每个判别函数都可以反映判别变量类间方差的一部分，各判别函数所反映的类间方差比例之和为 100%。显然，前面的判别函数对于分类来说相对重要，而后面的判别函数由于只代表很少一部分类间方差，可以被忽略。

　　以表 11-1（设 $n=m$）为例。假设只有一个判别函数 $y = a_1 x_1 + a_2 x_2 + \cdots + a_p x_p$。将属于两个不同类别的样本数据代入判别函数中，则有

$$y_i^{(1)} = a_1 x_{i1}^{(1)} + a_2 x_{i2}^{(1)} + \cdots + a_p x_{ip}^{(1)} \quad (i = 1, 2, \cdots, n)$$

$$y_i^{(2)} = a_1 x_{i1}^{(2)} + a_2 x_{i2}^{(2)} + \cdots + a_p x_{ip}^{(2)} \quad (i = 1, 2, \cdots, m)$$

$$\overline{y}^{(1)} = \sum_{j=1}^{p} a_j \overline{x}_j^{(1)}$$

$$\overline{y}^{(2)} = \sum_{j=1}^{p} a_j \overline{x}_j^{(2)}$$

为使判别函数很好地区分两类样本，希望 $\overline{y}^{(1)}$ 和 $\overline{y}^{(2)}$ 相差越大越好，且各类内的离差平方和越小越好，即 I 越大越好：$I = \dfrac{(\overline{y}^{(1)} - \overline{y}^{(2)})^2}{\sum\limits_{i=1}^{n} (y_i^{(1)} - \overline{y}_i^{(1)})^2 + \sum\limits_{i=1}^{m} (y_i^{(2)} - \overline{y}_i^{(2)})^2}$。其中，分子为类间离差平方和，分母为类内离差平方和。于是，利用求极值原理，可以求出使 I 达到最大时的系数向量 $\boldsymbol{a}$。此时，由向量 $\boldsymbol{a}$ 所决定的第一 Fisher 判别函数的方向如图 11-7 中的粗线所示。

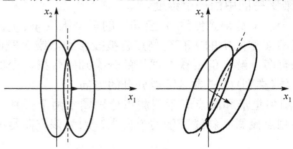

图 11-7　Fisher 判别函数所确定的投影方向示例

显然，第一 Fisher 判别函数的方向垂直于距离判别函数等于 0 的直线或平面。

11.3.2　Fisher 判别系数的求解和 R 实现

1．判别系数的求解思路

利用矩阵形式对上述思路更一般的表述是：将判别系数矩阵记为 $\boldsymbol{a}$。如果样本观测点 $\boldsymbol{X}_i$ 在以判别系数 $\boldsymbol{a}$ 为法向的投影为 $\boldsymbol{a}'\boldsymbol{X}_i$，则第 m 类的 n_m 个样本观测点的投影为

$$G_m: \boldsymbol{a}'\boldsymbol{X}_1^{(m)},\cdots,\boldsymbol{a}'\boldsymbol{X}_{n_m}^{(m)}\quad(m=1,2,\cdots,k)$$

如果第 m 类投影的均值为 $\boldsymbol{a}'\bar{\boldsymbol{X}}^{(m)}=\dfrac{1}{n_m}\sum_{i=1}^{n_m}\boldsymbol{a}'\boldsymbol{X}_i^{(m)}\quad(m=1,2,\cdots,k)$，则 k 类投影的总均值为

$\boldsymbol{a}'\bar{\boldsymbol{X}}=\dfrac{1}{n}\sum_{m=1}^{k}\sum_{i=1}^{n_m}\boldsymbol{a}'\boldsymbol{X}_i^{(m)}$。

于是，类间离差平方和为

$$\text{SSG}=\sum_{m=1}^{k}n_m(\boldsymbol{a}'\bar{\boldsymbol{X}}^{(m)}-\boldsymbol{a}'\bar{\boldsymbol{X}})^2=\boldsymbol{a}'\left[\sum_{m=1}^{k}n_m(\bar{\boldsymbol{X}}^{(m)}-\bar{\boldsymbol{X}})(\bar{\boldsymbol{X}}^{(m)}-\bar{\boldsymbol{X}})'\right]\boldsymbol{a}=\boldsymbol{a}'\boldsymbol{B}\boldsymbol{a}$$

其中，$\boldsymbol{B}$ 为类间 SSCP 矩阵。

类内离差平方和为

$$\text{SSE}=\sum_{m=1}^{k}\sum_{i=1}^{n_m}(\boldsymbol{a}'\boldsymbol{X}_i^{(m)}-\boldsymbol{a}'\bar{\boldsymbol{X}}^{(m)})^2=\boldsymbol{a}'\left[\sum_{m=1}^{k}\sum_{i=1}^{n_m}(\boldsymbol{X}_i^{(m)}-\bar{\boldsymbol{X}}^{(m)})(\boldsymbol{X}_i^{(m)}-\bar{\boldsymbol{X}}^{(m)})'\right]\boldsymbol{a}=\boldsymbol{a}'\boldsymbol{E}\boldsymbol{a}$$

其中，$\boldsymbol{E}$ 为类内 SSCP 矩阵。

于是，希望寻找 $\boldsymbol{a}$，使得 SSG 尽可能大而 SSE 尽可能小，即 $\Delta(\boldsymbol{a})=\dfrac{\boldsymbol{a}'\boldsymbol{B}\boldsymbol{a}}{\boldsymbol{a}'\boldsymbol{E}\boldsymbol{a}}\to\max$。可以证明，使 $\Delta(\boldsymbol{a})$ 最大的值为方程 $|\boldsymbol{B}-\lambda\boldsymbol{E}|=0$ 的最大特征值 λ_1。

记方程 $|\boldsymbol{B}-\lambda\boldsymbol{E}|=0$ 的全部特征值为 $\lambda_1\geq\lambda_2\geq\lambda_r>0$，相应的特征向量为 $v_1,v_2,\cdots,v_r$，则判别函数即为 $y_i(\boldsymbol{X})=v_i'\boldsymbol{X}=\boldsymbol{a}_i'\boldsymbol{X}$。

记 p_i 为第 i 个 Fisher 判别函数的判别能力为 $p_i=\dfrac{\lambda_i}{\sum_{h=1}^{r}\lambda_h}$。于是，前 m 个 Fisher 判别函数的判别能力为 $\sum_{i=1}^{m}p_i=\dfrac{\sum_{i=1}^{m}\lambda_i}{\sum_{h=1}^{r}\lambda_h}$。可依据两个标准决定最终取几个判别函数：第一，特征值大于 1 的特征向量所对应的判别函数；第二，前 m 个判别函数的判别能力达到指定的百分比。

2．判别系数的计算示例

R 的 MASS 包中的 lda 函数用于实现 Fisher 判别。应首先将 MASS 包加载到 R 的工作空间中。lda 函数的基本书写格式：

lda(类别变量名~判别变量名,data=数据框名)

其中，数据应组织在 data 指定的数据框内，第一个参数为 R 公式的写法。若有多个判别变量应用加号连接。lda 函数的返回结果为列表，其中名为 means 的成分中存储着各个类别的中心坐标；名为 scaling 的成分中存储着各判别函数的判别系数。

3. Fisher 判别的类别预测

Fisher 判别的类别预测是在 Fisher 判别函数决定的 Y 空间中进行的。为预测新的样本观测 X 的类别，须首先计算其 Fisher 判别函数值，即将其投影到 Y 空间中。一方面，可利用距离判别法进行类别预测。此时，判别函数为 $W(Y)=(Y-\bar{Y})'\sum_{Y}^{-1}(\bar{Y}^{(i)}-\bar{Y}^{(j)})=(Y-\bar{Y})'u=u'(Y-\bar{Y})'$。其中，$\bar{Y}=\dfrac{n_i}{n_i+n_j}\bar{Y}^{(i)}+\dfrac{n_j}{n_i+n_j}\bar{Y}^{(j)}$。$W(Y)>0$ 时，新观测 X 属于第 i 类。另一方面，在 Fisher 判别函数所决定的 Y 空间中，变量为标准化值且不相关，类别预测可简化为计算新观测 X 的 Fisher 判别函数得分，并根据判别函数得分所在区域进行类别预测。

R 中利用 predict 函数实现判别函数得分和类别的预测。predict 函数的返回结果中，名为 x 的列表成分中存储着各观测在 Y 空间中的坐标；名为 class 的列表成分中存储着各个预测的预测类别

例如：以表 11-2 所示的数据为例，计算 Fisher 判别函数。

```
> Data<-c(-2,5,1,0,3,1,-1,1,1,0,6,2,2,4,2,1,2,2,1,-2,3,0,0,3,-1,-4,3)
> Data<-as.data.frame(matrix(Data,nrow=9,ncol=3,byrow=TRUE))   #矩阵转成
                                                                  数据框
> library("MASS")
> (FisherFun<-lda(V3~.,data=Data)) #Fisher 判别，V3 为类别变量，其他为判别变量
Call:
lda(V3 ~ ., data = Data)
Prior probabilities of groups:
        1         2         3
0.3333333 0.3333333 0.3333333
Group means:                              #各类别的中心坐标
   V1 V2
1  -1  3
2   1  4
3   0  -2
Coefficients of linear discriminants:     #判别系数矩阵
          LD1          LD2
V1 -0.3856092 -0.9380176
V2 -0.4945830  0.1119397
Proportion of trace:                      #判别函数的判别能力
  LD1    LD2
0.7602  0.2398
> Y<-predict(FisherFun,Data)              #对观测进行类别预测
> par(mfrow=c(1,2))
> plot(Data[,1:2],pch=Data[,3]-1,xlab="x1",ylab="x2",main="X 空间数据散
    点图")
```

```
> points(FisherFun$means[,1],FisherFun$means[,2],pch=c(15,16,17),col=2)
                                                    #图中添加各类比中心
> points(colMeans(Data[,1:2])[1],colMeans(Data[,1:2])[2],pch=3,col=2)
                                                    #图中添加总中心
> plot(Y$x,pch=as.integer(Y$class)-1,xlab="y1",ylab="y2",main="Fisher
    判别空间的数据散点图")
> Y0<-predict(FisherFun,as.data.frame(cbind(as.vector(x1Mean),as.vector
    (x2Mean))))
> points(Y0$x[,1],Y0$x[,2],pch=c(15,16,17),col=2)    #在 Y 的图中添加各类别中心
> Yc<-predict(FisherFun,as.data.frame(t(colMeans(Data[,1:2]))))
> points(Yc$x[1,1],Yc$x[1,2],pch=3,col=2)            #在 Y 的图中添加总中心
```

说明：

① 根据判别函数的判别系数矩阵 $\boldsymbol{a}$，两个 Fisher 判别函数为 $y_1 = -0.386x_1 - 0.495x_2$，$y_2 = -0.938x_1 + 0.112x_2$。于是，所有观测点以及各类中心点，将被投影到两个判别函数所决定的 Y 空间，坐标为 (y_{i1}, y_{i2})。

样本观测点在原空间 X 和 Fisher 判别空间 Y（坐标平移后）中的分布如图 11-8 所示。

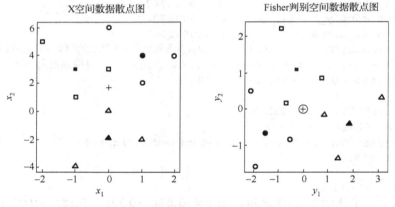

图 11-8　示例数据在不同空间中的分布

图 11-8 中，十字代表总中心。右图以总中心为坐标原点，是对判别函数对应的 Y 坐标做平移的结果——各个观测点的坐标为 $(y_1 - y_{1c}, y_2 - y_{2c})$，其中 (y_{1c}, y_{2c}) 是总中心在判别空间 Y（平移前）上的坐标——FisherFun$scaling[,1]%*%colMeans(Data[1:2]) 等于 -0.824305，FisherFun$scaling[,2]%*%colMeans(Data[1:2]))等于 0.1865662。一般称 $y_1 - y_{1c}$，$y_2 - y_{2c}$ 分别为第一判别函数得分和第二判别函数得分。

② 第一个判别函数解释了类间变差的 76%，第二个判别函数解释了 24%。第一个判别函数的判别能力强于第二个判别函数。进一步，为简化问题可只依据第一个判别函数进行判别。

11.3.3　大数据分析案例：利用 Fisher 判别预测技术人员离职的可能性

对人力资源调查数据集，利用 Fisher 判别，对技术人员是否打算离职（left）进行预测。具体代码和执行结果如下。

```
> MyData<-read.table(file="人力资源调查.csv",header=TRUE,sep=",",
  stringsAsFactors=FALSE)
> Data<-na.omit(MyData[MyData$sales=="technical",-c(6,8:10)])
                                #去掉分类型变量
> library("MASS")
> (Result<-lda(left~.,data=Data))  #Fisher 线性判别
Call:
lda(left ~ ., data = Data)
Prior probabilities of groups:    #两类别的比例
      0       1
0.74375 0.25625
Group means:                      #两类的类中心
  satisfaction_level last_evaluation number_project average_montly_hours time_spend_company
0      0.6683193        0.716609       3.814632          198.4711            3.222442
1      0.4325251        0.734132       4.061693          214.1836            3.959828
Coefficients of linear discriminants:
                         LD1   #一维判别空间的判别系数
satisfaction_level     -3.698071826
last_evaluation         0.393794559
number_project         -0.179435747
average_montly_hours    0.005088692
time_spend_company      0.410049541
> Y<-predict(Result,Data)       #计算各观测点在平移后的判别空间上的坐标和预测类别
> ConfuseMatrix<-table(Data$left,Y$class)       #编制混淆矩阵
> prop.table(ConfuseMatrix,1)*100
          0              1
 0 91.151755      8.848245
 1 68.292683     31.707317
> sum(diag(ConfuseMatrix))/sum(ConfuseMatrix)*100
[1] 75.91912
```

说明：

① 本例只有一个 Fisher 判别函数，为 $y = -3.69x_1 + 0.39x_2 - 0.18x_3 + 0.005x_4 + 0.41x_5$，$x1$ 至 $x5$ 依次对应变量 satisfaction_level，last_evaluation，number_project，average_montly_ hours，time_spend_company。

② 利用 predict 函数得到预测类别。编制实际类别和预测类别的混淆矩阵，结果显示，对未打算离职人群的预测精度为 91.2，但对离职人群的预测精度仅为 31.7%，总的预测精度为 75.9%。可通过增加离职类的样本量进一步提升预测效果。

11.4　本章涉及的 R 函数

本章涉及的 R 函数如表 11-3 所示。

表 11-3　本章涉及的 R 函数列表

函 数 名	功　　能
mahalanobis(观测点向量, center=中心向量, cov=协差阵名)	计算平方马氏距离
lda(类别变量名~判别变量名, data=数据框名)	线性判别分析

第12章　R的因子分析：特征提取

通常认为，研究所收集的数据(变量)越多，对问题的描述就越全面，由此建立的模型就越能精准地反映事物间的相互影响关系，进而越利于问题的分析。

但由此出现的问题是：一方面，由于众多变量之间往往存在相关性，会给数据建模带来很多潜在问题，严重时会因建模的理论假设无法满足而导致模型分析结论有偏差甚至错误。例如，多元线性回归模型要求解释变量间不应有强的相关性；聚类分析要求聚类变量间不应有强的相关性；判别分析要求判别变量间不应有强的相关性；等等。另一方面，变量过多也会导致模型过于复杂。高度复杂的模型很可能因过度拟合当前数据集而丧失模型的普遍应用价值。

为减少或消除变量的相关性，降低建模复杂度，提升模型应用的普适性，一种较为直接的解决途径就是从众多变量中简单剔除某些变量，但代价是剔除变量会导致数据信息大量丢失，剩余的较少变量无法全面完整刻画事物的特征。所以，探索一种既能有效减少变量个数又不致数据信息大量丢失的数据处理途径是极为必要的。

因子分析正是一种通过有效提取数据中的变量特征解决上述问题，并已被广泛应用的经典统计分析方法。为有助于理解因子分析的统计含义，明晰应用场景，本章首先给出两个具有典型代表性的大数据分析案例，围绕其研究问题和目标，讨论解决问题的方法。然后分章节对因子分析的相关理论和应用案例进行讲解。

12.1　从大数据分析案例看因子分析

12.1.1　植物物种分类中的因子分析问题

据统计，目前仅被植物学家记录的植物物种就有 25 万种之多。植物物种的正确分类对保护和研究植物多样性具有重要意义。本章以 Kaggle(www.Kaggle.com)上的植物叶片数据集为例，讨论植物物种分类中的因子分析问题。

数据集是关于 990 张植物叶片灰度图像(如图 12-1 所示)的转换数据。其中，各有 64 个数值型变量分别描述植物叶片的边缘(margin)、形状(shape)、纹理(texture)特征。此外，还有 1 个分类型变量记录了每张叶片所属的植物物种(species)。总共有 193 个变量。

确定的研究问题：基于数据集研究叶片的边缘、形状、纹理特征，以及与植物物种间的对应关系，对给定叶片自动判定所属植物物种，实现基于叶片特征的植物物种自动分类。

由第 9、10、11 章可知，该问题是一个典型的分类型变量类别取值的预测问题。可利用聚类分析进行无监督的分类，也可尝试利用判别分析进行更精确的有监督分类。

为此，首先对数据做基本分析。具体代码和结果如下。

```
> MyData<-read.table(file="叶子形状.csv",header=TRUE,sep=",")
> Data<-MyData[,-1]                        #略去编号列
> library("corrgram")
> corrgram(Data[,2:65],lower.panel=panel.shade,upper.panel=NULL,text.
        panel=panel.txt,main="边缘变量的相关系数图")
> corrgram(Data[,66:129],lower.panel=panel.shade,upper.panel=NULL,text.
        panel=panel.txt,main="形状变量的相关系数图")
> corrgram(Data[,130:193],lower.panel=panel.shade,upper.panel=NULL,
        text.panel=panel.txt,main="纹理变量的相关系数图")
> SD<-round(sapply(Data[,2:dim(Data)[2]],FUN=function(x) sd(x)),2)
                                        #计算各变量的标准差
> length(which(SD==0))                    #浏览标准等于 0 的变量个数
 [1] 69
> Data<-Data[,-which(SD==0)]              #剔除 0 标准差的变量
```

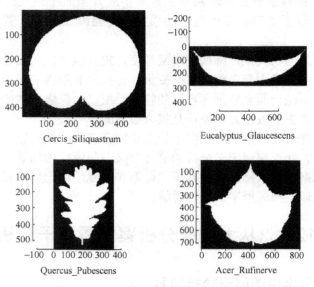

图 12-1   四种叶片和对应的植物物种

说明：

① 分别对 64 个边缘变量、形状变量和纹理变量绘制相关系数散点图。如图 12-2 所示。

这里，颜色越深，表示相关程度越高，冷色表示正相关，暖色表示负相关。可见，有较多的形状变量呈较强的正相关。边缘变量间的相关性普遍高于纹理变量间的相关性。

可见，该案例的特点是变量个数多，且变量之间存在一定程度的相关性。

② 计算各个变量的标准差。结果表明有 69 个变量的标准差等于 0。这些变量不随分类 (species) 的取值变化，对于分类结果不产生影响。为降低后续模型的复杂度，首先剔除这 69 个变量，剩余 124 个变量。

仍有 123（另有 1 个物种标签变量）个具有一定相关性的变量。一方面，变量个数较多不利于建模；另一方面说明变量间存在共性特征，可以实施共性特征的提取。如前文所述，可考虑先采用因子分析方法，通过提取变量的共性特征，有效压缩变量个数且仍能保留叶片的绝大部分图像信息。

(a) 叶片边缘变量的相关系数图

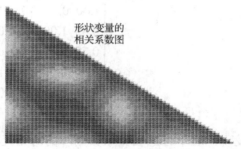

(b) 叶片形状变量的相关系数图

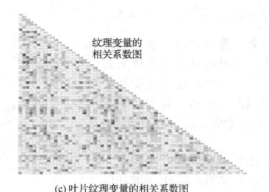

(c) 叶片纹理变量的相关系数图

图 12-2　各变量的相关系数散点图

12.1.2　北京市空气质量监测数据分析中的因子分析问题

第 10 章大数据分析案例综合研究发现，北京市空气质量状况存在区域分布特点，有些区域污染物浓度高，有的则较低。进一步，基于供暖季空气质量监测数据，希望借助一个综合指标，综合度量 35 个监测点区域的整体污染程度，并依据该综合指标对区域污染状况进行综合评估。

将各种污染物浓度数据直接加总得到综合评价指标的问题：第一，不同污染物浓度数据相加本身是没有实际意义的；第二，不同污染物浓度数据存在量级差异（如 CO 量级小，PM2.5 量级大），对综合指标的数值贡献必然不同；第三，第 8 章的研究发现，不同污染物之间存在一定程度的相关性（如 PM2.5 与 NO 的相关性较强）。忽视相关性直接加总各污染物浓度数据，等同于同种污染物给综合指标多次贡献了度量值。

可利用因子分析，在污染物浓度数据存在相关性的情况下，提取不再具有量纲的若干共性特征，并由此加总得到一个区域污染程度的综合评价指标。

12.2　因子分析基础

12.2.1　因子分析的数学模型

因子分析的数学模型起源于 1904 年，斯皮尔曼研究一个班级 33 名学生六门课程成绩之间相关系数的问题。当时，斯皮尔曼研究的数据对象是学生六门课程成绩的相关系数矩阵：

$$\begin{bmatrix} 1.00 & 0.83 & 0.78 & 0.70 & 0.66 & 0.63 \\ 0.83 & 1.00 & 0.67 & 0.67 & 0.65 & 0.57 \\ 0.78 & 0.67 & 1.00 & 0.64 & 0.54 & 0.51 \\ 0.70 & 0.67 & 0.64 & 1.00 & 0.45 & 0.51 \\ 0.66 & 0.65 & 0.54 & 0.45 & 1.00 & 0.40 \\ 0.63 & 0.57 & 0.51 & 0.51 & 0.40 & 1.00 \end{bmatrix}$$

他发现，若不考虑相关系数矩阵的对角元素，任意两列的各行元素均大致成一定的比例。如：第一门课程成绩和其他成绩的相关系数，与第三门课程成绩和其他成绩的相关系数之比 $\dfrac{0.83}{0.67} \approx \dfrac{0.70}{0.64} \approx \dfrac{0.66}{0.54} \approx \dfrac{0.63}{0.51} \approx 1.2$，近似为一个常量。

斯皮尔曼给该现象的一个合理解释是，学习成绩受某种潜在的共性因素影响，它可能是班级整体某方面的学习能力或者智力水平等。此外，还可能受其他未知的独立因素影响。如图 12-1 所示。其中，左侧圆圈为潜在共性因素，方框为观测到的原有变量（这里为各科课程成绩）。

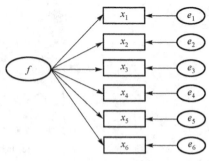

图 12-1　因子分析数学模型示意图

于是认为，对任意课程成绩 x_i 做标准化处理后，均可表示为 $x_i = a_i f + \varepsilon_i$。其中，$f$ 表示标准化的潜在因素，e_i 是与 f 无关的其他因素，均值为 0。

计算成绩 x_i 和成绩 x_j 的协方差：

$$\text{Cov}(x_i, x_j) = E[(x_i - E(x_i))(x_j - E(x_j))] = E[(a_i f + \varepsilon_i)(a_j f + \varepsilon_j)] = a_i a_j E(f^2) = a_i a_j \, \text{var}(f) = a_i a_j$$

计算成绩 x_k 和成绩 x_j 的协方差 $\text{Cov}(x_k, x_j) = a_k a_j$。进一步，计算两个成绩协方差之比：

$\dfrac{\text{Cov}(x_i, x_j)}{\text{Cov}(x_k, x_j)} = \dfrac{a_i}{a_k}$。可见，两成绩协方差之比（即相关系数之比）与成绩 x_j 无关，比值只取决于潜在因素对不同课程成绩影响的程度 a_i 和 a_k。这也是上述现象的原因所在。

因子分析的数学模型是对上述研究的拓展，潜在的共性因素可以是多个互不相关的 f，并通过尽可能多地找到变量中的潜在因素，即潜在隐藏的一组结构特征，解释已观测到的变量间的关系。

设：有 p 个原有变量 $x_1, x_2, x_3, \cdots, x_p$，且每个变量（经标准化处理后）的均值为 0，标准差均为 1。现将每个原有变量用 $k(k < p)$ 个变量 $f_1, f_2, f_3, \cdots, f_k$ 的线性组合来表示，即有

$$\begin{cases} x_1 = a_{11} f_1 + a_{12} f_2 + a_{13} f_3 + \ldots + a_{1k} f_k + \varepsilon_1 \\ x_2 = a_{21} f_1 + a_{22} f_2 + a_{23} f_3 + \ldots + a_{2k} f_k + \varepsilon_2 \\ x_3 = a_{31} f_1 + a_{32} f_2 + a_{33} f_3 + \ldots + a_{3k} f_k + \varepsilon_3 \\ \ldots \\ x_p = a_{p1} f_1 + a_{p2} f_2 + a_{p3} f_3 + \ldots + a_{pk} f_k + \varepsilon_p \end{cases}$$

这就是因子分析的数学模型。

用矩阵的形式表示为 $\boldsymbol{X} = \boldsymbol{AF} + \boldsymbol{\varepsilon}$。其中，$\boldsymbol{F}$ 称为因子变量，共有 k 个因子变量。因其均

出现在每个原有变量的线性表达式中，故因子变量又称为公共因子，是潜在因素的测度，是不可见的；A 称为因子载荷矩阵，其中元素 a_{ij}（$i=1,2,\cdots,p; j=1,2,\cdots,k$）称为因子载荷，是第 i 个原有变量在第 j 个因子变量上的负荷；ε 称为特殊因子，表示了原有变量不能被因子变量(潜在因素)解释的部分，即其他未知的独立因素影响，其均值为 0。

因子分析的核心是因子载荷 a_{ij}。因子变量不相关的条件下，因

$$\mathrm{cov}(x_i,\ f_j) = \mathrm{corr}(x_i,\ f_j) = \mathrm{cov}\left(\sum_{q=1}^{k} a_{iq} f_q + \varepsilon_i,\ f_j\right)$$

$$= \mathrm{cov}\left(\sum_{q=1}^{k} a_{iq} f_q,\ f_j\right) + \mathrm{cov}(\varepsilon_i,\ f_j) = a_{ij}$$

所以，a_{ij} 为第 i 个原有变量与第 j 个因子变量的相关系数，反映了变量 x_i 与因子变量 f_j 的相关程度。绝对值越接近 1，表明因子变量 f_j 与变量 x_i 的相关性越强。进一步，a_{ij}^2 反映了因子变量 f_j 对变量 x_i 方差的解释程度，取值在 0~1 之间。

特殊因子 ε，因

$$\mathrm{var}(x_i) = \mathrm{var}\left(\sum_{j=1}^{k} a_{ij} f_j + \varepsilon_i\right) = \mathrm{var}\left(\sum_{j=1}^{k} a_{ij} f_j\right) + \mathrm{var}(\varepsilon_i)$$

$$= \sum_{j=1}^{k} a_{ij}^2 \mathrm{var}(f_j) + \mathrm{var}(\varepsilon_i) = \sum_{j=1}^{k} a_{ij}^2 + \mathrm{var}(\varepsilon_i) = \sum_{j=1}^{k} a_{ij}^2 + \varepsilon_i^2 = 1$$

有

$$\mathrm{var}(\varepsilon_i) = \varepsilon_i^2 = 1 - \sum_{j=1}^{k} a_{ij}^2$$

所以，特殊因子方差 ε_i^2 等于原有变量 x_i 方差中因子变量全体无法解释的部分，也称为剩余方差。特殊因子 ε_i^2 的方差越小，表明因子变量全体对原有变量 x_i 方差的解释越充分，原有变量 x_i 的信息丢失越少，这是因子分析所希望的。

12.2.2　因子分析的特点和基本步骤

因子分析以最少的信息丢失（ε_i^2）为前提，核心是找到众多原有变量中共有的少量潜在因素 F，即因子变量。进一步，可将 F 作为众多原有变量的少量的综合表达。通常，因子变量有以下几个特点：

① 因子变量个数 k 远远少于原有变量个数 p。

原有变量综合成少数几个因子变量后，因子变量将可以替代原有变量参与数据建模，这将大大减少分析过程中的计算工作量，有效降低模型复杂度。

② 因子变量能够反映原有变量的绝大部分数据信息。

原有变量的数据信息指的是原有变量的方差。因子变量并不是原有变量的简单取舍，而是原有变量的重组。一个理想的因子分析结果应能够体现原有变量的绝大部分方差。

③ 因子变量之间的线性关系不显著。

由原有变量重组出来的因子变量之间线性关系较弱。只有这样，后续在利用因子变量建模时才可能有效避免变量相关给建模带来的诸多问题。

④　因子变量具有命名解释性。

因子变量的命名解释性有助于对因子分析结果含义的直观理解，对因子变量的进一步应用有重要意义。

围绕浓缩原有变量提取因子变量的核心目标，因子分析有如下四个基本步骤。

第一步，因子分析的前提分析。

将原有变量综合成因子变量的前提条件是，原有变量存在"信息重叠"，即具有相关性。容易理解，若原有变量相互独立，即无共同影响因素，则无法对其进行提取和综合，也就无须进行因子分析。所以，因子分析的前提分析是考察原有变量是否具有相关性。

第二步，计算因子载荷矩阵。

因子分析的核心是以最少的信息丢失（ε^2）为前提，找到众多原有变量中共有的少量潜在因素 F（因子变量）。由因子分析的数学模型可知，这里的关键步骤是求解因子载荷矩阵。

第三步，计算因子变量在每个观测上的得分。

因子分析的最终目标是减少变量个数（也称降低变量维度），并在进一步的分析中用较少的因子变量代替原有变量进行数据建模。通过怎样的方法计算每个因子变量在每个观测上的取值得分，是本步的重点。

第四步，使因子变量具有命名可解释性。

将原有变量综合为少数几个因子变量后，为便于后续应用方便，通常希望因子变量有较为清晰的实际含义。如何通过各种方法，提高因子变量含义的清晰度，使因子具有命名可解释性，是本步须重点关注的方面。

12.2.3　因子分析的模型评价

前面的讨论指出，因子分析的核心是以最少的信息丢失（ε_i^2）为前提，找到众多原有变量中共有的少量潜在因素 F（因子变量）。因此，因子分析的模型评价应以信息丢失为重要依据，从度量每个变量 x_i 的信息丢失到测度变量全体的信息丢失。

1. 度量单个变量 x_i 的信息丢失

变量共同度，也称变量方差，是单个原有变量 x_i 信息保留程度的测度。变量 x_i 的共同度 h_i^2 的数学定义为 $h_i^2 = \sum_{j=1}^{k} a_{ij}^2$。可见，变量 x_i 的共同度是因子载荷阵 A 中第 i 行元素的平方和。

由前述可知，变量 x_i 的方差可表示为 $\mathrm{var}(x_i) = h_i^2 + \varepsilon_i^2 = 1$。于是，原有变量 x_i 的方差可由两个部分解释：第一部分为变量共同度 h_i^2，是全部因子变量对变量 x_i 方差解释程度的度量。变量共同度 h_i^2 接近 1，说明因子变量全体解释了变量 x_i 的较大部分方差；第二部分为特殊因子 ε_i 的平方，即特殊因子的方差，是变量 x_i 方差中不能由因子变量全体解释程度的度量。ε_i^2 越接近 0，说明用因子变量全体刻画变量 x_i 时其信息丢失越少。

总之，变量 x_i 的共同度刻画了因子变量全体对变量 x_i 信息解释的程度，是评价单个原有变量 x_i 信息丢失程度的重要指标。如果大多数原有变量的变量共同度均较高（如高于 0.8），说明因子变量能够反映原有变量的大部分（如 80%以上）信息，仅有较少的信息丢失，因子分析模型较为理想。

2. 度量变量全体的信息丢失

显然，p 个原有变量全体的信息保留为

$$\sum_{i=1}^{p} h_i^2 = (a_{11}^2 + a_{12}^2 + \cdots + a_{1k}^2) + (a_{21}^2 + a_{22}^2 + \cdots + a_{2k}^2) + \ldots + (a_{p1}^2 + a_{p2}^2 + \cdots + a_{pk}^2)$$

$$= (a_{11}^2 + a_{21}^2 + \cdots + a_{p1}^2) + (a_{12}^2 + a_{22}^2 + \cdots + a_{p2}^2) + \ldots + (a_{1k}^2 + a_{2k}^2 + \cdots + a_{pk}^2)$$

$$= \sum_{i=1}^{p} a_{i1}^2 + \sum_{i=1}^{p} a_{i2}^2 + \cdots + \sum_{i=1}^{p} a_{ik}^2$$

$\sum_{i=1}^{p} h_i^2$ 越大，越接近 p（p 个原有变量方差之和等于 p），表明变量全体的信息丢失越小，因子分析模型越理想。因 $\sum_{i=1}^{p} h_i^2$ 为绝对指标不方便应用，可采用相对指标 $\left(\sum_{i=1}^{p} h_i^2\right)\Big/ p$ 评价，该值越接近 1 越好。

进一步，将上式各项表示为 $S_j^2 = \sum_{i=1}^{p} a_{ij}^2, (j=1,2,\cdots,k)$，称 S_j^2 为因子变量 f_j 的方差贡献，

称 $R_j = \dfrac{S_j^2}{p}$ 为因子变量 f_j 的方差贡献率。因此，可用 k 个因子变量的方差贡献 S_j^2 之和，或 k 个因子变量的方差贡献率 R_j 之和（也称累计方差贡献率），度量变量全体的信息保留。累计方差贡献率越大，越接近 1，说明总量信息丢失越少，因子分析模型越理想。通常累计方差贡献率应大于 80%。

此外，因子变量 f_j 的方差贡献 S_j^2 是因子载荷阵 A 中第 j 列元素的平方和，恰好反映了因子变量 f_j 对原有变量总方差的解释能力。该值越高，说明相应因子变量越重要。同理，因子变量 f_j 的方差贡献率 R_j 越高，越接近 1，说明相应因子变量越重要。

12.3　确定因子变量

从因子分析的数学模型可知，确定因子变量首先是求解因子载荷矩阵。主要方法有主成分分析法、主轴因子法、极大似然法、最小二乘法、α 因子提取法等。其中，主成分分析法应用最为普遍，本节讨论基于主成分分析法的因子载荷矩阵求解。

12.3.1　主成分分析法的基本原理

主成分分析法通过坐标变换，将 p 个具有相关性的原有变量 x_i（标准化处理后）进行线性组合，变换成另一组不相关的变量 y_i，即

$$\begin{cases} y_1 = \mu_{11} x_1 + \mu_{12} x_2 + \mu_{13} x_3 + \cdots + \mu_{1p} x_p \\ y_2 = \mu_{21} x_1 + \mu_{22} x_2 + \mu_{23} x_3 + \cdots + \mu_{2p} x_p \\ y_3 = \mu_{31} x_1 + \mu_{32} x_2 + \mu_{33} x_3 + \cdots + \mu_{3p} x_p \\ \cdots \\ y_p = \mu_{p1} x_1 + \mu_{p2} x_2 + \mu_{p3} x_3 + \cdots + \mu_{pp} x_p \end{cases}$$

且　　　　$\mu_{i1}^2 + \mu_{i2}^2 + \mu_{i3}^2 + \cdots + \mu_{ip}^2 = 1 \ (i = 1, 2, 3, \cdots, p)$

称为主成分分析的数学模型，如图 12-2 所示。矩阵表示为 $y = \mu x$。

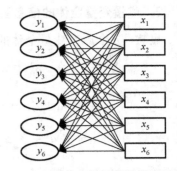

进一步，按照以下原则求解 μ：

● y_i 与 $y_j (i \neq j; \ i, j = 1, 2, 3, \cdots, p)$ 相互独立；

● y_1 是 $x_1, x_2, x_3, \cdots, x_p$ 的一切线性组合（系数满足上述方程组）中方差最大的；y_2 是与 y_1 不相关的 $x_1, x_2, x_3, \cdots, x_p$ 的一切线性组合中方差次大的；y_p 是与 $y_1, y_2, y_3, \cdots, y_{p-1}$ 都不相关的 $x_1, x_2, x_3, \cdots, x_p$ 的一切线性组合中方差最小的。

图 12-2　主成分分析的数学模型示意图

可从几何角度进行直观理解。以二维空间为例，设有两个原有变量 x_1, x_2，n 个观测。可将 n 个观测数据看成由 x_1 和 x_2 构成的二维平面中的 n 个点，如图 12-3 所示。

 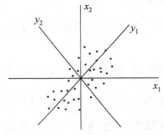

图 12-3　x_1 和 x_2 二维平面中的观测点　　　　图 12-4　y_1 和 y_2 二维平面中的观测点

图 12-3 中，n 个观测点呈椭圆状分布，表明 x_1 和 x_2 有较强的正相关性。同时，观测点在 x_1 和 x_2 方向都有较大的离散性。现希望通过坐标变换将所有观测点投影到一个新坐标系中，两个坐标轴分别为 y_1 和 y_2，目的是希望观测点在 y_1 和 y_2 所决定的坐标平面上不再呈现出相关性，如图 12-4 所示。于是，在 y_1 和 y_2 决定的坐标系中，各观测点的坐标为

$$\begin{cases} y_1 = x_1 \cos\theta + x_2 \sin\theta \\ y_2 = -x_1 \sin\theta + x_2 \cos\theta \end{cases}$$

$$\mu_{11} = \cos\theta, \quad \mu_{12} = \sin\theta, \quad \mu_{11}^2 + \mu_{12}^2 = 1$$

$$\mu_{21} = -\sin\theta, \quad \mu_{22} = \cos\theta, \quad \mu_{21}^2 + \mu_{22}^2 = 1$$

现在的关键问题：如何确定 y_1 和 y_2。求解原则：y_1 的方向应是观测点分布离散程度最大，即方差最大的方向；y_2 垂直于 y_1 且观测点在 y_2 方向上分布的离散程度小于 y_1 方向。

新变量 y_1 和 y_2 是原有变量 x_1 和 x_2 的线性函数，分别称为第一主成分和第二主成分。在新的坐标平面中，n 个观测点在 y_1 轴上的离散性强，方差大，在 y_2 轴上的离散性弱，方差小。极端情况下，若原有变量 x_1 和 x_2 具有完全的线性关系，则观测点在第二主成分 y_2 上的方差为 0。此时 y_2 就变成一个可以完全忽略的 0 方差变量。分析时只需要关注第一主成分 y_1 即可。当然，通常情况下，若观测点在第二主成分 y_2 上的方差很小，即使忽略也无关紧要时，则可大胆地略去 y_2。因为，较少的信息丢失换取了从二维到一维，从两个变量到一个变量的"实惠"，是值得的。

推而广之，根据上述原则得到的变量 $y_1, y_2, y_3, \cdots, y_p$ 依次称为原有变量 $x_1, x_2, x_3, \cdots, x_p$ 的第 1 个、第 2 个、第 3 个、$\cdots$、第 p 个成分。其中，y_1 的方差最大，综合原有变量 $x_1, x_2, x_3, \cdots, x_p$ 的能力最强，被称为第一主成分，其余主成分 $y_2, y_3, \cdots, y_p$ 的方差依次递减，综合原有变量 $x_1, x_2, x_3, \cdots, x_p$ 的能力依次减弱，依次被称为第二、第三等主成分。实际应用中，只选取前面几个方差较大的主成分即可，这样既减少了变量数目，又能够用较少的主成分反映原有变量的绝大部分信息。

主成分分析的目标为最大化方差 $\mathrm{var}(y) = \mu' \mathrm{var}(x)\mu = \mu' R\mu$ 。这里，因 x 为标准化的，协差阵即相关系数矩阵；同时约束条件 $\mu'\mu = 1$ 。为此，构造拉格朗日函数 $L = \mu' R\mu - \lambda(\mu'\mu - 1)$，$\lambda$ 为拉格朗日乘子。进一步，令 $\dfrac{\partial L}{\partial \mu} = 2R\mu - 2\lambda\mu = 0$ ，有 $R\mu = \lambda\mu$ 。

可见，该问题即求解相关系数矩阵 R 的特征值 $\lambda_1 \geq \lambda_2 \geq \lambda_3 \geq \cdots \geq \lambda_p \geq 0$ 及对应的单位特征向量 $\mu_1, \mu_2, \mu_3, \cdots, \mu_p$ 。最后，计算 $y_i = \mu_i' x$ 便得到各个主成分。

再次计算 y 的方差：$\mathrm{var}(y) = \mu' R\mu = \mu' \lambda\mu = \lambda\mu'\mu = \lambda$ 。可见，主成分 $y_i (i=1,2,\ldots,p)$ 的方差即特征值 λ_i 。第一、第二、第三等主成分的方差依次为 $\lambda_1, \lambda_2, \lambda_3, \cdots, \lambda_p$ 。

12.3.2　基于主成分分析法的因子载荷矩阵求解和 R 实现

1. 基本原理

主成分的 p 个特征值和对应的特征向量为因子分析的初始解。因第 i 个主成分为 $y_i = \mu_{i1} x_1 + \mu_{i2} x_2 + \mu_{i3} x_3 + \cdots + \mu_{ip} x_p$ ，且特征向量彼此正交，x 到 y 的转换关系可逆，所以，y 到 x 的转换关系为 $x_i = \mu_{1i} y_1 + \mu_{2i} y_2 + \mu_{3i} y_3 + \cdots + \mu_{pi} y_p$ 。进一步，为满足因子变量的要求，对 $y_j (j=1,2,\ldots,p)$ 进行标准化处理使其方差等于 1，标准化值记为 f：$f_j = \dfrac{y_j}{\sqrt{\lambda_j}}$ 。代入上式，且令 $a_{ij} = \mu_{ji} \sqrt{\lambda_j}$ ，得到因子分析模型 $x_i = a_{i1} f_1 + a_{i2} f_2 + a_{i3} f_3 + \cdots + a_{ik} f_k + \varepsilon_i$ 。所以，因子载荷矩阵为

$$
A = \begin{pmatrix}
a_{11} & a_{12} & \cdots & a_{1p} \\
a_{21} & a_{22} & \cdots & a_{2p} \\
\cdots & \cdots & \cdots & \cdots \\
a_{p1} & a_{p2} & \cdots & a_{pp}
\end{pmatrix}
=
\begin{pmatrix}
u_{11}\sqrt{\lambda_1} & u_{21}\sqrt{\lambda_2} & \cdots & u_{p1}\sqrt{\lambda_p} \\
u_{12}\sqrt{\lambda_1} & u_{22}\sqrt{\lambda_2} & \cdots & u_{p2}\sqrt{\lambda_p} \\
\cdots & \cdots & \cdots & \cdots \\
u_{1p}\sqrt{\lambda_1} & u_{2p}\sqrt{\lambda_2} & \cdots & u_{pp}\sqrt{\lambda_p}
\end{pmatrix}
$$

由于因子分析的目的是减少变量个数，因子变量个数 k 小于原有变量个数 p ，所以因子载荷矩阵只须选取前 k 个特征值和对应的特征向量即可，包含 k 个因子变量的因子载荷矩阵为

$$
A = \begin{pmatrix}
a_{11} & a_{12} & \cdots & a_{1k} \\
a_{21} & a_{22} & \cdots & a_{2k} \\
\cdots & \cdots & \cdots & \cdots \\
a_{p1} & a_{p2} & \cdots & a_{pk}
\end{pmatrix}
=
\begin{pmatrix}
u_{11}\sqrt{\lambda_1} & u_{21}\sqrt{\lambda_2} & \cdots & u_{k1}\sqrt{\lambda_k} \\
u_{12}\sqrt{\lambda_1} & u_{22}\sqrt{\lambda_2} & \cdots & u_{k2}\sqrt{\lambda_k} \\
\cdots & \cdots & \cdots & \cdots \\
u_{1p}\sqrt{\lambda_1} & u_{2p}\sqrt{\lambda_2} & \cdots & u_{kp}\sqrt{\lambda_k}
\end{pmatrix}
$$

这里的主要问题是如何确定因子变量个数 k。通常有以下两个标准：

第一，根据特征值 λ_i 确定因子变量个数 k。

观察各个特征值，一般选取大于 1 的特征值。原因：依据因子载荷矩阵 A 计算因子变量 f_i 的方差贡献，即特征值 λ_i。根据因子变量的方差贡献判断因子变量的重要性。若因子变量 f_i 是不应略去的重要因子，则它至少应能够解释 p 个原有变量总方差 p 中的 1 个。

此外，还可利用关于特征值的碎石图帮助确定因子变量个数。将在后续应用案例中详细说明。

第二，根据因子变量的累计方差贡献率确定因子变量个数 k。

根据因子变量的方差贡献率定义，前 k 个因子变量的累计方差贡献率为 $cR_k = \sum_{i=1}^{k} R_i = \sum_{i=1}^{k} S_i^2 \Big/ p = \sum_{i=1}^{k} \lambda_i \Big/ \sum_{i=1}^{p} \lambda_i$。通常，累计方差贡献率大于 0.80 时的 k 为因子变量的个数 k。

2．R 实现

可通过 psych 包中的 principal 函数实现上述计算。首次使用 psych 包时应首先下载安装，并加载到 R 的工作空间中。principal 函数的基本书写格式为

$$principal（r=相关系数矩阵名, nfactors=因子变量个数, rotate="none"）$$

其中，参数 rotate="none"暂不讨论，后续将详细介绍。

principal 函数的返回结果为列表，其中主要包括三个名为 values，loadings，communality 的成分，分别存储特征值、因子载荷矩阵和各变量的变量共同度等计算结果。

12.3.3 计算因子得分和 R 实现

1．基本原理

因子得分是因子分析的最终体现。在因子分析的实际应用中，为实现变量降维和简化问题，求解因子载荷矩阵确定因子变量之后，须计算各因子变量在各观测样本上的具体值，称为因子得分。后续可以用因子变量代替原有变量进行诸如回归建模、利用因子变量对样本进行分类或聚类等研究。

第 j 个因子变量在第 i 个观测上的因子得分可表示为

$$F_{ij} = \varpi_{j1}x_{i1} + \varpi_{j2}x_{i2} + \varpi_{j3}x_{i3} + \cdots + \varpi_{jp}x_{ip} \quad (j=1,2,\cdots,k;\ i=1,2,\cdots,n)$$

其中，$x_{i1}, x_{i2}, x_{i3}, \cdots, x_{ip}$ 分别是第 1，2，3，$\cdots$，p 个原有变量在第 i 个观测上的取值，$\varpi_{j1}, \varpi_{j2}, \varpi_{j3}, \cdots, \varpi_{jp}$ 分别称为第 j 个因子变量与第 1，2，3，$\cdots$，p 个原有变量间的因子值系数。可见，因子得分是原有变量线性组合的结果，可看作各变量值的加权（$\varpi_{j1}, \varpi_{j2}, \varpi_{j3}, \cdots, \varpi_{jp}$）平均，权重的大小表示了原有变量对因子变量的重要程度。

于是，可得到第 j 个因子变量的得分函数：

$$F_j = \varpi_{j1}x_1 + \varpi_{j2}x_2 + \varpi_{j3}x_3 + \cdots + \varpi_{jp}x_p \quad (j=1, 2, 3, \cdots, k)$$

因子值系数通常可采用最小二乘意义下的回归法进行估计。可以证明：回归系数的最小

二乘估计满足 $W'_j R = S_j$，其中，$W'_j = (\varpi_{j1}, \varpi_{j2}, \varpi_{j3}, \cdots, \varpi_{jp})$，为第 j 个因子变量的因子值系数向量；R 为原有变量的相关系数矩阵；$S'_j = (s_{1j}, s_{2j}, s_{3j}, \cdots, s_{pj})$，是第 1，2，3，$\cdots$，$p$ 个变量与第 j 个因子变量的相关系数，即因子载荷矩阵的第 j 列元素；$A'_j = (a_{1j}, a_{2j}, a_{3j}, \cdots, a_{pj})$。于是有 $W_j = A'_j R^{-1}$。其中，R^{-1} 为相关系数矩阵的逆矩阵。

估计出因子变量 F_j 的因子值系数得到得分函数后，便可计算第 j 个因子在各个观测上的因子得分。估计因子得分的方法还有 Bartlette 法、Anderson-Rubin 法等。

2．R 实现

R 的因子值系数可通过对 principal 函数的参数设置得到。具体书写格式：

principal(r=相关系数矩阵名, nfactors=因子变量个数, rotate=" none ", scores=TRUE, method="regression")

其中，scores=TRUE 表示计算因子得分，method="regression"表示采用回归法估计因子值系数。principal 函数将因子值系数返回到名为 weight 的列表成分中。

12.3.4　大数据分析案例：利用因子分析实现植物物种分类中的特征提取

基于包含 990 张植物叶片灰度图像数据的数据集，研究叶片的边缘、形状、纹理特征与植物物种间的对应关系，实现对给定叶片自动判定所属植物物种。该问题是个基于叶片特征的植物物种自动分类问题。为此关注如下方面：

第一，在前面的讨论中看到，经过数据预处理后数据集中仍包含 123 个具有一定相关性的变量，说明变量中存在着共性特征。可利用因子分析提取共性特征以有效压缩变量个数。

第二，研究分类精度是否因变量个数的大幅度压缩而显著下降，从另一个角度评价因子分析的有效性和可行性。

具体代码和部分执行结果如下。

```
> library("psych")
> RMatrix<-cor(Data[,-1])                    #去掉物种标签后计算剩余变量的相关系数矩阵
> (pc<-principal(r=RMatrix,nfactors=30,rotate="none"))   #提取 30 个因子变量
Principal Components Analysis
Call: principal(r = RMatrix, nfactors = 30, rotate = "none")
Standardized loadings (pattern matrix) based upon correlation matrix
          PC1   PC2   PC3   PC4   PC5   PC6   PC7   PC8   PC9  PC10  PC11  PC12  PC13  PC14  PC15
margin1  -0.72 -0.17 -0.06 -0.34  0.04  0.24  0.02  0.00  0.16  0.18 -0.05 -0.02  0.18 -0.04  0.02
margin2  -0.68 -0.05 -0.08 -0.43 -0.06  0.32  0.03 -0.02  0.02  0.25 -0.13 -0.01  0.02 -0.07  0.03
margin3  -0.06 -0.02  0.09  0.36 -0.15 -0.36 -0.50 -0.22 -0.23  0.20  0.14 -0.08  0.11 -0.14  0.20
margin4  -0.06  0.33 -0.34  0.53  0.14 -0.35  0.19  0.05 -0.17 -0.12  0.12 -0.02 -0.12  0.00 -0.14
margin5   0.73  0.10 -0.10 -0.21  0.28 -0.28  0.24  0.07 -0.01  0.16 -0.16 -0.02 -0.03 -0.10  0.06
margin6  -0.67 -0.10 -0.06 -0.40 -0.06  0.21  0.03 -0.10  0.09  0.22 -0.10  0.01  0.08 -0.09 -0.04
margin8   0.10 -0.08  0.12  0.02 -0.04 -0.04  0.05 -0.01  0.04 -0.04  0.03 -0.16  0.01  0.02  0.00
margin9   0.12  0.40 -0.12 -0.09 -0.07 -0.13  0.02 -0.04 -0.26  0.04  0.35 -0.09 -0.06  0.00 -0.05
margin10 -0.40 -0.49  0.14  0.03  0.31 -0.08 -0.07  0.06 -0.24 -0.07  0.14 -0.03  0.33  0.15  0.02
......

         PC16  PC17  PC18  PC19  PC20  PC21  PC22  PC23  PC24  PC25  PC26  PC27  PC28  PC29  PC30   h2
margin1   0.03 -0.02 -0.03 -0.08 -0.06 -0.07  0.04 -0.04  0.03  0.00 -0.05  0.00 -0.05  0.02  0.06  0.85
margin2   0.05  0.04  0.01 -0.11 -0.06 -0.01 -0.08 -0.01  0.02  0.03 -0.03 -0.03 -0.07  0.02  0.02  0.90
margin3   0.12  0.02 -0.06  0.12  0.07  0.07 -0.08 -0.05  0.01 -0.03  0.03 -0.06  0.00  0.08  0.01  0.85
margin4   0.06 -0.04  0.06 -0.03 -0.07 -0.06 -0.04 -0.06 -0.09 -0.04 -0.06 -0.07 -0.02  0.03 -0.01  0.82
margin5   0.02 -0.04 -0.02 -0.05 -0.05 -0.01 -0.02  0.06  0.03  0.03  0.03  0.01  0.06  0.02  0.07  0.90
margin6   0.03 -0.03 -0.01 -0.04 -0.10  0.05 -0.05 -0.06 -0.01 -0.02 -0.07 -0.03 -0.05 -0.02 -0.06  0.79
margin8   0.22  0.26 -0.09  0.07  0.08  0.58  0.04  0.16  0.10 -0.26 -0.08  0.14 -0.29  0.7   0.78
margin9  -0.07  0.02 -0.03 -0.15 -0.10  0.09  0.16  0.07  0.26  0.10 -0.09 -0.08 -0.07  0.00  0.65
margin10 -0.04 -0.05  0.01 -0.01  0.03 -0.10  0.11 -0.01 -0.03 -0.01  0.01  0.03  0.07 -0.03 -0.04  0.78
......
```

```
                      PC1    PC2   PC3   PC4   PC5   PC6   PC7   PC8   PC9  PC10  PC11  PC12  PC13  PC14  PC15  PC16
SS loadings          17.79  10.27  7.89  6.73  5.76  5.21  4.34  3.65  3.18  2.95  2.61  2.47  2.27  2.11  1.94  1.89
Proportion Var        0.14   0.08  0.06  0.05  0.05  0.04  0.04  0.03  0.03  0.02  0.02  0.02  0.02  0.02  0.02  0.02
Cumulative Var        0.14   0.23  0.29  0.35  0.39  0.44  0.47  0.50  0.53  0.55  0.57  0.59  0.61  0.63  0.64  0.66
Proportion Explained  0.18   0.10  0.08  0.07  0.06  0.05  0.04  0.04  0.03  0.03  0.03  0.02  0.02  0.02  0.02  0.02
Cumulative Proportion 0.18   0.28  0.36  0.43  0.49  0.54  0.59  0.62  0.66  0.69  0.71  0.74  0.76  0.78  0.80  0.82
                     PC17   PC18  PC19  PC20  PC21  PC22  PC23  PC24  PC25  PC26  PC27  PC28  PC29  PC30
SS loadings           1.75   1.61  1.57  1.46  1.38  1.35  1.20  1.19  1.16  1.09  1.03  0.98  0.97  0.91
Proportion Var        0.01   0.01  0.01  0.01  0.01  0.01  0.01  0.01  0.01  0.01  0.01  0.01  0.01  0.01
Cumulative Var        0.67   0.69  0.70  0.71  0.72  0.73  0.74  0.75  0.76  0.77  0.78  0.79  0.80  0.80
Proportion Explained  0.02   0.02  0.02  0.01  0.01  0.01  0.01  0.01  0.01  0.01  0.01  0.01  0.01  0.01
Cumulative Proportion 0.84   0.86  0.87  0.89  0.90  0.91  0.93  0.94  0.95  0.96  0.97  0.98  0.99  1.00
> scree(rx=RMatrix,factors=FALSE,pc=TRUE,main="基于主成分分析的碎石图")
                              #绘制碎石图
> head(pc$weight[,1])         #浏览第 1 个因子变量与前 6 个原有变量的因子值系数
   margin1       margin2       margin3       margin4       margin5       margin6
-0.040440856  -0.038343126  -0.003273593  -0.003100496  0.040814691  -0.037428728
> pcFS<-as.matrix(scale(Data[,-1]))%*%pc$weight   #计算因子得分
> Data0<-data.frame(Data$species,pcFS[,1:30])  #植物物种标签和因子得分的数据框
> library("MASS")
> Result<-lda(species~.,data=Data)            #利用判别分析基于原有变量进行物种分类
Warning message:
In lda.default(x, grouping, ...) : variables are collinear
> Y<-predict(Result,Data)                     #物种分类预测
> ConfuseMatrix<-table(Data$species,Y$class)        #生成混淆矩阵
> sum(diag(ConfuseMatrix))/sum(ConfuseMatrix)*100    #计算分类精度
[1] 99.59596
> Result<-lda(Data.species~.,data=Data0)    #利用判别分析基于因子变量进行物种分类
> Y<-predict(Result,Data0)                   #物种分类预测
> ConfuseMatrix<-table(Data0$Data.species,Y$class)    #生成混淆矩阵
> sum(diag(ConfuseMatrix))/sum(ConfuseMatrix)*100      #计算分类精度
[1] 98.68687    z
```

说明：

① 首先利用主成分分析法提取 30 个因子变量。PC1，PC2 至 PC30 列分别为因子载荷矩阵的元素；h2 列为各变量的共同度；u2 列为特殊因子的方差（略去）。h2+u2=1。例如，margin1 与第一个因子变量的相关系数为–0.72，其变量共同度为 0.85，意味着 30 个因子变量可解释其方差的 85%，丢失了 15%的方差。

② SS loadings 行分别为第 1 个、第 2 个至第 30 个因子变量的方差贡献；Proportion Var 行为因子变量的方差贡献率；Cumulative Var 为累计方差贡献率；Proportion Explained 行为各个因子变量的方差贡献占总方差贡献的占比；Cumulative Proportion 为累计占比。例如，第 1 个因子变量的方差贡献为 17.79，方差贡献率为 14%等。

③ 本例中，因第 28 个之后的因子变量的方差贡献均小于 1，所以因子变量个数 k 可设置为 27，此时的累计方差贡献率为 78%。此外，还可利用 scree 函数绘制碎石图并依碎石图设置 k，如图 12-5 所示。

图 12-5 所示的碎石图是关于因子变量方差贡献的序列图，纵坐标为因子变量的方差贡献，横坐标为因子变量序号。图 12-5 表明：第 1 个因子变量的方差贡献（即第 1 个特征值）较大，该因子变量最重要，第 2 个次之，且重要性减小幅度很大。后续因子变量重要性呈"断崖式"依次快速递减。大约第 9 个以后减小幅度下降，且图形趋于平缓，类似"断崖脚下的碎石"。相对于"断崖"，"碎石"是可以忽略的，所以"断崖"脚下的因子变量序号应为因子变量个数 k。

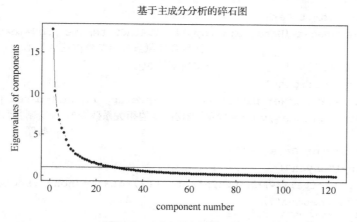

图 12-5 因子分析碎石图

本例最终设因子变量个数 $k = 30$，累计方差贡献率为 80%。即通过因子分析，在原有的 123 个变量中找到了 30 个潜在共性因素。

④ 计算因子得分得到 30 个特征值，新数据框 **Data0** 中包括物种标签变量以及 30 个因子变量。

⑤ 利用判别分析基于原有变量进行植物物种分类。由于原有变量有较强的相关性，不满足判别分析中要求判别变量应不具有相关性的假定，所以给出了警告信息。植物物种的分类预测精度为 99.59%。进一步，仍借助判别分析基于因子变量进行植物物种分类，分类预测精度为 98.69%。预测精度没有显著降低，因子分析具有有效性和可行性。

12.4 因子变量命名

12.4.1 从大数据分析案例看因子变量命名的必要性

因子变量的命名是因子分析的另一个重要问题，其目的是根据因子变量的实际意义，给因子变量赋予一个可直观反映其意义的称谓。为阐述因子变量命名的意义和必要性，首先讨论北京市空气质量监测数据分析中的因子分析问题。

如前所述，因北京市空气质量状况存在区域分布特点，现希望基于供暖季空气质量监测数据，利用因子分析生成一个综合评价指标，综合度量 35 个监测点区域的整体污染程度，并依据该指标对区域污染状况进行综合评估。

这里，首先计算各监测点各污染物浓度的平均值，并依此确定因子变量个数，计算因子载荷矩阵和因子得分。进一步，将区域污染程度的综合评价指标定义为各因子变量的加权平均值。为此须确定各因子变量的权重。一般认为权重大小直接取决于变量重要性的高低，而变量含义不同，重要性大小也就不同。所以对于本例来说，明确各因子变量的含义是十分必要的。

具体代码和执行结果如下。

```
> MyData<-read.table(file="空气质量.txt",header=TRUE,sep=" ",stringsAsFactors=
    FALSE)
> Data<-subset(MyData,(MyData$date<=20160315|MyData$date>=20161115))
                                        #仅分析供暖季数据
```

```
> Data<-na.omit(Data)
> Data<-aggregate(Data[,3:8],by=list(Data$SiteName),FUN=mean,na.rm=TRUE)
                            #计算各监测点各污染物浓度的均值
> Data<-Data[,-3]           #忽略变量 AQI
> library("corrgram")
> corrgram(Data,lower.panel=panel.ellipse,upper.panel=panel.pts,diag.panel=
    panel.minmax,main="各污染物浓度的相关系数图")  #绘制各污染物浓度的相关系
                                                数图
> RMatrix<-cor(Data[,-1])
> library("psych")
> (pc<-principal(r=RMatrix,nfactors=2,rotate="none",scores=TRUE,method=
    "regression"))
Principal Components Analysis
Call: principal(r = RMatrix, nfactors = 2, rotate = "none", scores = TRUE,
    method = "regression")
Standardized loadings (pattern matrix) based upon correlation matrix
       PC1   PC2   h2    u2    com
PM2.5  0.89  0.38  0.93  0.070  1.4
CO     0.91  0.31  0.93  0.071  1.2
NO2    0.90 -0.30  0.89  0.110  1.2
O3    -0.72  0.65  0.93  0.068  2.0
SO2    0.88  0.13  0.78  0.216  1.0

                       PC1   PC2
SS loadings            3.70  0.76
Proportion var         0.74  0.15
Cumulative var         0.74  0.89
Proportion Explained   0.83  0.17
Cumulative Proportion  0.83  1.00

> fa.diagram(pc,simple=TRUE)
> factor.plot(pc,label=rownames(pc$loadings))
```

说明：

① 数据整理后绘制各污染物浓度的相关系数图，如图 12-6 所示。

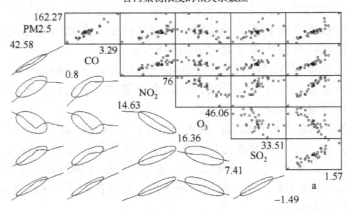

各污染物浓度的相关系数图

图 12-6　各污染物浓度的相关系数图

图 12-6 表明，各污染物浓度存在一定程度的相关性，意味着可以尝试进行因子分析。

② 基于主成分分析计算因子载荷矩阵。结果表明：若以特征值大于 1 为标准确定因子

变量个数 k，则 $k=1$。此时，PM2.5 的变量共同度等于 0.93，该因子变量可以解释 PM2.5 方差的 93%，方差丢失 7%，比较理想。CO、O_3 的信息丢失也较少，均低于 10%。但 SO_2 的变量共同度相对较低，为 0.78。因 $k=1$ 时的累计方差贡献率为 74%，低于 80%，故令 $k=2$，累计方差贡献率为 89%。

③ 由于因子载荷矩阵中的元素是相应因子变量与原有变量的相关系数，所以因子载荷矩阵能体现因子变量的含义。本例中，第 1 个因子变量与 5 个原有变量均有较高（大于 0.7）的相关性，第 2 个因子变量仅与 O_3 有中等程度的相关性，与其他变量的相关性均较弱。为更直观地展示以上结论，可绘制因子结果图，如图 12-7 所示。

绘制因子结果图的 R 函数是 psych 包中的 fa.diagram，基本书写格式：

$$\text{fa.diagram}(因子分析结果对象名, \text{simple=TRUE})$$

其中，参数 simple=TRUE 表示只连线对原有变量有最高因子载荷的因子变量。

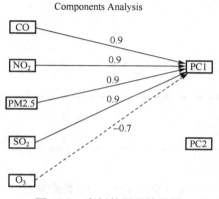

图 12-7   案例的因子结果图

图 12-7 中，左侧方框表示原有变量，右侧方框表示因子变量。由左至右的实线及数字表示在因子载荷矩阵中，原有变量与因子变量有最大的正相关关系，虚线及数字表示有最大的负相关关系。本例中，各原有变量与第 1 个因子变量的相关性均高于第 2 个因子变量，因此与第 2 个因子变量间没有连线。

由此产生的问题：第一，第 1 个因子变量与各原有变量均有较高的相关性，第 1 个因子变量的含义不清；第二，虽然第 2 个因子变量与各原有变量的相关性都不太高，致使其含义不清，但略去又会导致方差贡献率低于 80% 的一般标准。

一般情况下，观察因子载荷矩阵，如果因子载荷 a_{ij} 的绝对值在第 i 行的多个列上都有较大的取值（通常大于 0.7），表明原有变量 x_i 与多个因子同时有较强的相关关系。也就是说，原有变量 x_i 的信息需要由多个因子变量共同解释；如果因子载荷 a_{ij} 的绝对值在第 j 列的多个行上都有较大的取值，则表明因子变量 f_j 能够同时解释多个原有变量的信息，因子变量 f_j 不能典型代表任何一个原有变量 x_i。在这种情况下，因子变量 f_j 的实际含义是模糊不清的。

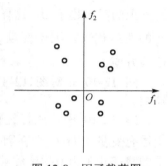

图 12-8   因子载荷图

为直观判断因子变量的含义是否清晰，可绘制如图 12-8 所示的因子载荷图。

图 12-8 是因子载荷矩阵的可视化结果。以因子变量 f_1, f_2 为坐标轴，基于因子载荷矩阵绘制散点图，称为因子载荷图。图中 10 个点代表 10 个原有变量。每个点的横纵坐标分别为因子载荷矩阵中的因子载荷 a_{ij}，刻画了相应原有变量与因子变量 f_1, f_2 的相关性。图形显示 10 个原有变量在因子 f_1, f_2 上均有一定的相关性，因子变量 f_1, f_2 均不是某个或少数几个变量的典型代表，属于含义不清。

可用 psych 包中的 factor.plot 函数对结果对象绘制因子载荷图。factor.plot 函数的基本书写格式：

factor.plot（因子分析结果对象名）

本例的因子载荷图如图 12-9 所示。

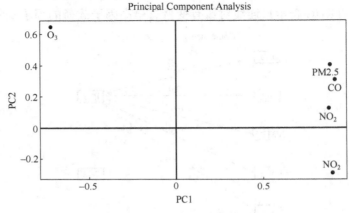

图 12-9　案例的因子载荷图

实际分析工作中人们总是希望对因子的实际含义有比较清楚的认识，并给予它们一个恰当的命名。为解决这个问题，可进行因子旋转。

12.4.2　因子旋转的原理和 R 实现

1. 基本原理

因子旋转的目的是使原有变量 x_i 在尽可能少的因子变量上有比较高的载荷。最理想状态下，使原有变量 x_i 在因子变量 f_j 上的载荷趋于 1，在其他因子上的载荷趋于 0。这样，因子变量 f_j 就可成为原有变量 x_i 的典型代表，因子变量 f_j 的实际含义就明确了，命名也就很方便了。

图 12-10 是对图 12-8 所示的因子载荷旋转后的因子载荷图。

图 12-10 中，坐标旋转至 f_1', f_2'。在新的坐标系下，10 个原有变量中的 6 个在因子 f_1' 上有较高的载荷，在因子 f_2' 上的载荷几乎为 0；其余 4 个在因子 f_2' 上有较高的载荷，在因子 f_1' 上的载荷几乎为 0。此时，因子 f_1', f_2' 的含义就较为

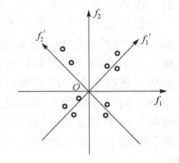

图 12-10　旋转后的因子载荷图

清楚了，它们分别是对 6 个原有变量和剩余 4 个变量的综合。因此，坐标旋转后应尽可能使代表原有变量的点靠近某个坐标轴，并同时远离其他坐标轴。在某个坐标轴附近的变量只在该因子变量上有较高载荷，而在其他因子上的载荷很低。

所谓因子旋转就是将因子载荷矩阵 A 右乘一个正交矩阵 τ 后得到一个新矩阵 B。因子旋转并不影响原有变量 x_i 的变量共同度 h_i^2，却会改变因子变量的方差贡献 S_j^2，重新分配各因子变量解释原有变量方差的比例，使因子变量的实际意义更明确。

通常的因子旋转采用正交旋转方式，正交旋转方式一般有方差极大法（Varimax）、四次方极大法（Quartimax）和等量极大法（Equamax）等。这些旋转方法的目标是一致的，只是策略不同，这里仅以方差极大法为例。

方差极大法中，若只考虑两个因子变量的正交旋转，因子载荷矩阵 A 右乘一正交矩阵 τ 后的矩阵 B 为 $B = \begin{bmatrix} b_{11} & b_{12} \\ b_{21} & b_{22} \\ \cdots \\ b_{p1} & b_{p2} \end{bmatrix}$。为实现因子旋转的目标，使一部分原有变量仅与第 1 个因子变量相关，另一部分原有变量仅与第 2 个因子变量，这里要求两列元素的平方 $(b_{11}^2, b_{21}^2, \cdots, b_{p1}^2)$，$(b_{12}^2, b_{22}^2, \cdots, b_{p2}^2)$ 的方差 V_1 和 V_2 尽可能地大：$V_k = \dfrac{1}{p} \sum_{i=1}^{p} (b_{ik}^2)^2 - \dfrac{1}{p^2} \left(\sum_{i=1}^{p} b_{ik}^2 \right)^2$，$(k=1,2)$。综合考虑使 k 列方差之和的函数最大：$V = p(V_1 + V_2) = \sum_{j=1}^{k} \sum_{i=1}^{p} (b_{ij}^2)^2 - \dfrac{1}{p} \sum_{j=1}^{k} \left(\sum_{i=1}^{p} b_{ij}^2 \right)^2$。进一步，为消除变量共同度对计算造成的影响，求下式最大：$V = \sum_{j=1}^{k} \sum_{i=1}^{p} \left(\dfrac{b_{ij}^2}{h_i^2} \right)^2 - \dfrac{1}{p} \sum_{j=1}^{k} \left(\sum_{i=1}^{p} \dfrac{b_{ij}^2}{h_i^2} \right)^2$。

2. R 实现

实现方差极大法因子旋转的 R 函数为 varimax，基本书写格式：

$$varimax(x=因子载荷矩阵名)$$

其中，因子载荷矩阵为以上因子分析所生成的因子载荷矩阵。如前面采用 principal 函数生成的名为 loadings 的列表成分。

此外，R 的因子旋转还可通过对 principal 函数的参数设置实现。基本书写格式：

$$principal(r=相关系数矩阵名, nfactors=因子变量个数, rotate="varimax")$$

其中，rotate = "varimax"表示采用方差极大法做因子旋转。Rotate = "none"表示不进行因子旋转。

12.4.3　大数据分析案例：利用因子分析实现北京市空气质量的区域综合评价

首先，在 12.4.1 节案例分析的基础上，采用方差极大法实施因子旋转以明晰因子变量的实际含义。其次，以因子变量的方差贡献率为权重计算各因子变量的加权平均值，作为区域空气质量的综合评价指标。具体代码如下。

```
> (pc<-principal(r=RMatrix,nfactors=2,rotate="varimax",scores=TRUE,method=
  "regression"))
```

```
Principal Components Analysis
Call: principal(r = RMatrix, nfactors = 2, rotate = "varimax", scores = TRUE,
    method = "regression")
Standardized loadings (pattern matrix) based upon correlation matrix
        RC1   RC2   h2    u2    com
PM2.5   0.94  0.22  0.93  0.070 1.1
CO      0.92  0.29  0.93  0.071 1.2
NO2     0.55  0.77  0.89  0.110 1.8
O3     -0.19 -0.95  0.93  0.068 1.1
SO2     0.78  0.42  0.78  0.216 1.5

                        RC1   RC2
SS loadings             2.67  1.79
Proportion Var          0.53  0.36
Cumulative Var          0.53  0.89
Proportion Explained    0.60  0.40
Cumulative Proportion   0.60  1.00
```

```
> fa.diagram(pc,simple=TRUE)        #绘制旋转后的因子结果图
> pc$weight                         #基于旋转后的因子载荷矩阵计算因子值系数
        RC1          RC2
PM2.5   0.48882722  -0.26032138
CO      0.43816645  -0.17923199
NO2    -0.03590674   0.45659724
O3      0.34893655  -0.80029184
SO2     0.28991017   0.00514561
> pcFs<-as.matrix(scale(Data[,-1]))%*%pc$weight
                                    #基于旋转后的因子载荷矩阵计算因子得分
> a<-0.54*pcFs[,1]+0.36*pcFs[,2]    #计算两个因子变量的加权平均
> Data$a<-a
> Data[order(a),"Group.1"]
 [1]"密云水库""八达岭""定陵"  "密云" "怀柔"   "延庆"   "植物园""东高村" "平谷"   "门头沟"
[11]"昌平"   "顺义"  "天坛"   "古城" "东四"   "奥体中心""农展馆""云岗"   "万寿西宫""官园"
[21]"万柳"   "前门"  "东西环""亦庄" "北部新区""丰台花园""通州" "永定门内""西直门北""榆垡"
[31]"永乐店"  "南三环""大兴"  "房山" "琉璃河"
```

说明：

① 利用方差极大法对因子载荷矩阵实施正交旋转。旋转后的因子载荷矩阵中，第 1 个因子变量仅与 PM2.5、CO、SO_2 有较高的相关性（因子载荷均大于 0.78），第 2 个因子变量仅与 NO_2 和 O_3 有较高的相关性（因子载荷的绝对值均大于 0.77）。旋转后的因子结果图如图 12-11 所示。

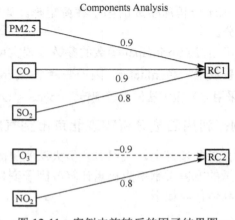

图 12-11　案例中旋转后的因子结果图

　　由图 12-11，可将第 1 个因子变量的含义归纳为取暖季燃煤的不完全燃烧所致的污染物。第 2 个因子变量的含义可主要归纳为工业及汽车尾气所致的污染物。至此，两个因子变量的含义较之前的清晰了。

　　② 旋转后的因子载荷矩阵中，第 1 个因子变量的方差贡献为 2.67，方差贡献率近似为 0.54；第 2 个因子变量的方差贡献为 1.79，方差贡献率为 0.36。定义综合评价指标=0.54×因子变量 1+0.36×因子变量 2，是因子变量的加权平均。以方差贡献率越高则因子变量越重要为出发点，设权重为因子变量的方差贡献率。综合评价指标值越大则污染程度越高。

　　③ 按综合评价指标的升序列出各个监测点。可见，北京北部的密云水库、西北部的八达岭和定陵等区域是空气污染程度低、空气质量良好的区域。北京南部的琉璃河、房山等区域是空气污染程度高、空气质量较差的区域。分析结论与实际情况相吻合。

12.5　本章涉及的 R 函数

本章涉及的 R 函数如表 12-1 所示。

表 12-1　本章涉及的 R 函数列表

函　数　名	功　　能
principal（r=相关系数矩阵名, nfactors=因子变量个数, rotate="varimax", scores=TRUE, method="regression"）	基于主成分分析法的因子分析
scree（rx=相关系数矩阵名, factors=TRUE, pc=TRUE）	绘制碎石图
factor.plot（因子分析结果对象名）	绘制因子载荷图
varimax（x=因子载荷矩阵名）	方差极大法的因子旋转
fa.diagram（因子分析结果对象名, simple=TRUE）	绘制因子分析结果图